Web开发典藏大系

web design　server admin　consulting　marketing　mobile apps　domains　hosting　outsourcing

COMPANY INFORMATION
lorem ipsum dolor sit amet

SERVICES & SOLUTIONS
lorem ipsum dolor sit amet

DAILY NEWSLETTER
lorem ipsum dolor sit amet

WORLDWIDE PARTNERS
lorem ipsum dolor sit amet

CUSTOMER SUPPORT
lorem ipsum dolor sit amet

网页设计与制作实战手记

10.7小时多媒体教学视频

史艳艳　等编著

U0248171

清华大学出版社

北　京

内容简介

本书是一本与众不同的书籍。全书从实用的角度和简单问题入手，由浅入深，循序渐进地讲述了网页制作的核心技术，避免了云山雾罩、晦涩难懂。本书语言通俗易懂、轻松活泼，讲解时辅以实例，将如何用 Dreamweaver、Photoshop、Flash 和 Fireworks 制作网页做了透彻的剖析。本书配带 1 张光盘，内容为本书重点内容的教学视频和本书涉及的素材。

本书共 17 章，分 3 篇。涵盖的内容有：HTML、CSS、DIV 等网页制作的基础知识；多媒体、图像、文本、网页色彩、列表、表格、表单、网页链接、框架、模板与库、图像的高级应用、动画的高级应用网页制作的核心技术；制作个人网站和制作购物网站两个综合案例。阅读本书，可以让读者在较短的时间内理解网页制作的各个重要概念和核心技术点，为胜任相关工作打好基础。

本书适合没有网页设计与制作基础的新手阅读；对于有一定基础的人员，亦可通过本书进一步理解网页设计与制作的重要知识点，并提高实际操作技能；对于大、中专院校的学生和培训班的学员，本书同样是一本不可多得的教材。

图书在版编目（CIP）数据

网页设计与制作实战手记 / 史艳艳等编著. —北京：清华大学出版社，2012.8
（Web 开发典藏大系）
ISBN 978-7-302-28865-7

Ⅰ. ①网… Ⅱ. ①史… Ⅲ. ①网页制作工具 Ⅳ. ①TP393.092

中国版本图书馆 CIP 数据核字（2012）第 104738 号

责任编辑：夏兆彦
封面设计：欧振旭
责任校对：胡伟民
责任印制：沈　露

出版发行：清华大学出版社
　　　　　网　　址：http://www.tup.com.cn，http://www.wqbook.com
　　　　　地　　址：北京清华大学学研大厦 A 座　　　　邮　　编：100084
　　　　　社 总 机：010-62770175　　　　　　　　　　邮　　购：010-62786544
　　　　　投稿与读者服务：010-62776969，c-service@tup.tsinghua.edu.cn
　　　　　质 量 反 馈：010-62772015，zhiliang@tup.tsinghua.edu.cn
印　刷　者：北京鑫丰华彩印有限公司
装　订　者：三河市溧源装订厂
经　　销：全国新华书店
开　　本：185mm×260mm　　　印　张：21.75　　　字　　数：540 千字
　　　　　（附光盘 1 张）
版　　次：2012 年 8 月第 1 版　　　　　　　　　印　　次：2012 年 8 月第 1 次印刷
印　　数：1～5000
定　　价：49.80 元

产品编号：047126-01

前　　言

网页设计与制作技术是随着网络的发展应运而生的。在越来越多的人加入互联网队伍的今天，掌握网页设计与制作的相关技能显得越来越重要。它对因特网的发展起着极其重要的促进作用，而且这种促进作用还一直持续并将继续持续下去。

网页设计与制作需要 Dreamweaver、Photoshop、Flash、Fireworks 等相关软件协同完成。但并不是掌握了这些软件就等于是掌握了网页设计与制作的技术，首先得从整体上理解网页的相关概念和构成要素，如文本、图像、多媒体、动画、配色等，然后逐一掌握实现这些构成要素的相关技术。只有这样才能从整体上理解和掌握网页设计与制作。

目前图书市场上的网页设计与制作的图书大多是从软件出发讲解，这样讲解的明显弊端是读者掌握了软件的使用，却对如何利用软件制作网页不能胜任。为了提高读者实际制作网页的技能，笔者编写了本书。本书与市场的相关图书有很大不同，不是为了学习几个网页设计与制作的软件，而是教会读者从整体上理解网页，然后将网页设计与制作的各构成要素和核心技术一一分解，逐一击破，让读者阅读完本书，就可以轻松掌握网页设计与制作技能，达到处理相关工作的能力。

本书有何特色

1．提供配套的多媒体教学视频

本书中的重点内容都专门录制了配套的多媒体教学视频，以帮助读者更加直观而高效的学习，从而达到事半功倍的效果。

2．内容架构独特，针对性强

本书并不着重介绍网页设计与制作的各个软件的具体使用方法，而是针对实际的网页制作的各个核心组成部分和核心技术，让读者从整体上理解网页制作，然后再从各个局部一一掌握网页设计与制作的核心要点。

3．内容涵盖网页制作的方方面面

本书除对网页制作中的多媒体、图像、文本、网页色彩、列表、表格、表单、网页链接、框架、模板与库等核心技术做了重点介绍外，还对 HTML、CSS、DIV 等网页制作的基础知识做了必要介绍。

4．实训式教学，读者容易掌握

本书不以枯燥的理论来解释知识点，而是结合大量实例，并结合笔者的实际项目开发经验，用实际训练的方式教会读者如何制作网页，让读者在较短的时间内掌握网页设计与制作的核心技术。

5. 内容新颖，紧跟技术趋势

本书虽然不重点介绍网页制作的相关软件，但在实例的实现过程中均用各软件的最新版本，并穿插一些经验和技巧，让读者对新的技术趋势有所了解。

6. 总结优秀的制作经验，拓展视野

阅读优秀的网页设计与制作实例，可以丰富网页制作人员的视野；借鉴优秀的架构和效果，可以提高设计人员的能力。本书对个人网站、购物网站等当前比较流行的各种网页的设计和架构进行了详细剖析，便于读者借鉴他人经验，提升自己的思维能力。

本书内容概览

第1篇　网页制作从零开始（第1～3章）

本篇简单介绍了网页设计与制作基础知识，让读者对网页设计与制作有个感性的认识，了解一些相关的背景知识。涉及的主要内容有网页基本概念、网页制作的工具、HTML、CSS、DIV、网页维护等。

第2篇　网页制作核心技术（第4～15章）

本篇重点介绍了网页设计与制作的核心技术。涉及的内容主要包括多媒体、图像、文本、网页色彩、列表、表格、表单、网页链接、框架、模板与库、图像的高级应用、动画的高级应用等。本篇内容需要读者透彻理解和掌握。

第3篇　网页制作案例实战（第16、第17章）

本篇作为对前面所学内容的总结和实战，介绍了个人网站和购物网站两个实际网页制作案例的实现过程，帮助读者提高实战水平。

对读者的建议

1. 不需要花大量时间全面、深入、刨根问底式地学习软件的使用

新学网页制作的人刚开始可能比较迷茫，觉得网页制作需要用到的软件很多。的确如此，但并不意味着你一定要花大量时间深入学习和研究这些软件的所有功能，只需要学习与网页制作相关的功能就行了。其实，软件的基本功能便可满足网页制作的需求。所以如果你在阅读本书前从未接触过 Dreamweaver、Flash、Photoshop 和 Fireworks 等软件，建议你先对这些软件的基本功能有个了解，然后再阅读本书效果更好。

2. 不需要频繁更新软件版本，新东西可以现用现学

网页设计与制作软件总是不断更新换代，但对于设计师而言大可不必在意版本。因为

你不一定需要那些新功能。即便要用，有了老版本的基础，现用现学也是很容易的事。

3．整体把握，局部一一击破

学习网页设计与制作的人，尤其新手，首先要从整体上了解网页，理解网页的构成，然后再对各种设计和制作技术一一掌握。本书正好提供了这样的内容架构，所以建议新手从头开始，顺次逐章阅读，尽量不要跳跃。对于有基础的人，可以根据自己的需要有选择性地进行阅读。

本书读者对象

- ❑ 网页设计与制作的新手；
- ❑ 网页设计与制作从业人员；
- ❑ 大、中专院校的学生；
- ❑ 网页设计与制作培训班的学员；
- ❑ 网页设计与制作爱好者。

本书作者

本书由史艳艳主笔编写。其他参与编写的人员有毕梦飞、蔡成立、陈涛、陈晓莉、陈燕、崔栋栋、冯国良、高岱明、黄成、黄会、纪奎秀、江莹、靳华、李凌、李胜君、李雅娟、刘大林、刘惠萍、刘水珍、马月桂、闵智和、秦兰、汪文君、文龙。

您在阅读本书的过程中若有疑问，请发 E-mail 和我们联系。E-mail 地址：bookservice2008@163.com。

目录

第 1 篇　网页制作从零开始

第 2 篇 网页制作核心技术

第 3 篇 网页制作案例实战

网页设计及工具 第 1 章

第 1 篇　网页制作从零开始

第1章 网页设计及工具

现今，网站已经被越来越多的人所熟识与使用。构成网站的基本元素是网页，当你轻点鼠标、遨游网络世界时，精彩的网页将一幅幅地呈现于面前，使人们通过网站来发布以及获取相关信息更加地方便。本章将详细讲解网页设计的基础知识，同时了解有关网页设计的常用工具。

1.1 网页设计概述

网站是一个由特定人群和组织控制的一组网页的组合。网站由众多的网页组成，页面是否精彩，直接关系着网站是否受人们的欢迎。网页的英文名 Homepage，Home 在英语中是家的意思，家对每一个人来说代表着温馨、聚集、向往。如果你在设计网页时能做到、实现这些理念，那就代表着这个网页的设计是成功的。本章通过讲解，将向大家展示有关网页设计的基础知识及相关概念。

1.1.1 网页和网站基础知识

在学习制作网页以前，了解一些基本知识，这对以后的学习是很有帮助的。网络世界吸引着越来越多的人，因此对网站的需求越来越大。网站的建设首先需要从网页开始，网页和网站究竟是怎样的呢？接下来让我们通过了解网页和网站的基础知识，来初步认识它们，为网页和网站的建设与制作铺路开拓。

1. 网页和网站的区别

上网的朋友一定经常听到或看到网站、网页这两个词，它们有什么区别呢？

关于网页：简单来说，大家通过浏览器看到的画面就是网页。在因特网上应用最广的是网页浏览，浏览器窗口中显示的一个页面称作一个网页，网页可以包括文字、图片、动画以及视频、音频等内容。网页说具体了是一个 HTML 文件，浏览器是用来解读这份文件的。如图 1.1 所示是一网站页面。

关于网站：网站是众多网页集合而成的，不同的用户被有组织地连接整合在一起，为浏览者提供更丰富的信息。网站由域名（domain name 又称网址）、网站源程序和网站空间三部分构成。网站也是信息服务类企业的代名词，如在新浪、搜狐工作的人，也可以说，他（她）在一家网站工作。如图 1.2 所示是新浪网站首页的截图。

图 1.1　某网页示意

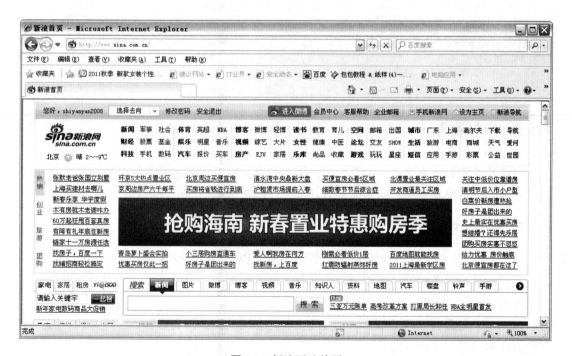

图 1.2　新浪网站首页

2. 什么是网页设计与制作

其实网页就是一个 HTML 文件，我们所要学习的网页设计与制作，就是学习如何编辑这个文件。多个 HTML 文件集合而成的内容也就是网站，制作一个网站，也就意味着你需要单独编辑若干个 HTML 文件。多个 HTML 文件需要通过"超链接"进行连接。

3．主页面

一般情况下，一个网站都相应地制作有一个被称作主页（HomePage）的页面，它常常被看作是该网站的大门，起着引导访问者去进入浏览的作用。同时，网站有些什么内容，更新了什么内容等，都可以通过主页直接被访问者了解。如图 1.3 所示是腾讯网的主页。

图 1.3　腾讯网主页面

1.1.2　网站类型

网站有静态和动态之分，根据不同的划分标准，网站被分为好多种类型。接下来我们通过详细的分析来具体介绍网站的类型，以及在制作网站前如何选择适合的网站类型。

1．网站分类

从所用编程语言不同来划分，网站包括 ASP、PHP、JSP、ASP.NET……

掌握一种或者多种网站编程语言，是每个站长都想要完成的，可是掌握一门语言，说起来容易，做起来其实还是有些许困难的。

（1）ASP 是最快入门的脚本，安全性太差是它的缺点，其实这也不能怪 ASP，因为现在的海洋木马是很难防范的。

（2）PHP 的运行效率最高，最大优势是省钱，从操作系统到数据库到脚本，都是免费的，这些正符合了国内对这方面的需要。因为国外的服务器软件是需要正版的，用 ASP 要装正版的 Windows，PHP 的运行环境 LINUX+apache+MYSQL 免费，LINUX 系统相当稳定，MYSQL 也比 ACCESS 好用，PHP 唯一的麻烦就是代码不是很好理解，还有很多正则表达式。但作为网络开发人员来说，确实是一门值得掌握的语言。

（3）ASP.NET 可以用 VB 语言写也可以用 C#语言写，根据个人爱好，ASP.NET 的开发平台十分强大，VS 2005 布局可以采用拖拽式，跟 Windows 平台下的快速开发工具很像，开发机需要装 NET 框架，ASP.NET 我认为确实是 ASP 的接班人，安全性能也比 ASP 好，开发比 ASP 快，稳定性也比 ASP 好。现在的当当网、携程网就是采用此架构，鱼塘中的很多小网络公司的开发语言也将会从 ASP 转到 ASP.NET。

从用途不同来划分，包括门户网站、行业网站、娱乐网站等

（1）门户网站，是指通向某类综合性因特网信息资源并提供有关信息服务的应用系统。门户网站最初提供搜索服务、目录服务，后来由于市场竞争日益激烈，门户网站不得不快速地拓展各种新的业务类型，希望通过门类众多的业务来吸引和留住因特网用户，以至于目前门户网站的业务包罗万象，成为网络世界的"百货商场"或"网络超市"。如图 1.4 所示是一综合门户网站——搜狐的截图。

图 1.4　门户网站载图

（2）行业网站，行业网站即所谓行业门户。可以理解为"门+户+路"三者的集合体，即包含为更多行业企业设计服务的大门，丰富的资讯信息以及强大的搜索引擎。"门"，即为更多的行业及企业提供服务的大门。如图 1.5 所示是关于行业门户网站——"行业中国"中搜的截图。

（3）娱乐网站，是具有让人追求快乐、缓解压力的。娱乐网应该具有影视娱乐、八卦新闻、明星娱乐、戏剧等娱乐性服务，还应该包括明星、电影、电视、音乐、戏剧、演出等资讯以及相关实用信息。如图 1.6 所示是一娱乐网站的一部分截图。

图 1.5　行业门户——"行业中国"网站载图

图 1.6　娱乐网站截图

从持有者不同来划分，包括个人网站、商业网站、政府网站……

（1）个人网站是指因特网上一块固定的面向全世界发布消息的地方，个人网站由域名（也就是网站地址）、程序和网站空间构成，通常包括主页和其他具有超链接文件的页面。网站是一种通信工具，就像布告栏一样，人们可以通过网站来发布自己想要公开的资讯，或者利用网站来提供相关的网络服务。个人网站是指个人或团体因某种兴趣、拥有某种专业技术、提供某种服务或把自己的作品、商品展示销售而制作的具有独立空间域名的网站。如图 1.7 所示即是一个人网站。

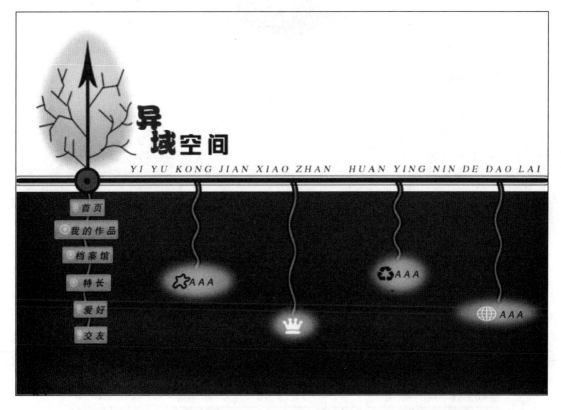

图 1.7　个人网站示意图

（2）商业网站首先要考虑网站的定位，以确定其功能和规模，提出基本需求。里面要考虑的包括网站风格、域名、logo、空间大小、广告位、页面数量、数据库结构、维护需求、人力成本等内容，如果要自己制作的话应多参考别人的东西，如果只是做个策划、具体交给别人做，那就主要确定网站的定位和基本风格要求，与技术人员做好沟通。如图 1.8 所示是一商业网站。

（3）政府网站是指一级政府在各部门的信息化建设基础之上，建立起跨部门的、综合的业务应用系统，使公民、企业与政府工作人员都能快速便捷地接入所有相关政府部门的政务信息与业务应用，使合适的人能够在恰当的时间获得恰当的服务。如图 1.9 所示是一政府网站。

从商业目的不同来划分，包括营利型网站、非营利型网站等

（1）盈利型网站有增值服务许可证书，也就是说以盈利为目的来作网站的经营、维持以及收入来源的相关网站，都可以将其归为此类。

图 1.8　商业网站

图 1.9　政府网站

（2）非盈利型网站没有增值服务许可证书，不以盈利为目的、不以此作为网站收入来源的相关网站，可以归为此类。

2．类型选择

网站按照主体性质不同，可分为政府网站、企业网站、商业网站、教育科研机构网站、个人网站、其他非盈利机构网站以及其他类型。按网站模式划分，可分为综合类门户网站、电子商务网站、专业网站等。以下，通过简要介绍网站的模式，分析有关合适网站类型的选择。其具体内容如表 1-1 所示。

表 1-1 网站分类

网 站 类 型	网 站 作 用
（1）综合类门户类网站	向用户提供的内容较综合，可以适合不同用户的需要，因而网站的访问量很大，但网站的用户群不是很稳定，用户的忠诚度也相对较低。这类网站必须通过竞争淘汰大部分同类网站，才能立于不败之地
（2）电子商务网站	这类网站主要以网络为手段进行电子贸易，通过电子商务的活动获取利润。阿里巴巴以及淘宝分别在 B2B 和 C2C 领域取得了巨大成功，但 B2C 领域缺少同等重量级的因特网企业
（3）专业网站	向用户提供的信息服务比较专业、单一，因此网站的访问量远不如综合网站的访问量大，但比较容易拥有忠诚度高的用户。网站服务独特、竞争不多、用户稳定等特点决定了他们在提供有偿服务方面的优势。我拉网的在线图片生成便是这一类型网站的典型

通过分析可以看出，没有资金没有技术的小站长是很难做上述类型的网站的，盲目跟风只会让网站犹如石沉大海般不被发现。但是，在垂直领域的细分上，这些大的网站就显得有些"捉襟见肘"了。我们不妨从以下这些例子上寻找突破点：

（1）地方性网站

这种网站有地域优势，用户易找到本土归属感而成为忠实用户，然而也由于地理因素，用户数量会受到一定的限制。但只要做得好的话应该也不错，像厦门小鱼社区人气就非常旺。

（2）小行业网站

行业网站专业性也较强，但大行业基本饱和，小行业人气受限。举个例子，汽车行业过于偏大，不妨考虑只做新车动态、润滑油等此类较小较专的领域。

（3）熟悉、感兴趣的行业

哪个行业火就跟着做是非常危险的，一旦网站流量达不到预想结果，就很容易产生疲惫、厌弃的心理，这样的网站如何坚持得下去？做网站就应该像在养孩子，看着孩子慢慢成长，心里才会有成就感。所以，跟风还不如选择自己熟悉或喜欢的行业，即使效果达不到理想中的状态，但只要看到它有成长，成就感也会油然而生。

（4）根据群体，决定网站类型

这类网站的定位可能会比较模糊，差不多这个群体喜欢的东西都可以涉及，举个例子，你是个文学爱好者，你的目的就是让一群与你有着相同爱好的人们聚集在一起，这样网站的范围就不好界定了，比如你倾向传统文学，于是建了个传统文学交流站，目的是引起人们关于古籍的探讨，增加对中国传统文学的认识，但到后来，慢慢地，你发现你的用户群员的喜爱发生了转变，他们更喜欢历史故事而非那些古籍，这样你的网站就不得不加大历史故事的比例，再后来，他们倾向历史人物介绍、某一朝代兴衰史等等，渐渐地，你的网站可能偏向介绍历史知识类的网站。

1.1.3　静态网站制作流程

静态网站的制作相对比较简单，主要可以分 4 个部分来完成。

1．内容的策划

工欲善其事，必先利其器。在网站创业前，进行系统的策划是非常必要的。如果要让网站从大量站点中脱颖而出，就必须进行详细而深入的论证。

（1）确定需要建立什么样的网站

要建立网站，需要先确立站点的定位。网站的定位和规划完成后，就需要按照这个定位来建立网站，在以后的运营过程中也不能偏离大体的定位。但是也不能过于死板，整体的细节还需要在建站的实际过程中随时修改。

（2）选择什么样的网站内容

在建立网站之初对网站内容进行定位时，就要开始注意网站内容是否存在风险。网站的内容风险包括两个方面，一是政策法律的风险，二是站长能否把握内容的风险。打"擦边球"的网站也是很忌讳的站点类型，网络上目前还存在着不少类似的站点，在网站定位时，一定要避免。

（3）确定用户群体，便于内容"投其所好"

网站要为哪些人提供服务，是在建站之前就应该考虑好的问题。定位用户群体，同时也是考虑网站的用户需求。如果将网站针对的人群与站长的实际经历相结合，就能够更好地把握用户心理。定位关乎网站的发展方向，同时也影响着网站的整体运营。网站创业能否成功，就要看基本功做得是否扎实。

（4）前期策划决定网站竞争力

网站的成功策划在建站之初非常重要，能让建网者自身对网站有一个正确的认识，让网站富有竞争力。网站有了方向和目标，才能避免盲目跟风。因此必须考虑其相关因素：

- ❑　明确网站的基础架构
- ❑　选择合适的建站程序
- ❑　网站的风格，做到布局合理，简洁易用

（5）怎样策划一个好的网站

想要使得一个网站策划得好，被用户所接受，需要考虑下述条件：

- ❑　对于网站栏目的设置
- ❑　对于网站板块的规划
- ❑　对于网站 URL 的统一
- ❑　对于网站广告位的设置

（6）策划需要注意的事项

在进行内容策划时，除了需要做好日常的制作任务之外，还需要考虑以下几点内容：

- ❑　深入分析同类网站，做到知己知彼
- ❑　考虑网站架构的具体形式，众木成林
- ❑　体现站点特色的风格设计
- ❑　选择合适的软件

❑　页面千万不能杂乱
❑　体现网站的独特风格

2．图纸的设计

设计图纸是在 Photoshop 或者 Fireworks 中把你想做的网站用图片的形式画出来。Photoshop 的灵活多变以及超级强大的功能，完全可以画出绚烂的网页出来。浏览器的不同——像多窗口浏览器有一个标签栏，就算是 IE，常用图标也有大小之分。因此具体的尺寸是多少，你需要在实际制作过程中自己灵活掌握。

3．网页的切割

网页的切割还是要交给 Photoshop 或者 Fireworks 来完成，这里主要是使用它们的切片工具。这建议大家更多使用 Fireworks，因为它专业，也更容易上手。切割网页就是把图片切割成若干个小图片，其中宽度高度都得自己去掌握去学习。

4．制作网页

网页就是表格加图片加 Flash，在完成了内容策划、图纸设计、页面切割之后，我们就可以着手进行网页的制作了。在本书的具体制作的应用实例，我们都通过 Dreamweaver CS5 来进行相关操作。当然，用于制作网页的工具远远不止这一些。

1.1.4　动态网站制作流程

对于动态网站，因为有脚本语言，所以比较复杂。同样，要做的工作也就更多了。主要有以下几方面：

1．整体规划

对于整体规划，可以从以下几方面来进行：
① 动态程序语言的确立
大家可以先了解一个语言，ASP、PHP、JSP、CGJ、.NET……一般来说，个人网站的形式为 asp+acc 数据库和 php+mysql 数据库。
② 网站栏目功能规划
你的网站有哪些栏目？你的网站实现什么功能？对这些很现实的问题都需要你事先认真的思考与规划。
③ 根目录策划
你的网站实际上就是一堆文件的集合，怎么样去规划这些文件，就是目录的安排。好的网站的目录很清晰，让人一目了然。这就要求日常的文件安排都有一定的规律和次序可以进行参照，然后再根据所需应用适合自己的，那就是最好的。

2．数据库规划

在你选择了数据库和程序之后，接下来需要做的就是规划数据库的相应内容，具体针对数据库里放什么东西和怎么样去放，这些都需要进行仔细斟酌。因为这些内容的规划和安排是至关重要的，关系到网站使用后的数据管理。

3．编写网站后台

前面已经策划了网站内容及其相应功能，接下来就可以进行写网站了。写网站要写后站，这样更便捷。把后台和数据库全部弄出来了，前台就是显示还有什么问题吗？所以，一定要把网站后台编写好。这就需要程序员多花些力气呢。

4．编写网站前台

根据设计制作的进度，接下来需要对网站的前台内容进行编写。网站内容事先已经策划了，这里需要做的就是将网页内容，通过程序将其显示出来。相对于后台，前台的内容同样重要，不可有一点点的缺失。

5．测试及修改阶段

在制作完成后，为了防止失误，需要进行测试，对其过程中反映的相应问题应及时修改。没有一个程序弄好了就是没有漏洞没有错误的，测试和修改是必不可少的。经过你的N 多测试，网站应该没有什么问题了。

6．网站的发布

网页完成了，没问题了，那么就需要给他人浏览、观看。如果你的网页仅仅是给自己的朋友看看，当做学习，你可以用自己的电脑配置成服务器。网站准备长期给大家看，那么你可以考虑购买虚拟空间和域名。当然，现在有很多人选择免费空间和免费域名。如果你的网站非常受欢迎，或者你的网站内容非常多，虚拟空间已经不能够满足你了，那你租赁服务器或者托管服务器也是比较恰当的。如果你想做网站，如果你想成为专业站长，就多多地去体验一下吧！

1.2　网页设计工具

制作网页第一件事就是选定一种网页制作软件。从原理上来讲，虽然直接用记事本也能写出网页，但是对网页制作必须具有一定的 Html 基础，非初学者能及，且效率也很低。用 Word 也能做出网页，但有许多效果做不出来，且垃圾代码太多，也是不可取的。接下来具体为大家介绍几款实用的网页设计工具。

1.2.1　Dreamweaver CS5 简介

Adobe Dreamweaver CS5 是一款集网页制作和管理网站于一身的所见即所得网页编辑器，Dreamweaver CS5 是第一套针对专业网页设计师特别开发的视觉化网页开发工具，利用它可以轻而易举地制作出跨越平台限制和跨越浏览器限制的充满动感的网页。下面针对该软件的一些特性以及相关内容进行简单介绍。

1．新增功能特性

关于新增功能的相关内容及其特性如表 1-2 所示。

表 1-2　新增功能特性

新功能类型	作 用 特 点
（1）集成 CMS，支持新增功能	尽享对 WordPress、Joomla!和 Drupal 等内容管理系统框架的创作和测试支持
（2）CSS 检查新增功能	以可视方式显示详细的 CSS 框模型，轻松切换 CSS 属性并且无需读取代码或使用其他实用程序
（3）与 Adobe BrowserLab 集成新增功能	使用多个查看、诊断和比较工具预览动态网页和本地内容
（4）PHP 自定义类代码提示新增功能	为自定义 PHP 函数显示适当的语法，帮助读者更准确地编写代码
（5）CSS Starter 页增强功能	借助更新和简化的 CSS Starter 布局，快速启动基于标准的网站设计
（6）与 Business Catalyst 集成新增功能	利用 Dreamweaver 与 Adobe Business Catalyst®服务（单独提供）之间的集成，无需编程即可实现卓越的在线业务
（7）保持跨媒体一致性	将任何本机 Adobe Photoshop®或 Illustrator®文件插入 Dreamweaver 即可创建图像智能对象。更改源图像，然后快速、轻松地更新图像
（8）增强的 Subversion 支持	借助增强的 Subversion®软件支持，提高协作、版本控制的环境中的站点文件管理效率
（9）仔细查看站点特定的代码提示	从 Dreamweaver 中的非标准文件和目录代码提示中受益
（10）简单的站点建立	以前所未有的速度快速建立网站，分阶段或联网站点甚至还可以使用多台服务器

2．操作界面

（1）界面显示

在打开 Dreamweaver CS5 之后，窗口将显示如图 1.10 所示的内容。通过有针对性地选择"打开最近的项目"、"新建"、"主要功能"这些栏目中的选项，可以进行具体的操作。

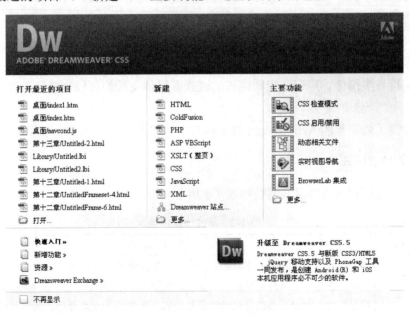

图 1.10　初始界面

（2）菜单栏

如图 1.11 所示，是打开 Dreamweaver CS5 后它的菜单栏。我们可以通过它的各项功能命令，来实现最终的效果与制作。

| 文件(F) | 编辑(E) | 查看(V) | 插入(I) | 修改(M) | 格式(O) | 命令(C) | 站点(S) | 窗口(W) | 帮助(H) |

图 1.11　菜单栏

（3）工具箱

如图 1.12 所示，是打开 Dreamweaver CS5 后它的工具箱中的内容显示。我们可以通过它的各项功能，来使用工具制作与实现效果。

1.2.2　Flash CS5 简介

Flash 是用于制作适合网络传输的流媒体动画的软件。Flash 动画文件具有体积小、可边下载边播放、多媒体交互性等特点。最大的好消息是，Flash CS5 对开发人员更加友好，可以和 Flash Builder（即最新版本的 Flex Builder）协作来完成项目。如果你使用 Flash CS5，那么就可以通过它的新的导出对话框建立一个新的 FlashBuilder 项目。下面针对该软件的一些特性以及相关内容进行简单介绍。

图 1.12　工具箱

1. 功能特点

（1）Flash 与 Dreamweaver、Fireworks 具有相同风格的快速启动栏、浮动面板、菜单栏、工具箱等。

（2）提供了与 Fireworks 基本相同的绘图工具，因此对于熟悉 Fireworks 的用户基本可以不用重新学习就可以绘图。

（3）利用关键帧和元件等技术可以轻易地制作出各类动画。

（4）提供了层技术，使动画的各个组成部分既分又合，方便制作和修改。

（5）支持许多图像、声音、视频格式，这些多媒体文件均可以直接导入动画中，从而使 Flash 动画"声像并茂"。

（6）提供了较完善的 ActionScript 脚本语言，可以为动画加入交互效果。

2. 新的功能特性

关于新功能的相关内容及其特性如表 1-3 所示。

表 1-3　新的功能特性

新　功　能	相　关　特　性
（1）XFL 格式	XFL 格式，将变成现在 Flash 项目的默认保存格式。XFL 格式是 XML 结构。从本质上讲，它是一个所有素材及项目文件，包括 XML 元数据信息为一体的压缩包。它也可以作为一个未压缩的目录结构单独访问其中的单个元素使用。例如，Photoshop 使用其中的图片。XFL 格式可以使软件之间的穿插协助更加容易

续表

新　功　能	相　关　特　性
（2）文本布局	Flash Player 10 已经增强了的文本处理能力,这样为 CS5 在文字布局方面提供了机会。如果您是一个 InDesign 或 Illustrator 的用户,已经比较熟悉链接式文本,现在在 Flash 里您可以使用了。在 Flash CS5 Professional 中已经在垂直文本、外国字符集、间距、缩进、列及优质打印等方面,都有所提升。提升后的文本布局,可以让您轻松控制打印质量及排版文本
（3）码片段库	以前只有在专业编程的 IDE 才会出现的代码片段库,现在也出现在 Flash CS5,这也是 CS5 的突破,在之前的版本都没有。Flash CS5 代码库可以让读者方便地通过导入和导出功能管理代码。代码片段库,可以让读者的 Actionscript 的学习更快,为项目带来更大的创造力
（4）Flash Builder 完美集成	Flash CS5 可以轻松和 Flash Builder 进行完美集成。读者可以在 Flash 中完成创意,在 Flash Builder 完成 Actionscript 的编码。如果选择,Flash 还可以创建一个 Flash Builder 项目。让 Flash Builder 来做最专业的 Flash Actionscript 编辑器
（5）Flash Catalyst 完美集成	Flash Catalyst CS5 已经到来,Flash Catalyst 可以将团队中的设计及开发快速串联起来。自然 Flash 可以与 Flash Catalyst 完美集成。Photoshop、Illustrator、Fireworks 的文件,无需编写代码,就可完成互动项目。结合 Flash,让项目更传神
（6）Flash Player 10.1 无处不在	Flash Player 已经进入了多种设备,已不再停留在台式机、笔记本上,现在上网本、智能手机及数字电视都安装了 Flash Player。作为一个 Flash 开发人员,无需为每个不同规格设备重新编译,就可让作品部署到多设备上,表现出了强大的优势

3．操作界面

（1）界面显示

在打开 Flash CS5 之后,窗口将显示如图 1.13 所示的内容。通过有针对性地选择"从模板创建"、"新建"、"学习"这些栏目中的选项,可以进行具体的操作。

图 1.13　初始界面

（2）菜单栏

如图 1.14 所示是打开 Flash CS5 后它的菜单栏。我们可以通过它的各项功能命令实现最终的效果与制作。

| 文件(F)　编辑(E)　视图(V)　插入(I)　修改(M)　文本(T)　命令(C)　控制(O)　调试(D)　窗口(W)　帮助(H) |

图 1.14　菜单栏

（3）工具箱

如图 1.15 所示是打开 Flash CS5 后它的工具箱中的内容显示。我们可以通过它的各项功能、工具制作来实现效果。

（4）时间轴

在 Flash 的制作中，时间轴起着相当重要的作用，在初始界面中，软件将自动将其打开以便于用户使用，其界面内容如图 1.16 所示。

 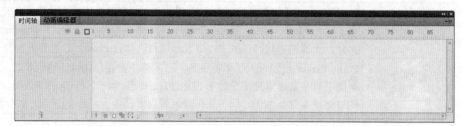

图 1.15　工具箱　　　　　　　　　　　　　图 1.16　时间轴

1.2.3　Fireworks CS5 简介

Fireworks 是网络图形处理软件，集网页图形的创建、编辑、管理于一体，简化了制作网页图形的流程，能生成大小合适、质量较好的网页图形。Fireworks 是网页原型和网页效果图设计利器，在最新的 CS 5 版本中相信大家更有体会。下面针对该软件的一些特性以及相关内容进行简单介绍。

1.　功能特点

（1）工作环境与 Dreamweaver、Flash 和谐统一，具有风格相同的面板、菜单栏、工具箱等。

（2）提供了强大的矢量图形和位图图像的编辑功能，可以直接在位图图像和矢量图像之间进行切换，避免在多个应用程序之间互换。

（3）可快速创建 Web 导航，由向导程序自动生成图形和 JavaScript 代码，并可在 Dreamweaver 中方便地编辑所生成的图形文件。

（4）可进行图形的热区与切片操作，创建复杂的交互动作和 GIF 动画文件。

2.　新增功能特性

（1）自定义笔刷，Fireworks CS5 终于能够像他的老大哥 Photoshop 那样自定义笔刷样式了，甚至在 Fireworks CS5 中可以导入 PhotoShop 和 illustrate 所定义好的笔刷效果。

（2）在 Fireworks CS5 中，将包含 PhotoShop 的所有滤镜，让你发挥无限创意的可能。

（3）支持表格布局，可以使用类似于 Dreamweaver 的表格工具在 Fireworks CS5 中直接绘制表格。

（4）新增的修剪变形工具，能够轻松创建各种曲线图形。

（5）在 Fireworks CS5 中使用 Microsoft 帮助！也许这个并不重要，但是这说明微软正在和 Adobe 联手开发基于 Fireworks CS5 的各种应用。

3．操作界面

（1）界面显示

在打开 Fireworks CS5 之后，窗口将显示如图 1.17 所示的内容。通过有针对性地选择"打开最近的项目"、"新建"这些栏目中的选项，可以进行具体操作。

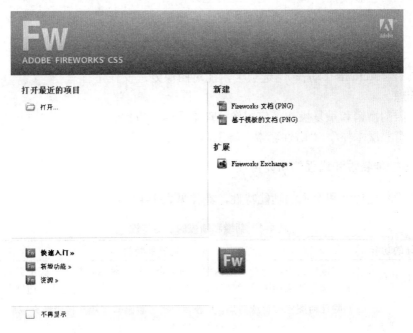

图 1.17 初始界面

（2）菜单栏

如图 1.18 所示是打开 Fireworks CS5 后它的菜单栏。我们可以通过它的各项功能命令，来实现最终的效果与制作。

文件(F) 编辑(E) 视图(V) 选择(S) 修改(M) 文本(T) 命令(C) 滤镜(I) 窗口(W) 帮助(H)

图 1.18 菜单栏

（3）工具箱

如图 1.19 所示，是打开 Fireworks CS5 后它的工具箱中的内容显示，在窗口中分别显示于左右两侧。我们可以通过它的各项功能，来使用工具制作与实现效果。

1.2.4　Photoshop CS5 简介

Photoshop CS5 有标准版和扩展版两个版本。Photoshop CS5 标准版适合摄影师以及印刷设计人员使用，Photoshop CS5 扩展版除了包含标准版的功能外，还添加了用于创建和编辑 3D 和基于动画的内容的突破性工具。下面针对该软件的一些特性以及相关内容进行简单介绍。

1．特点及功能

（1）支持大量的图像文件格式。

（2）文本处理更加方便，可以在任何时候修改文本内容，并可以对文本层进行多种格式设置。

（3）增强的色彩功能，提供了更广泛的色彩范围。

（4）增强图层的功能，可以建立文本层、效果层，并增加了图层操作命令。

（5）丰富的滤镜功能。

（6）具有"Actions（动作）"选项卡，能对图像处理操作进行有效的控制管理。

（7）无限的撤销和重复操作，使图像处理更灵活、方便。

（8）具有"魔术棒"、"磁性套索"等工具。

图 1.19　工具箱

2．新增功能特性和增强的功能特性

关于新增功能特性和增强的功能特性，具体见表 1-4 所示。

表 1-4　新增和增强的功能特性

新增和增强的功能	功能的特性
（1）复杂更加简单	轻击鼠标就可以选择一个图像中的特定区域。轻松选择毛发等细微的图像元素；消除选区边缘周围的背景色；使用新的细化工具自动改变选区边缘并改进蒙版
（2）内容感知型填充	删除任何图像细节或对象，并静静观赏内容感知型填充神奇地完成剩下的填充工作。这一突破性的技术与光照、色调及噪声相结合，删除的内容看上去似乎本来就不存在
（3）出众的 HDR 成像	借助前所未有的速度、控制和准确度创建写实的或超现实的 HDR 图像。借助自动消除迭影以及对色调映射和调整更好的控制，可以获得更好的效果，甚至可以令单次曝光的照片获得 HDR 的外观
（4）最新的原始图像处理	使用 Adobe Photoshop Camera Raw 6 增效工具无损消除图像噪声，同时保留颜色和细节；增加粒状，使数字照片看上去更自然；执行裁剪后暗角时控制度更高等
（5）出众的绘图效果	借助混色器画笔（提供画布混色）和毛刷笔尖（可以创建逼真、带纹理的笔触），将照片轻松转变为绘图或创建独特的艺术效果
（6）操控变形	对任何图像元素进行精确的重新定位，创建出视觉上更具吸引力的照片。例如，轻松伸直一个弯曲角度不舒服的手臂
（7）自动镜头校正	镜头扭曲、色差和晕影自动校正可以帮助您节省时间。Photoshop CS5 使用图像文件的 EXIF 数据，根据您使用的相机和镜头类型做出精确调整

续表

新增和增强的功能	功能的特性
（8）高效的工作流程	由于 Photoshop 用户请求的大量功能和增强，可以提高工作效率和创意。自动伸直图像，从屏幕上的拾色器拾取颜色，同时调节许多图层的不透明度等
（9）新增的 GPU 加速功能	充分利用针对日常工具、支持 GPU 的增强。使用三分法则网格进行裁剪；使用单击缩放功能缩放；对可视化更出色的颜色以及屏幕拾色器进行采样
（10）更简单的用户界面管理	使用可折叠的工作区切换器，在喜欢的用户界面配置之间实现快速导航和选择。实时工作区会自动记录用户界面更改，当您切换到其他程序再切换回来时面板将保持在原位
（11）出众的黑白转换	尝试各种黑白外观。使用集成的 Lab B&W Action 交互转换彩色图像；更轻松、更快地创建绚丽的 HDR 黑白图像；尝试各种新预设

3. 操作界面

（1）初始界面

Photoshop CS5 的初始界面，并不像前面的 Dreamweaver、Flash、Fireworks 这些所显示的类型，它在用户打开使用该软件时，直接进入到可操作的画面了。具体效果如图 1.20 所示。

图 1.20　初始界面

（2）菜单栏

如图 1.21 所示是打开 Photoshop CS5 后它的菜单栏。我们可以通过它的各项功能命令，来实现最终的效果与制作。

文件(F)　编辑(E)　图像(I)　图层(L)　选择(S)　滤镜(T)　分析(A)　3D(D)　视图(V)　窗口(W)　帮助(H)

图 1.21　菜单栏

（3）工具箱

如图 1.22 所示是打开 Photoshop CS5 后它的工具箱中的内容显示，在窗口中分别显示于左右两侧。我们可以通过它的各项功能，来使用工具制作与实现效果。

如图 1.23 所示的是使用 Photoshop 制作的内容效果。是不是觉得它很不错？那么就让我们一起来学习这些软件的使用方法吧！

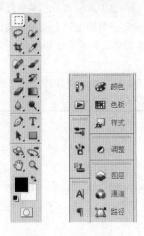

图 1.22　工具箱　　　　　　　　　　　图 1.23　效果图

1.3　网站设计的方法和技巧

网站设计就好像绘制一副画，你需要将它的方方面面都处理得恰到好处，这样它才能被大家所接受。然而，网站设计除了要考虑整体的画面效果之外，更多地还需要有相关功能操作得合理与否、便捷与否方面的考虑。这就要求大家掌握网站设计的方法和技巧，以便于大家在实际的制作过程中，能更好地制作出受人喜欢的网站，吸引更多的浏览者，达到网站的宣传、展示目的，并成为其他的网络推广手段的根据地与战壕。在设计过程中，如下内容可供大家借鉴、参考。

❑　包装爆点整文案，信息层级是关键；

❑　题图设计重创意，发散思维找图例；

❑　突出按钮显氛围，视觉引导要记牢；

❑　下面样式上面找，整体统一很重要；

❑　内容排版耐心调，虎头蛇尾太糟糕。

1．总体构思的方法与技巧

在网站设计时，最初需要从总体出发进行构思。关于它的方法与技巧，我们需要从大的方面来把握，只有把握住了这些，得到的东西才不会偏离设计思想。这就要求我们从几方面着手。

（1）留白量和版面率的重要性

文中所使用的排版面积与整页面积的比例，影响着版面的格调。空白的多寡对版面的印象有决定性的影响。即使同一张照片、同样的句子也会因空白量变动后就很难表现确实的形象。这就要求我们在日常设计中对留白量与版面率有一个严格掌控与把关。如图 1.24 所示二图的效果，是对留白量和版面率的一个反映。简单地说，如果对图中现有的文字与图形的所占篇幅加以变动，整体的效果就不一定好。

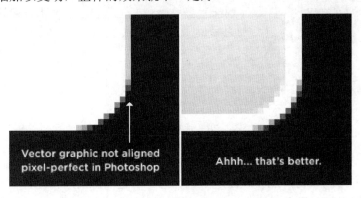

图 1.24　效果图

（2）明暗状态的调整

正常的明暗状态，叫做"阳昼"，相反的情况是"阴昼"。构成版面时，使用这种阳昼和阴昼的明暗关系，可以描画出与日常感觉不同的新意象。这方面的相关内容，也是需要大家在设计制作时进行考量的。如图 1.25 所示是一明暗状态调整前后的不同显示效果展示。

图 1.25　明暗对比

（3）垂直与水平状态

水平线给人稳定和平静的感受，无论事物的开始或结束，水平线总是固定的表达静止的时刻。将垂直线和水平线作对比的处理，可以使两者表现更生动，不但使画面产生紧凑感，也能避免冷漠僵硬的情况产生，相互取长补短，使版面更完备。如图 1.26 所示是垂直与水平状态在网页中的应用。

图 1.26　垂直与水平状态

（4）统一与调和状态

反复使用同形的事物，能使版面产生调合感。若把同形的事物配置在一起，便能产生连续的感觉。两者相互配合运用，能创造出统一与调和的效果。如图 1.27 所示是对统一与调和状态的诠释。

（5）大小、明暗、粗细的对比

大小关系为造型要素中最受重视的一项。明暗（黑和白）乃是色感中最基本的要素。细字如果份量增多，粗字就应该减少，这样的搭配看起来比较明快。如果在设计制作过程中，版面的相关内容能做到这些，那么出来的内容一定不会太差的。如图 1.28 所示是关于大小、明暗和粗细效果的处理结果。

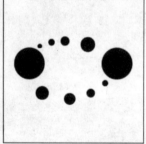

图 1.27　统一与调和　　　　　　　　　　　　　图 1.28　对比效果

（6）平衡关系

在版面的相关内容中，平衡关系是必不可少的。只有充分应用平衡关系，才能使得效果不会太突兀。如果我们改变一件好的原作品的各部分的位置，再与原作品比较分析，就能很容易理解平衡感的构成原理。它更多地被应用于版面考虑。如图 1.29 所示就是平衡关系。

图 1.29　平衡关系

2. 字体图形化设计的方法与技巧

为了满足网站浏览者的审美要求，需要对字体进行独特的个性化的设计。达到让用户有效了解页面的重点信息的目的。这就督促我们在不断接触设计、制作的过程中，掌握字体图形化设计的方法与技巧，并且不断积累与提高。

（1）变形处理

对于变形处理，可通过运用字体设计（如放大、改变字体颜色）等的基本方法，使文字与文字之间形成强烈的对比，突出了重点，建立了良好的视觉层次与焦点。改变了字间距后，文字与文字之间的联系更加紧密了，且运用了阴影等，层次看上去更加丰富。在做字体变形设计时，需要了解分析其笔画结构走势以及其综合体现出来的"气质"与"感觉"。建议在自己设计时，可以参考英文字母的字体，如图 1.30 所示。

（2）组合处理

组合处理其实是对抽象文字的具象化，即抽象的文字与具体的图形结合，使受众能更加快速地理解设计者传达的信息内容，并留下深刻的印象。设计时最重要的是找到其两者之间的特征属性以及关联性。如图 1.31 所示的就是此类效果。

图 1.30　英文字体　　　　　　　　　　　　　　　图 1.31　组合处理

（3）3D 技术的运用

3D 技术是将平面立体化，营造一种层次感与空间感，模拟物理使之更加接近于真实，也更有视觉冲击力，在 3D 字设计时，无论是 PS/AI 还是借助 3D 软件辅助设计，最重要的是掌握其光影的变化以及形体的透视。

在掌握了上述几种技术后，大家同时也需要注意以下内容：

（1）网页设计主要是信息的传达设计，任何的设计目的是为了让用户快速有效得到其信息，同时不要为了浮夸的设计技巧而舍本逐末，最重要的是先保证其识别性。

（2）字体不是孤立存在的，是页面内容之一，在设计时需考虑与周围其他页面元素的协调一致，强化页面的整体氛围的营造。

3. 网站导航条设计界面的一些常见方法技巧

网站导航条一般位于网站的最上面，也算是网站设计的几大吸引点之一，导航条的形状与色系关系到整个网站的版面风格走向，在网页设计的过程中起着非常重要的作用。如

图 1.32 所示是一网站及其导航条的截图。

图 1.32　导航条

　　网站导航的最终目的就是帮助用户找到他们需要的信息，如果说得详细点，引导用户完成网站各内容页面间的跳转。（即对网站整理内容的一个索引和理解，展现了整个网站的目录信息，帮助用户快速找到相应的内容，定位用户在网站中所处的位置）。

　　导航在网站设计中占有举足轻重的地位，是整个站点中（特别是门户站）视觉的焦点和中心，其影响力仅次于 Banner!导航的成败直接影响了整个站点的表现，不管是企业站，还是 Flash 站点，都不应该轻视导航的设计！

　　导航不要用图片按钮，一定要用文字描述，这样做是为了让搜索引擎清楚你站的主题，以便在搜索排名中获得更靠前的位置；网页设计图片一般是用作导航的背景，而链接肯定要用文字。导航栏目不能随意修改，那样会让搜索引擎认为你站不稳定，会降权。

　　网站导航条给网页设计提供一个完整的导航系统，其中包括全局导航、局部导航、辅助导航、上下文导航、远程导航，从网站的最终页面到达其他页面的一组关键点，无论你想去哪里，都可以通过导航条的导读作用来实现。

4．网站的建设方法与技巧

　　设计师拿到活动方案时，了解商业需求和推广目标，梳理文案包装爆点，让文案简洁有力。开始设计时先把内容全部罗列在视觉 demo 中，这个阶段可以没有独特的创意，但是分清楚信息层次是最关键的。然后，可以着手进行网站的建设。

　　（1）设计从题图开始，因为题图设计的质量决定了活动页面对用户的吸引力，凸显创意是题图设计的首要任务。

（2）活动内容区域的样式设计可从题图中提取元素，既可以保持页面风格的统一，也可以提高设计的效率和质量。

（3）定位好网站的主题和名称，主题要有特色而且精巧，题材要与网站的各内容有关。

（4）接下来是首页的设计，它是全站内容的目录，起到索引作用，从确定首页的功能模块、设计首页的版面、处理技术上的细节这几点出发，如果处理好了，你的此次设计就是成功的。

（5）定位好网站的形象，主要从设计好网站的标志（logo）、设计网站的标准色彩、设计网站的标准字体、设计网站的宣传标语这些内容出发，将网站的建设完善起来。

（6）确定网站的栏目和版块。在动手制作网站前，一定要确定栏目和版块，确定网站的目录结构和链接结构，确定网站的整体风格创意设计。

1.4　网　站　维　护

在千辛万苦地通过大家的共同努力之下，将网站建立之后，那么一定不能忽视网站的维护、网站发布，大家通过网站来了解相关信息、内容，但也有一些东西是跟随网站始终的。那就是网站的内容以及其他的维护。下面具体来为大家讲解有关网站维护的相关内容。

1.4.1　创建站点

关于站点与网站的关系是，先创建站点，接着就可以管理站点，然后就可以着手创建网页了。因此，在进行一切的设计与制作之前，我们的头等大事就是先把站点给创建好，下面就具体来为大家介绍有关它的创建方法。

1. 创建

在 Dreamweaver CS5 中，能有效建立并管理多个站点。关于站点的创建，可以有两种方法，方法一为通过向导来创建站点，方法二为利用高级设定来完成创建站点。下面具体介绍站点创建的操作方法，具体内容如下：

（1）建目录

在打开的 Dreamweaver 中，选择"站点"→"新建站点"命令，在弹出的"站点设置对象"对话框中的"站点"选项卡下，分别在"站点名称"和"本地站点文件夹"文本框中输入相应的名称，进行站点文件放置目录的创建，单击"保存"按钮完成目录创建，如图 1.33 所示。

在网页制作过程中，会有视频、声音、音乐、数据、命令等文件内容，这里分别建立目录 image、flash、video、mp3、admin、data、common 等多个文件，以便于网站数据的管理。

（2）IIS 配置

Internet Information Services（IIS，因特网信息服务），是一个 World Wide Web server，Gopher server 和 FTP server 全部包容在里面，是由微软公司提供的基于运行 Microsoft

Windows 的因特网基本服务。最初是 Windows NT 版本的可选包,随后内置在 Windows 2000、Windows XP Professional 和 Windows Server 2003 一起发行,但在 Windows XP Home 版本上并没有 IIS。IIS 意味着你能发布网页,并且有 ASP(Active Server Pages)、JAVA、VBScript 产生页面,有着一些扩展功能。

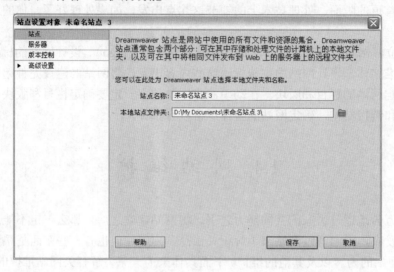

图 1.33　站点目录

IIS 配置的具体方法是,右击"我的电脑"图标,在弹出的快捷菜单中右击"管理"→"Internet 信息服务"→"默认网站"→"属性"命令。设置"属性"对话框中的"网站"、"主目录"、"文档"选项卡分别如图 1.34、图 1.35、图 1.36 所示。

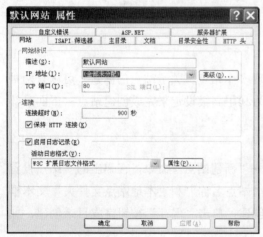

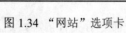

图 1.34　"网站"选项卡

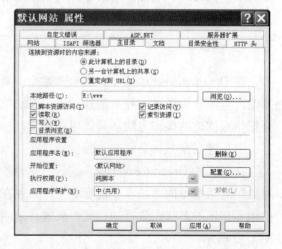

图 1.35　"主目录"选项卡

(3)新建站点

在 Dreamweaver 中,选择"命令"→"新建站点"命令,在弹出的"站点设置对象"对话框中,分别对"高级设置"选项卡下的"本地信息"和"远程信息"选项进行相关的设置,单击"保存"按钮完成,如图 1.37 所示。

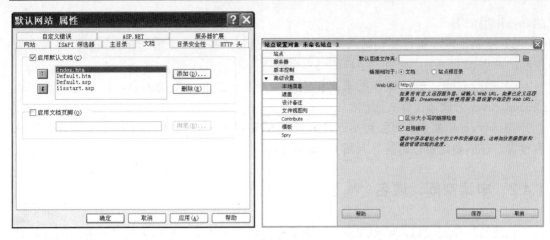

图 1.36　"文档"选项卡　　　　　　　　　图 1.37　本地信息

（4）建 HTML

在完成了基础创建后，接下来可以进行 HTML 网页的创建，具体根据需要来完成即可。

（5）用浏览器访问主页

当 HTML 网页创建完成后，为了查看发布时的效果，可以用浏览器访问主页以及相应的网站页面查看相应的内容。

2．管理

站点创建完成后，为了它的有序运行，需要进行有效的管理。它的具体内容可以在选择"站点"→"管理站点"命令，弹出的"管理站点"对话框中来实现。在列表中选择要修改的站点，单击"编辑"按钮，弹出"站点定义"对话框。选择"高级"选项卡，在"分类"列表中分别选择"本地信息"、"远程信息"和"测试服务器"，对本地站点、远程站点和测试服务器的设置进行修改。Dreamweaver 站点最多由三部分（或文件夹）组成。

（1）本地文件夹：是用户的工作目录。Dreamweaver 将该文件夹称为本地站点。本地文件夹一般位于本地计算机上，用于存储正在编辑的网页文档及其相关文件。

（2）远程文件夹：是存储文件的位置，这些文件用于测试、生产、协作和发布等。远程文件夹一般位于运行 Web 服务器的计算机上，Dreamweaver 将此文件夹称为远程站点。

（3）测试服务器：是 Dreamweaver 处理动态网页的文件夹。如果运行 Web 服务器的计算机上同时运行应用程序服务器，则测试服务器文件夹与远程文件夹可指定为同一文件夹，如图 1.38 所示。

图 1.38　服务器测试

在进行站点的管理过程中，会使用到站点的复制、删除、导入导出的相关操作，它们的具体作用如下：

① 复制站点。执行复制站点操作后，系统会自动复制一个所选择的站点，并且会为复制的站点加上一个"拷贝"字样的站点名称。

② 删除站点。删除操作并未真正删除站点文件夹和其中的内容，而只是无法再用 Dreamweaver 管理该文件夹而已。

③ 导入导出站点。可以将站点导出为带 STE 扩展名的 XML 文件，来备份建好的站点设置。在需要时可以将其导入回 Dreamweaver。

1.4.2　申请空间、域名

在网站制作完成后，要实现发布，申请并注册相应的空间和域名是必须的。现在域名提供商和空间提供商都有相应的这方面的服务。根据自己的需要，为网站申请合适大小的空间，符合自己的域名，这是关键内容。

1.4.3　测试网页

在执行到上述的工作，并且完成以后，网站的建设工作也就完成了。这时，为了发布后的安全，避免问题以及错误的发生，需要对网站、网页进行试用，也就是所谓的测试。其实，到这里网站的各项功能是已经成熟并且完善的了，需要做的就是发现 BUG，或者是发现其他不合理、不符合设计和构思的严重偏离点，以便于在发布前进行修改或者制作。只有在认为这些都 OK 了，觉得没问题了，反复检查之后，我们才能将网站呈现在观众面前。

1.5　本　章　小　结

本章的内容主要从网页设计的基础知识出发，着重介绍了几款用于网页设计的软件。同时，也讲述了有关网站使用设计的技巧和方法，这个是难点。关于网站维护的相关内容，包括站点的创建，域名、空间的申请，网页的测试这一系列也是大家需要掌握的。内容之中也包括了网页制作流程以及网站的不同的类型。在这些内容掌握之后，从第 2 章的内容开始，就将详细为大家讲解有关网页制作的具体内容了。第 2 章将介绍 HTML 和 CSS 的相关知识。

1.6　本　章　习　题

【习题 1】尝试用 Dreamweaver CS5 创建名为 admin 的文件。要求：该文件可以直接运行并用于以后的网页制作。

【习题 2】创建名称为"我的网站"的站点。要求：目录具体包含图片、动画、视频、音乐、admin、data 等多个文件。

【习题 3】自己练习注册一个个人网站的域名，并申请域名空间。

第 2 章　网页设计的基础知识

第 1 章介绍了网页与网站等内容，在接下来的这一章中将介绍文本标记语言，即 HTML（Hyper Text Markup Language），是用于描述网页文档的一种标记语言。级联样式表（Cascading Style Sheet）简称"CSS"，通常又称为"风格样式表（Style Sheet）"，它是用来进行网页风格设计的。将 HTML 与 CSS 有效结合，用于网页的设计与制作，是网页制作人员的较常用方法。在这一章，将为大家介绍的内容，具体包括有：

- ❑ 认识 HTML
- ❑ HTML 代码的创建方法
- ❑ CSS 样式表和语法
- ❑ CSS 布局
- ❑ Div 元素
- ❑ Div 的定义和用法
- ❑ HTML+CSS 简单应用

2.1　网页背后的奥秘

通过第一章的介绍，我们对网页与网站等内容有了一个大概的了解了。接下来，这里简单为大家介绍有关网页背后一些深层次的、不被浏览者所完全看到的内容。在这一节，通过看一个网页来让我们对它作进一步的认识吧！如图 2.1 所示是一网页截图。

图 2.1　网页截图

网站与网页大家都知道了，但是它背后的 CSS、HTML 这些内容您是否知道呢？针对图 2.1 的网页，对应它的相应代码的效果显示如图 2.2 所示。主要是一些设置这个网页格式和相关内容的代码以及其他组成内容。

图 2.2　代码内容

2.2　HTML 标记语言

HTML 是超文本标记语言，它不是一种编程语言，而是一种标记语言，标记语言是一套标记标签（markup tag），使用标记标签来描述网页。在网页制作中，制作人员为了页面的制作需要与其他设计构思的实现，更多地会通过应用它来进行。下面将介绍有关 HTML 标记语言的知识。

2.2.1　初识 HTML

一个网页对应于一个 HTML 文件，HTML 文件以.htm 或.html 为扩展名。可以使用任何能够生成 TXT 类型源文件的文本编辑来产生 HTML 文件。HTML 是构成网页设计与制作的中心。如图 2.3 所示内容，诠释的正是 HTML 所起的作用。

图 2.3　HTML

1．HTML标签

学习 HTML 之前，认识它的标签是很重要的任务之一。因为 HTML 的实现，很大程度上都是通过标签、也离不开标签的。这里为读者介绍一些常用的 HTML 标签以及它们的作用，同时帮助读者掌握使用方法和格式等内容。

（1）文件头部内容

文件头部的内容主要包括 head 标签、meta 标签、title 标签，下面就简单介绍这几种标签的使用。

① head 标签

<head></head>这一对标签，称为标题标记符，被用于定义网页的标题。该标签内的内容，将在网页窗口的标题栏中显示。其主要作用为设置文档标题和其他在网页中不显示的信息。<head>标签用于定义文档的头部，它是所有头部元素的容器。<head>中的元素可以引用脚本、指示浏览器在哪里找到样式表、提供元信息等。文档的头部描述了文档的各种属性和信息，包括文档的标题、在 Web 中的位置以及和其他文档的关系等。绝大多数文档头部包含的数据都不会真正作为内容显示给读者。

下面这些标签可用在 head 部分：<base>、<link>、<meta>、<script>、<style>以及<title>。如图 2.4 所示内容是关于它的具体用法。

图 2.4　标签用法

② meta 标签

<meta>标签用来描述一个 HTML 网页文档的属性，如作者、日期和时间、网页描述、关键词、页面刷新等。它是 HTML 标记 head 区的一个关键标签，它位于 HTML 文档的<head>和<title>之间。它提供的信息虽然用户不可见，但却是文档的最基本的元信息。<meta>除了提供文档字符集、使用语言、作者等基本信息外，还涉及对关键词和网页等级的设定。

meta 标签的内容设计对于搜索引擎营销来说是至关重要的一个因素，尤其是其中的"description"（网页描述）和"Keywords"（关键词）两个属性更为重要。文档的头部经常会包含一些<meta>标签，用来告诉浏览器关于文档的附加信息。在将来，创作者可能会利用预先定义好的标准文档的元数据配置文件（metadata profile），以便更好地描述它们的文档。profile 属性提供了与当前文档相关联的配置文件的 URL。如图 2.5 所示内容是关于它的具体用法。

③ title 标签

title 标签可能是网页中最重要的标签，它是你在网页中最先看到的部分。在这个标签中最好是加上网站的关键字，title 标签在搜索引擎的搜索中占有非常重要的地位。最好是把它放在其他 meta 标签前，这更有利于网站的排名。<title>定义文档的标题，它是 head 部分中唯一必需的元素。如图 2.5 所示内容是关于此标签的一个应用。

```
<html >
<head>
<meta http-equiv="Content-Type" content="text/html; charset=utf-8" />
<title>无标题文档</title>
</head>

<body>

</body>
</html>
```

图 2.5　标签用法

title 标签在网站中起到画龙点睛的作用，合理地构建 title 标签，不但能突出网页的主题，还有助于提高网站的搜索引擎排名。下面与大家分析怎样合理地使用 title 标签：

❑ 每个页面的 title 标签不能相同，首页与栏目页、列表页、内容页的标签不能一致，根据网页提供的内容的不同，设置合适的 title 标签。

❑ title 标签设置要与内容相关，可以设置使用标题、关键字、概述等。

❑ title 标签尽量要有原创性、修改性，采编过来的内容，不要拿来即用，要适当的修改，添加些原创因素，有助于提高网页搜索引擎的收录。

❑ title 标签设置不要过多，尽量在 25 字以内，越简洁越好，对网页主题内容有所概述即可。

❑ title 标签中设置关键词密度不要过多，一个为佳，最多不要超过 3 个。避免堆积、重复关键词，关键词密度过高，容易引起搜索引擎反感，导致搜索引擎判断为作弊，进而导致网站被降权处理等。

❑ title 标签的写法，下面举例说明合理使用 title 标签的写法：

```
01   <title>网页标题-网页概述</title>
02   <title>网页概述-网页标题</title>
03   <title>网页标题</title>
04   <title>关键词 1-关键词 2-关键词 3-网页标题</title>
05   <title>关键词 1、关键词 2、关键词 3-网页标题</title>
06   <title>关键词|关键词 2|关键词 3-网页标题</title>
07   <title>关键词,关键词 2,关键词 3-网页标题</title>
08   <title>网页标题-关键词,关键词 2,关键词 3</title>
```

合理地设置 title 标签设置不要求多而全，但求少而精，才是制胜的关键。合理的 title 标签让你突出网页的主题，还能提高关键词排名，获取更多流量。

在了解了上述标签的相关内容后，我们可以打开 Dreamweaver 进行操作练习了，如图 2.6 所示是在 HTML 状态下显示的代码内容以及页面显示效果。

（2）正文内容

<body> </body>标签用于定义文档的主体，它里面包含文档的所有内容（如文本、超链接、图像、表格和列表等）。关于<body>元素的属性，具体内容如下：

❑ text 设置页面文字的颜色。在没有对页面文字进行单独定义颜色时，这个属性将对页面中所有的文字产生作用。

图 2.6　代码内容以及页面效果

- □ bgcolor 属性可以改变网页的背景色。
- □ background 属性可以把网页的背景设为图片。默认情况下，背景图片在水平方向和垂直方向上会不断重复出现，直到铺满整个网页。
- □ bgproperties 设置页面的背景图像为固定的，不随页面的滚动面滚动。默认情况下，如果页面的内容较长，当拖动浏览器滚动条时，背景会随着文字内容的滚动而滚动。所谓背景图像固定，是指不论其滚动条如何拖动，背景都会在相同的位置，并不会随着文字滚动而滚动。
- □ link 设置页面默认的链接颜色。通过 link 定义默认的没有单击过的链接文字的颜色。
- □ Alink 设置光标正在单击时的链接颜色。
- □ Vlink 设置访问过后的链接颜色。
- □ Topmargin 设置页面的上边距。
- □ Leftmargin 设置页面的左边距。

一般的使用方法：

```
<body bgcolor=#ffcc00 background=image/1.jpg>
```

（3）页面主体内容描述

就像写文章一样，在页面主体内容的描述过程中，一定会有它的贯彻始终的主体内容。在 HTML 整个的进行过程中，主体内容同样很重要，同样有着贯穿它的东西在里面。它就像字面"主体内容"所寓意的一样，包含着一篇文章的主要的中心思想。下面为大家详细介绍组成 HTML 的主体内容。

① 流程内容

在 HTML 代码编写过程中，我们可以根据页面主体内容，采用"先大纲后丰富"的方法来进行。如图 2.7 所示的内容即是从主体结构出发，具体介绍相关页面组成及其标签。

可以说，网页的整体架构就是在这些内容基础上，分别对其中添加细节标签的设置来实现的。如果不使用以上基本框架结构，而直接使用在实体部分中出现的标记符，在浏览器下也可以解释执行。

<html>标记网页的开始

<head>标记头部的开始，头部元素描述如文档标题，加入 CSS 与 JavaScript 的引入标签<script1>、<link1>

</head>标记头部的结束

<body>标记页面正文开始

页面实体部分

</body>标记正文结束

</html>标记该网页的结束

图 2.7　页面主体内容

② 应用实例

在了解了页面的主体结构后，我们通过实例来进一步认识 HTML，同时了解其代码是如何编写的。如图 2.8 所示，是通过 HTML 代码内容所显示的页面效果。

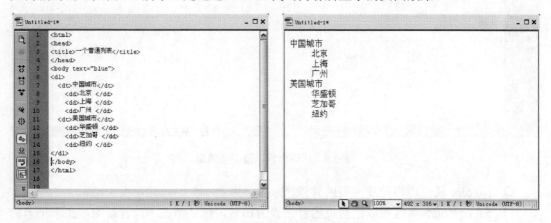

图 2.8　HTML 应用效果

2．HTML文档=网页

HTML 文档和网页这两个概念，经常被这样认为，即 HTML 文档等同于网页。但它们其实是有不同之处的，具体的不一样在于：

❏ HTML 文档描述网页。

❏ HTML 文档包含 HTML 标签和纯文本。

❏ HTML 文档也被称为网页。

❏ Web 浏览器的作用是读取 HTML 文档，并以网页的形式显示出它们。浏览器不会显示 HTML 标签，而是使用标签来解释页面的内容。如图 2.9 所示是通过 HTML 文档实现的网页效果。

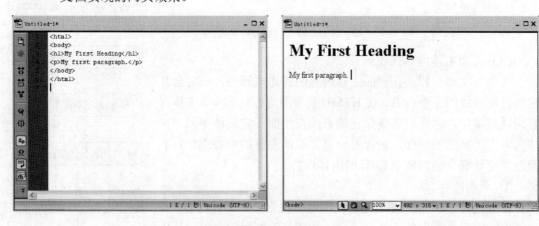

图 2.9　HTML 文档=网页

因为网页可以由 HTML 文档编制而来，编写该文档需要使用标签，在应用过程中下述内容经常被使用。具体包括有：

❏ <html>与</html>之间的文本描述网页。

- ❏ <body>与</body>之间的文本是可见的页面内容。
- ❏ <h1>与</h1>之间的文本被显示为标题。
- ❏ <p>与</p>之间的文本被显示为段落。

3．.htm和.html、HTML和XHTML

在使用 HTML 过程中，当您保存 HTML 文件时，既可以使用.htm 也可以使用.html 文件后缀。我们在实例中使用.htm。这只是长久以来形成的习惯而已，因为过去的很多软件只允许 3 个字母的文件后缀。对于新的软件，使用.html 完全没有问题。HTML 和 XHTML 区别如下：

- ❏ 标签不能重叠，可以嵌套。
- ❏ 标签与属性都要小写。
- ❏ 标签都要有始有终，要么以</p>形式结束,要么以
形式结束。
- ❏ 每个属性都要有属性值，并且属性值要在双引号中。
- ❏ 别用 name 用 id。

4．标题、段落、链接和图像

标题：HTML 标题（Heading）是通过<h1>～<h6>等标签进行定义的。示例代码：

```
<h1>这是文章标题示例</h1>
<h2>这是另外一个文章标题示例</h2>
```

段落：HTML 段落是通过<p>标签进行定义的。示例代码：

```
<p>这是第一段落示例</p>
<p>这是第二段落示例</p>
```

链接：HTML 链接是通过<a>标签进行定义的。在 href 属性中指定链接的地址。示例代码：

```
<a href="http://www.interesting-pictures.com/">这就是一个链接</a>
```

图像：HTML 图像是通过<img>标签进行定义的。图像的名称和尺寸是以属性的形式提供的。示例代码：

```
<img src="/images/Logo.jpg" />
```

5．HTML元素

HTML 元素指的是从开始标签（start tag）到结束标签（end tag）的所有代码。大多数 HTML 元素可以嵌套（可以包含其他 HTML 元素）。HTML 文档由嵌套的 HTML 元素构成。

（1）HTML 元素语法
- ❏ HTML 元素从起始标签开始，以结束标签结束。
- ❏ 开始标签与结束标签之间的是 HTML 元素的内容。
- ❏ 某些 HTML 元素具有空内容（empty content）。
- ❏ 空元素在开始标签中关闭（以开始标签的结束而结束）。

❑　大多数 HTML 元素都拥有若干属性。

（2）HTML 元素定义

HTML 元素是从起始标签开始到结束标签结束，开始标签常被称为开放标签（opening tag），结束标签常称为闭合标签（closing tag）。其间就是内容，如表 2-1 所示。

表 2-1　元素内容

开始标签	元素内容	结束标签
\<p\>	This is a paragraph	\</p\>
\<a href="default.html"\>	Thia is a link	\</a\>
\<br/\>		

（3）HTML 元素的嵌套

基本上 HTML 元素都可以嵌套，只有极少数的不能，HTML 文档也是由嵌套组成。这里通过一实例来了解。如图 2.10 所示内容，是元素的 3 个嵌套的例子。

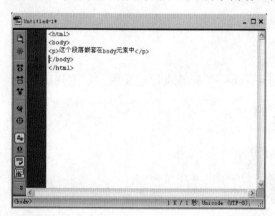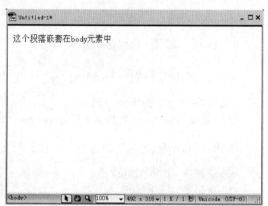

图 2.10　元素嵌套

这里的 HTML 代码具体内容如表 2-2 所示。

表 2-2　元素说明

上　例　元　素	详　细　说　明
\<p\>\</p\>	该元素在 HTML 文档中定义了一个段落
\<body\>\</body\>	该元素定义了 HTML 文档的主体（body）
\<html\>\</html\>	该元素定义了整个 HTML 文档

6. HTML属性

HTML 标签可以拥有属性。属性提供了有关 HTML 元素的更多的信息。属性总是以名称/值对的形式出现，如 name="value"。属性总是在 HTML 元素的开始标签中规定。

（1）属性实例

属性例子 1：

```
<h1> 定义标题的开始。
<h1 align="center"> 拥有关于对齐方式的附加信息。
```

属性例子 2：

```
<body> 定义 HTML 文档的主体。
<body bgcolor="yellow"> 拥有关于背景颜色的附加信息。
```

属性例子 3：

```
<table> 定义 HTML 表格。
<table border="1"> 拥有关于表格边框的附加信息。
```

（2）属性应用注意事项

属性和属性值对大小写不敏感。不过，万维网联盟在其 HTML 4 推荐标准中推荐小写的属性/属性值。而 XHTML 要求使用小写的属性/属性值。属性值应该始终被包括在引号内。双引号是最常用的，不过使用单引号也没有问题。在某些个别的情况下，比如属性值本身就含有双引号，那么您必须使用单引号。

7．HTML的特点

HTML 文档制作不是很复杂，且功能强大，支持不同数据格式的文件镶入，这也是 WWW 盛行的原因之一，其主要特点如下：

（1）简易性。HTML 版本升级采用超集方式，从而更加灵活方便。

（2）可扩展性。HTML 语言的广泛应用，带来了加强功能、增加标识符等要求，HTML 采取子类元素的方式，为系统扩展带来保证。

（3）平台无关性。虽然 PC 机大行其道，但使用 MAC 等其他机器的大有人在，HTML 可以使用在广泛的平台上，这也是 WWW 盛行的另一个原因。

8．编辑HTML

用什么可以编辑 HTML？HTML 其实是文本，它需要浏览器的解释，HTML 的编辑器大体可以分为 3 种。

（1）基本编辑软件，使用 Windows 自带的记事本或写字板都可以编写，当然，如果你用 WPS 来编写也可以。不过存盘时请使用.htm 或.html 作为扩展名，这样浏览器就可以解释执行了。

（2）半所见即所得软件，这种软件能大大提高开发效率，它可以使你在很短的时间内做出 HOMEPAGE，且可以学习 HTML，这种类型的软件主要有 HOTDOG，还有国产的软件网页作坊。

（3）所见即所得软件，使用最广泛的编辑器，完全可以一点都不懂 HTML 的知识就可以做出网页，这类软件主要有 FRONTPAGE，Dreamweaver。

如图 2.11 所示的 HTML 代码，在浏览器中显示时忽略了源代码对古诗词的排版。

2.2.2　创建 HTML 代码

各种浏览器对 html 元素及其属性的解释不完全一样，如 NC 与 IE 是有区别的。标准的 HTML 文件都具有一个基本的整体结构，即 HTML 文件的开头与结尾标志和 HTML 的头部与实体两大部分。有 3 个双标记符用于页面整体结构的确认。HTML 之所以称为超文本标记语言，是因为文本中包含了所谓"超级链接"点。所谓超级链接，就是一种 URL 指针，通过激活（单击）它，可使浏览器方便地获取新的网页。这也是 HTML 获得广泛应用的最重要的原因之一。一个简单的 HTML 文档带有最基本的必需的元素：

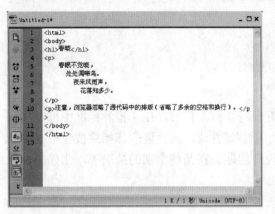
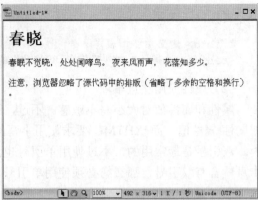

图 2.11　编辑 HTML

```
<html>

<head>
  <title>文档的标题</title>
</head>

<body>
  文档的内容... ...
</body>

</html>
```

1．标题

标题（Heading）是通过<h1>～<h6>等标签进行定义的。<h1>定义最大的标题。<h6>定义最小的标题。浏览器会自动地在标题的前后添加空行。默认情况下，HTML 会自动地在块级元素前后添加一个额外的空行，如段落、标题元素前后。

这里通过一简单实例，来进一步了解有关标题 HTML 代码的创建。如图 2.12 所示，是根据系统的默认的 6 种格式所创建的不同类型标题的代码及网页显示效果。

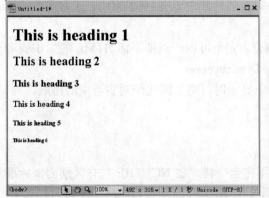

图 2.12　标题代码

请确保将 heading 标签只用于标题。不要仅仅是为了产生粗体或大号的文本而使用标题。搜索引擎使用标题为您的网页的结构和内容编制索引。因为用户可以通过标题来快速浏览您的网页，所以用标题来呈现文档结构是很重要的。应该将 h1 用作主标题（最重要的），其后是 h2（次重要的），再其次是 h3，以此类推。在了解了上述情况后，相信大家都已明白，标题很重要，请合理设计与制作。

2．注释

可以将注释插入 HTML 代码中，这样可以提高其可读性，使代码更易被人理解。浏览器会忽略注释，也不会显示它们。开始括号之后（左边的括号）需要紧跟一个叹号，结束括号之前（右边的括号）不需要。合理地使用注释可以对未来的代码编辑工作产生帮助。

如图 2.13 所示是在 HTML 代码内容中添加注释的效果。该注释内容在网页中是不显示的。同时，该代码内容在编辑器中是以灰色的无效状态显示的。

图 2.13　注释

3．背景

<body>拥有两个配置背景的标签。背景可以是颜色或者图像。背景颜色属性将背景设置为某种颜色。属性值可以是十六进制数、RGB 值或颜色名。背景属性将背景设置为图像。属性值为图像的 URL。URL 可以是相对地址，也可以是绝对地址。如果图像尺寸小于浏览器窗口，那么图像将在整个浏览器窗口进行复制。

（1）应用举例

在网页中，为了使页面效果更加具有观赏性，往往首先会给页面内容添加背景图。如图 2.14 所示是添加背景图片的 HTML 代码以及添加后的背景效果。

图 2.14　背景图片添加

（2）使用背景图片，需要考虑下述情况：

- ❑ 背景图像是否增加了页面的加载时间。
- ❑ 图像文件不应超过 10kB。
- ❑ 背景图像是否与页面中的其他图像搭配良好。
- ❑ 背景图像是否与页面中的文字颜色搭配良好。
- ❑ 图像在页面中平铺后，看上去是否合理。
- ❑ 对文字的注意力是否被背景图像喧宾夺主。
- ❑ 应该使用层叠样式表（CSS）来定义 HTML 元素的布局和显示属性。

4．文本格式化实例

HTML 可定义很多供格式化输出的元素，如粗体和斜体字。如图 2.15 所示内容是关于文本格式化的代码实现以及显示效果。

 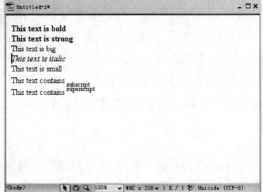

图 2.15　文本格式化

在进行文本格式化操作时，标签起着举足轻重的作用。表 2-3 所示内容是一些在文本格式化中常用的标签内容。

表 2-3　文本格式化标签

标　　签	描　　述	标　　签	描　　述
\<b\>	定义粗体文本	\<strong\>	定义加重语气
\<big\>	定义大号字	\<sub\>	定义下标字
\<em\>	定义着重文字	\<sup\>	定义上标字
\<i\>	定义斜体字	\<ins\>	定义插入字
\<small\>	定义小号字	\<del\>	定义删除字

5．常用标签

在了解了上述内容之后，下面具体介绍有关网页制作过程中（在编写 HTML 代码，或者浏览、阅读和理解 HTML 代码时），我们会经常使用到的标签。具体包括有：

（1）基本标签：如表 2-4 所示。

表 2-4　基本标签

标　　签	描　　述
\<html\>……\</html\>	表示文件类型为 HTML 文档
\<head\>……\</head\>	设置文档描述及其他不在 Web 网页上显示的信息
\<body\>……\</body\>	HTML 文档的主体（页面的实际内容）
\<title\>……\</title\>	在标题栏中显示的题目（放在\<head\>\</head\>内）

（2）扩展属性标签：如表 2-5 所示。

表 2-5　扩展属性标签

标　　签	描　　述
\<base\>	基址标签，为解决相对编址作参考值
\<META\>	将 HTTP 命令发给 ONTENT=number;url 允许，描述不包含在标准 HTML 里的文档信息
\<link\>	提供将现行文档与其他文档或实体关联起来的信息
\<ISINDEX\>	指明在服务器上提供文档的可以检索的索引
\<style\>……\</style\>	允许包含样式表（CSS）信息

（3）页面属性标签：如表 2-6 所示。

表 2-6　页面属性标签

标　　签	描　　述
\<body bgcolor=#……\>	设置背景颜色，用名字或十六进制值
\<body text=#……\>	设置文本文字颜色，用名字或十六进制值
\<body link=#……\>	设置链接颜色，用名字或十六进制值
\<body vlink=#……\>	设置已使用的链接的颜色，用名字或十六进制值
\<body alink=#……\>	设置正在被击中链接的颜色，用名字或十六进制值

（4）文本标签：如表 2-7 所示。

表 2-7　文本标签

标　　签	描　　述
\<pre\>……\</pre\>	创建预格式化文本
\<h1\>……\</h1\>	创建最大的标题
\<h6\>……\</h6\>	创建最小的标题
\<b\>……\</b\>	创建黑体字
\<i\>……\</i\>	创建斜体字
\<tt\>……\</tt\>	创建打字机风格的字体
\<cite\>……\</cite\>	创建一个引用，通常是斜体
\<em\>……\</em\>	加重（通常是斜体加黑体）
\<strong\>……\</strong\>	强调（通常是斜体加黑体）
\<font size=value\>\</font\>	设置字体大小，从 1 到 7
\<font color=……\>\</font\>	设置字体的颜色，使用名字或十六进制值

（5）格式排版：如表 2-8 所示。

表 2-8　格式排版

标　签	描　述
<a href="/URL"></a>	创建一个超链接
<a href="mailto:EMAIL"> </a>	创建一个自动发送电子邮件的链接
<a name="NAME"></a>	创建一个位于文档内部的靶位
<a href="#NAME"></a>	创建一个指向位于文档内部靶位的链接
<p>	创建一个新的段落
<p align=……>	将段落按左、中、右对齐
 	插入一个回车换行符
<blockquote>……</blockquote>	从两边缩进文本
<dl>……</dl>	创建一个定义列表
<dt>	放在每个定义术语词之前
<dd>	放在每个定义之前
<ol>……</ol>	创建一个标有数字的列表
<li>	放在每个数字列表项之前，并加上一个数字
<ul>……</ul>	创建一个标有圆点的列表
<li>	放在每个圆点列表项之前，并加上一个圆点
<div align=……>	一个用来排版大块 HTML 段落的标签，也用于格式化表

（6）图形元素：如表 2-9 所示。

表 2-9　图形元素

标　签	描　述
<img src="/name">	添加一个图像
<img src="/name" align=value>	排列对齐一个图像：左中右或上中下
<img src="/name" border=value>	设置围绕一个图像边框的大小
<hr>	加入一条水平线
<hr size=value>	设置水平线的大小（高度）
<hr width=value>	设置水平线的宽度（百分比或绝对像素点）
<hr noshade>	创建一个没有阴影的水平线

（7）表格：如表 2-10 所示。

表 2-10　表格

标　签	描　述
<table>……</table>	创建一个表格
<tr>……</tr>	开始表格中的每一行
<td>……</td>	开始一行中的每一个格子
<th>……</th>	设置表格头：一个通常使用黑体居中文字的格子
<table border=value>	设置围绕表格的边框的宽度
<table cellspacing=value>	设置表格格子之间空间的大小

续表

标　签	描　述
\<table cellpadding=value>	设置表格格子边框与其内部内容之间空间的大小
\<table width=value 或 %>	设置表格的宽度：用绝对像素值或文档总宽度的百分比
\<tr align=……>	设置表格格子的水平对齐（左中右）
\<tr valign=……>	设置表格格子的垂直对齐（上中下）
\<td colspan=value>	设置一个表格格子应跨占的列数（默认为 1）
\<td rowspan=value>	设置一个表格格子应跨占的行数（默认为 1）
\<td nowrap>	禁止表格格子内的内容自动断行回卷

（8）窗框：如表 2-11 所示。

表 2-11　窗框

标　签	描　述
\<frameset>……\</frameset>	放在一个窗框文档的\<body>标签之前，也可以嵌在其他窗框文档中
\<frameset rows="value,value">	定义一个窗框内的行数，可以使用绝对像素值或高度的百分比
\<frameset cols="value,value">	定义一个窗框内的列数，可以使用绝对像素值或宽度的百分比
\<frame>	定义一个窗框内的单一窗或窗区域
\<noframes>……\</noframes>	定义在不支持窗框的浏览器中显示什么提示
\<frame src="/URL">	规定窗框内显示什么 HTML 文档
\<frame name="name">	命名窗框或区域以便别的窗框可以指向它
\<frame marginwidth=value>	定义窗框左右边缘的空白大小，必须大于等于 1
\<frame marginheight=value>	定义窗框上下边缘的空白大小，必须大于等于 1
\<frame scrolling=value>	设置窗框是否有滚动栏，其值可以是"yes","no","auto"，默认状态一般为"auto"
\<frame noresize>	禁止用户调整一个窗框的大小

（9）表单：如表 2-12 所示。

表 2-12　表单

标　签	描　述
\<form>……\</form>	创建所有表单
\<select multiple name="NAME" size=value>………\</select>	创建一个滚动菜单，size 用于设置在需要滚动前可以看到的表单项数目
\<option>	设置每个表单项的内容
\<select name="NAME">……\</select>	创建一个下拉菜单
\<textarea name="NAME" cols=value rows=value>……\</textarea>	创建一个文本框区域，列的数目用于设置宽度，行的数目用于设置高度
\<input type="checkbox" name="NAME">	创建一个复选框，文字在标签后面
\<input type="radio" name="NAME" value="x">	创建一个单选框，文字在标签后面
\<input type=text name="……" size=value>	创建一个单行文本输入区域，size 设置以字符计的宽度
\<input type="submit" value="NAME">	创建一个 submit（提交）按钮
\<input type="image" border=0 name="NAME" src="/name.gif">	创建一个使用图像的 submit（提交）按钮
\<input type="reset">	创建一个 reset（重置）按钮

（10）附加属性：如表 2-13 所示。

表 2-13　附加属性

标　签	描　述
<PRE>……</PRE>	预置格式风格标签用来显示字体宽度固定的文本块，主要用来在表格格式中显示文本
<TT>……</TT>	打字机风格用来显示打字机字体宽度固定的文本
<SAMP>……</SAMP>	示例风格以单倍距显示文本
<ADDRESS>……</ADDRESS>	地址风格一般用于文档的开始或结尾处，并以斜体格式显示文本
<DL>……</DL>	定义列表风格用来显示术语及其定义

2.2.3　嵌入脚本语言

HTML 中的脚本使用<script>标签进行定义。使用 type 属性指定脚本语言。如图 2.16 所示是通过脚本语言实现的 "I will always be there!" 的网页显示效果以及相关的代码内容。

图 2.16　脚本语言

2.3　CSS 样式

CSS（层叠样式表单）是 Cascading Style Sheet 的缩写。它用于增强控制网页样式并允许将样式信息与网页内容分离的一种标记性语言。用链入外部样式表文件、定义内部样式块对象、内联定义这三种方式将样式表加入您的网页。而最接近目标的样式定义优先权越高。高优先权样式将继承低优先权样式的未重叠定义但覆盖重叠的定义。接下来，具体介绍 CSS 的定义和用法、样式表、语法和布局的相关内容。

2.3.1　CSS 的定义和用法

无论你用 Internet Explorer 还是 Netscape Navigator 在网上冲浪，几乎随时都在与 CSS

打交道，在网上没有使用过 CSS 的网页可能不好找。不管你用什么工具软件制作网页，都有在有意无意地使用 CSS。用好 CSS 能使你的网页更加简练。

1. 外部引用CSS

外部引用 CSS 是最好的引入 CSS 的方式。它具有使代码量最小、表现最统一、也是标准网页设计推荐的特点。应用实例：

```
<head>
    <link rel="stylesheet" type="text/css" href="http://www.dreamdu.com/
    style.css" />
</head>
<head>
    <style type="text/css">@import url(http://www.dreamdu.com/style.css);
    </style>
</head>
```

2. 内部引用CSS

可以使用 style 标签直接把 CSS 文件中的内容加载到 HTML 文档内部。应用实例：

```
<style type="text/css"><![CDATA[
/* ----------文字样式开始---------- */

.dreamduwhite12px
{
    color:white;
    font-size:12px;
}
.dreamdublack16px
{
    color:black;
    font-size:16px;
}

/* ----------文字样式结束---------- */
]]></style>
```

3. 内联引用CSS

内联引用可以直接在 HTML 标签中使用，把 CSS 样式直接作用在 HTML 标签中。虽然是一种快捷的方式，除了层叠的情况，但是不利于以后的统一修改和表现的一致性。应用实例：

```
<p style="font-size: 10px; color: #FFFFFF;">
    使用 CSS 内联引用表现段落.
</p>
```

2.3.2　CSS 样式表在网页制作中的应用

CSS 通常又称为风格样式表（Style Sheet），它是用来进行网页风格设计的。级联样式表可以使人更有效地控制网页外观。使用级联样式表，可以扩充精确指定网页元素位置、外观以及创建特殊效果的能力。

1．应用方法

在 HTML 网页中加入 CSS 并不是只有一种方法，在不同的情况下，可以采用不同的方法，比较常用的有下面几种。

（1）嵌入式样式表

嵌入式样式表的实现很简单，只需在每个要应用样式的 HTML 标签后写上 CSS 属性即可。例如，要设置指定表格中文字的样式为红色，字号为 10pt，可在当前表格的<table>标记内添加下面的代码：

```
<table style="color:red;font-size:10pt">
```

这种方式主要用于对具体的标签作具体的调整，其作用的范围只限于本标签。嵌入式样式表不能充分体现出 CSS 样式表的优越性，所以应用场合并不多。

（2）内联式样式表

若想只对当前页面应用样式，就要使用内联式样式表。所谓内联式样式表就是把样式表定义语句放在标签<style type="text/css">和</style>中，设置时通常放在 HTML 代码的<head>部分。

（3）外联式样式表

外联式样式表是将指定的样式代码放到一个扩展名为.css 的样式文件中，以方便其他网页的调用。这种方式的优点是可以通过一个.css 文件管理网站中的多个网页。如果要对网站中其他页面进行样式引用，可以先把样式用记事本定义成一个".css"的文件。例如，打开记事本，将定义的名为 h3 的样式代码写到记事本中，保存的文件名为 example.css，代码如下：

```
h3{
font-family:"黑体";
color:green;
font-style:italic;
}
```

引用时在网页 HTML 代码的<head>标记后用<link rel="stylesheet" href="example.css">引用这个样式文件，在<body>部分相应内容的前后加上<h3>和</h3>。

2．CSS应用时应遵循的原则

CSS 应用时应遵循以下 4 条原则：

（1）使用 CSS 时标记不宜过多

在网站的开发过程中，有严密的 CSS 文档，一般不会经常去更新。当网站需要修改或更新时，如果有大量的 CSS 存在，将会对修改或更新工作形成一定的阻碍，不便于修改的顺利进行，导致制作者无法对网站样式表结构有整体的把握。创建简洁的样式，将会对网站的运行、更新提供便利。

（2）语义定义要明确、易懂

在选择恰当的、有意义的元素来表述的同时，还要确定选择 class 和 id 属性值。定义明确可以让网站的维护变得简单，方便制作者的理解。

（3）添加适当的注释和标签

添加适当的注释或标签，可以为自己或其他开发人员留下提示信息，以避免后期不必要的困惑和麻烦。最常见的是为 CSS 样式规则添加提示信息，不过使用注释对优化组织结构和提升效用也很有帮助。这种应用简洁性最为重要。

（4）在网页中尽量使用 CSS 外联样式

外联式的使用具有在不同的网页中调用的优势，可实现重复使用。一个外部 CSS 文件，可以被多个页面共用，同时也便于修改。在网站网页制作过程中，要修改样式，只需要修改 CSS 文件，可以不用修改网页，既提高了工作的效率，也提高了网页显示的速度。如果样式代码写在网页中，会影响到网页的整体运行。

2.3.3　CSS 语法

CSS 规则由两个主要的部分构成，选择器以及一条或多条声明。选择器通常是您需要改变样式的 HTML 元素。每条声明由一个属性和一个值组成，每个属性有一个值。属性和值被冒号分开。其相应的语法内容如下：

```
selector {declaration1; declaration2; ... declarationN }
```

在简单了解了语法内容后，下面通过一些具体的应用举例来进行详细介绍。我们有必要先简单介绍 CSS 中的声明以及语句格式。

（1）CSS 中的每条声明由一个属性和一个值组成。属性（property）是您希望设置的样式属性（style attribute）。例如：

```
selector {property: value}
```

（2）关于 CSS 代码的格式及应用，这里通过一简单语句来进行说明，例如：h1{color:red; font-size:14px;}其代码结构如图 2.17 所示。

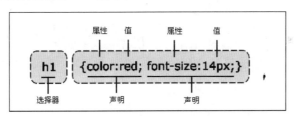

图 2.17　代码结构

2.4　Div 元素

Div 元素是用来为 HTML 文档内大块（block-level）的内容提供结构和背景的元素。Div 的起始标签和结束标签之间的所有内容都是用来构成这个块的，其中所包含元素的特性由 Div 标签的属性来控制，或者是通过使用样式表格式化这个块来进行控制。在这一节内容中，将介绍有关 Div 元素的相关内容。

2.4.1　Div 的定义和用法

在 Div 元素中可以包含文本、图像、表格以及其他各种页面内容。在 Dreamweaver CS5

中，可以插入两种 Div 元素：一种为 Div 标签；另一种为 AP Div。它们的具体操作方法如下：

1．Div标签

Div 标签本身没有任何表现属性，如果要使 Div 标签显示某种效果，或者显示在某个位置，就要为 Div 标签定义 CSS 样式，插入 Div 标签的方法如下所示。

在 Dreamweaver 中，选择"插入"→"布局对象"→"Div 标签"命令，在弹出的如图 2.18 所示"插入 Div 标签"对话框中，输入相应内容即可。

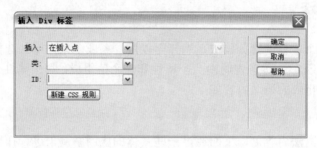

图 2.18　"插入 Div 标签"对话框

单击"确定"按钮完成对话框操作，此时在编辑界面中可出现如图 2.19 所示的效果。

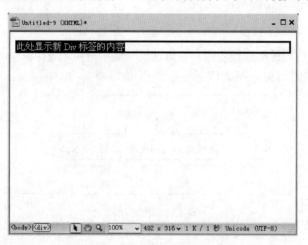

图 2.19　插入 Div 标签后的效果

查看其相应的 HTML，可得如图 2.20 所示的内容。

2．AP Div

AP Div 是使用了 CSS 样式中的绝对定位属性的 Div 标签。在 Dreamweaver 中，可以通过拖拽鼠标的方式，在文档的任意位置制作 AP Div，制作的 AP Div 之间可以互相重叠，但是在默认情况下，所有的 AP Div 之间并没有嵌套关系。如果要使 AP Div 之间可以互相嵌套，就要在首选参数中更改相应的设置。在 AP Div 中可以定义标签的宽度、高度以及位置等属性。

在 Dreamweaver 中可以使用 AP Div 进行布局。布局时还可以使用图层面板来定义图层是否可以重叠等。在 Dreamweaver 中，可以在 AP Div 和表格之间进行互换。具体操作方法如下：

```
<html>
<head>
<meta http-equiv="Content-Type" content="text/html; charset=utf-8" />
<title>无标题文档</title>
<style type="text/css">
#apDiv1 {
    position:absolute;
    width:200px;
    height:115px;
    z-index:1;
}
</style>
</head>

<body>
<div>此处显示新 Div 标签的内容</div>
</body>
</html>
```

图 2.20　代码内容

（1）在 Dreamweaver 中，选择"插入"→"布局对象"→"AP Div"命令，此时在编辑界面中可出现如图 2.21 的效果。

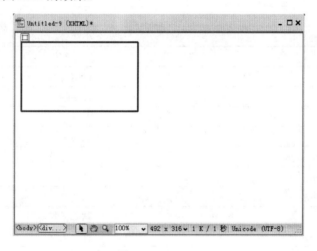

图 2.21　AP Div

（2）默认的内容插入后，查看 HTML 代码，可得如图 2.22 所示内容。

```
<html>
<head>
<meta http-equiv="Content-Type" content="text/html; charset=utf-8" />
<title>无标题文档</title>
<style type="text/css">
#apDiv1 {
    position:absolute;
    width:200px;
    height:115px;
    z-index:1;
}
</style>
</head>

<body>
<div id="apDiv1"></div>
</body>
</html>
```

图 2.22　代码显示

2.4.2　Div 属性

　　Div 元素是用来为 HTML 文档内大块（block-level）的内容提供结构和背景的元素。Div 的起始标签和结束标签之间的所有内容都是用来构成这个块的，其中所包含元素的特性由 Div 标签的属性来控制，或者是通过使用样式表格式化这个块来进行控制。Div 标签称为区隔标记。作用：设定字、画、表格等的摆放位置。当你把文字、图像，或其他的放在 Div 中，它可称作为"Div block"，或"Div element"或"CSS-layer"，或干脆叫"layer"。而中文我们把它称作"层次"。

　　Div 的属性如表 2-14 所示。

表 2-14　Div属性

标 签 格 式	作 用 描 述
color：#999999	文字颜色
font-family：宋体	文字字型
font-size: 10pt	文字大小
font-style:itelic	文字斜体
font-variant:small-caps	小字体
letter-spacing: 1pt	文字间距
line-height: 200%	设定行高
font-weight:bold	文字粗体
vertical-align:sub	下标字
vertical-align:super	上标字
text-decoration:line-through	加删除线
text-decoration:overline	加顶线
text-decoration:underline	加底线
text-decoration:none	删除链接底线
text-transform: capitalize	首字大写
text-transform : uppercase	英文大写
text-transform : lowercase	英文小写
text-align:right	文字右对齐
text-align:left	文字左对齐
text-align:center	文字居中对齐
background-color:black	背景颜色
background-image : url(image/bg.gif)	背景图片
background-attachment : fixed	固定背景
background-repeat : repeat	重复排列—网页预设
background-repeat : no-repeat	不重复排列
background-repeat : repeat-x	在 x 轴重复排列
background-repeat : repeat-y	在 y 轴重复排列
background-position : 90% 90%	背景图片 x 与 y 轴的位置
A	所有超链接

续表

标 签 格 式	作 用 描 述
A:link	超链接文字格式
A:visited	浏览过的链接文字格式
A:active	按下链接的格式
A:hover	光标移至链接
border-top : 1px solid black	上框
border-bottom : 1px solid #6699cc	下框
border-left : 1px solid #6699cc	左框
border-right : 1px solid #6699cc	右框
border: 1px solid #6699cc	四边框
<TEXTAREA STYLE="border:1px dashed pink">	虚线
<TEXTAREA STYLE="border:1px solid pink">	实线

2.4.3　Div+CSS 应用

简单地说，Div+CSS 被称为"WEB 标准"中常用术语之一。首先我们已认识 Div 是用于搭建 html 网页结构（框架）标签，像<b>、<h1>、<span>等 html 标签一样，也已认识 CSS 是用于创建网页表现（样式/美化）样式表的统称，通过 CSS 来设置 Div 标签样式，这一切我们常常称之为 Div+CSS。

n 行 n 列布局，每列高度（事先并不能确定哪列的高度）的相同，是每个设计师追求的目标，做法有：背景图填充、加 JS 脚本的方法和容器溢出部分隐藏和列的负底边界和正的内补丁相结合的方法。该背景图填充方法如下：

1. 关于 Div 的应用

在进行 Div+CSS 的应用过程中，关于 Div 的应用方法有很多。下面是关于 Div 在网页中的一段简单应用的代码内容。

```
xhtml:
<div id="wrap">
<div id="column1">这是第一列</div>
<div id="column1">这是第二列</div>
<div class="clear"></div>
</div>
```

2. 关于 CSS 的应用

同样地，下面的代码内容可以帮助大家对 CSS 的应用有一个简单的了解。

```
css:
#wrap{ width:776px; background:url(bg.gif) repeat-y 300px;}
#column1{ float:left; width:300px;}
#column2{ float:right; width:476px;}
.clear{ clear:both;}
```

上述内容，就是将一个 npx 宽的一张图片在外部容器纵向重复，定位到两列交错的位置纵向重复，在视觉上产生了两列高度一样的错觉。

在传统的表格布局的页面中，通常使用 Div 元素制作各种特殊效果，如悬浮窗口等。随着 Web 2.0 的推出以及 W3C 标准的建立，Div 元素变得越来越重要。在 W3C 推荐的网页标准中，可以使用 Div 元素制作各种页面结构，因为 Div 元素的结构比传统布局使用的表格元素更加简单和灵活。AP Div 和 Div 元素并没有本质的区别，只是在 AP Div 中使用了 CSS 的绝对定义属性，对元素进行了定位。

2.5 HTML+CSS 简单应用

如果将 HTML 和 CSS 结合起来，讲仔细，讲明白，讲完全，那么需要单独用一本书的篇幅，才勉强可以办到。因为在网页设计与制作领域，HTML 和 CSS 被设计师广泛使用着。这里通过简单的实例讲述在实际应用中的主要的一些技巧，以便大家对 HTML 和 CSS 能够初步掌握。

（1）当单个文件需要特别样式时，就可以使用内部样式表。你可以在 head 部分通过 <style>标签定义内部样式表。

如图 2.23 所示是应用了 CSS 样式的 HTML 代码实现效果。

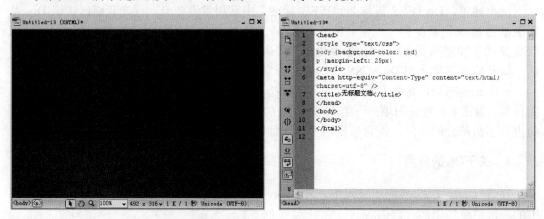

图 2.23　效果图与代码

（2）实现单行两列布局。两列的 width 值分别设置为"50%"，满屏。第一列浮在左上角，第二列浮在第一列右边。如图 2.24 所示效果，可通过图 2.25 和图 2.26 这两部分的代码内容实现。

图 2.24　效果图　　　　图 2.25　代码内容图　　　　图 2.26　代码内容

2.6　本章小结

　　本章主要通过 HTML、CSS、Div 这三部分内容，来初步了解关于网页中相关的标签所实现的那些功能。重点是关于 HTML、CSS、Div 它们的定义与应用。需要掌握有关它们的相关的编码语法以及这方面的技巧。同时，文中结合具体实例，详细介绍了它们的功能。对 HTML、CSS、Div 的各项功能，需要大家了解并记住。最后，关于 Div+CSS 以及 HTML+CSS 的相关的结合，可以作为技能的提高。在第 3 章的内容中，将具体介绍一个简单网页的制作方法。

2.7　本章习题

　　【习题 1】练习<title>标签操作。将文档标题命名为"网页标题"。在操作实现后，使用 Dreamweaver 查看该设置完成之后的代码内容的区别。

```
<html >
<head>
<meta http-equiv="Content-Type" content="text/html; charset=utf-8" />
<title>网页标题</title>
</head>
<body>
</body>
</html>
```

　　【习题 2】尝试嵌入脚本语言操作。要求实现如图 2.27 所示的效果，文本 "Tomorrow is another day！" 的网页显示效果。同时，显示并仔细区别它的代码内容有什么变化。建议通过下述 HTML 代码来完成。

```
<html>
<head>
</head>
<body>
<script type="text/javascript">
document.write ("Tomorrow is another day!")
</script>
</body>
</html>
```

　　【习题 3】HTML+CSS 应用的进一步练习，帮助读者掌握该项内容的操作方法。要求实现如图 2.27 所示的蓝色背景的 CSS 操作，并在完成后显示其 HTML 代码内容。

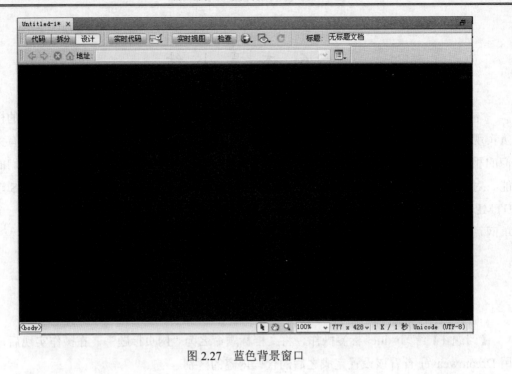

图 2.27　蓝色背景窗口

第3章 制作第一个网页

前面已经介绍了网站的一些基础内容，本章将介绍在 Dreamweaver CS5 中创建、编辑和格式化网页的相关内容。目的在于让大家掌握网页的基本操作以及格式化和页面设置的方法，并对上述内容有基本的概念的了解。具体内容如下：

- ❑ 网页文件的创建
- ❑ 网页的基本操作
- ❑ 格式化的方法
- ❑ 页面设置的方法

3.1 创建网页文件

网页文件可以是空白网页，也可以是根据示例文件创建的内容，还可以是根据实际需要设计后创建的网页。想要怎样的网页，也就意味着你将制作符合你怎样想法的网页文件。在这一节中，将为大家介绍有关网页文件的创建方法及其相关内容。

3.1.1 创建空白网页

在网页制作开始前，我们需要先创建一个网页文件，这是首要工作。这里为其先创建一个空白的网页文件，以便于在接下来进行内容的调整。关于网页文件创建的具体方法如下：

（1）在文档窗口中，选择"文件"→"新建"命令，在弹出的如图 3.1 所示"新建文档"对话框中，选择"空白页"选项卡，将"页面类型"设置为"HTML"，"布局"选项为"无"。单击"创建"按钮进行空白网页的创建。

（2）在创建的如图 3.2 所示空白页面中，可以为其"绘制"自己想要的内容了。其实这幅画的最终效果如何，漂不漂亮？接下来的操作才是最考验功底的。后续内容中将陆续为大家揭晓，首先得共同探讨关于网页制作相应的各方面内容。

3.1.2 基于示例文件创建网页

如果你希望不必什么都从头开始设计，以便于你更加地发挥效率，Dreamweaver CS5 提供的示例文件创建网页，可以帮助你实现。它可以让您创建具有专业化外观、设计完善的网页。该操作的具体方法如下所示：

（1）在文档窗口中，选择"文件"→"新建"命令，在弹出的如图 3.3 所示"新建文档"对话框中，选择"示例中的页"选项卡，将"示例文件夹"设置为"框架页"，"示例页"选项为"上方固定，下方固定"。单击"创建"按钮创建带框架的网页。

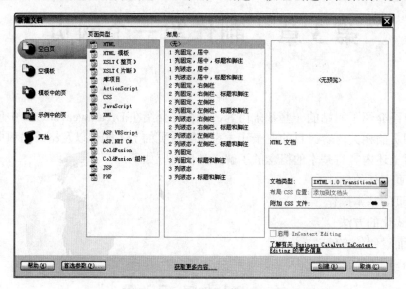

图 3.1　新建文档

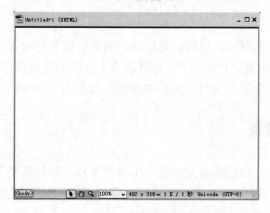

图 3.2　空白页面

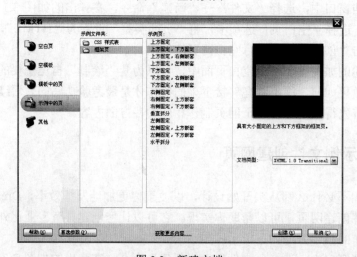

图 3.3　新建文档

（2）在接着弹出的"框架标签辅助功能属性"对话框中，为框架指定标题，单击"确定"按钮完成，如图 3.4 所示。

（3）上述的设置完成以后，可得到如图 3.5 所示的带有框架的页面效果。

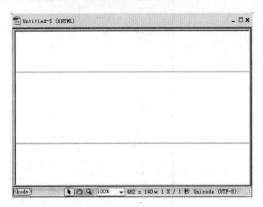

图 3.4　"框架标签辅助功能属性"对话框　　　　图 3.5　示例网页

3.1.3　保存和关闭网页文件

在相关的网页文件创建的过程中，会需要执行保存和关闭网页文件的操作。为了避免因断电或者计算机死机而造成的网页文件的丢失，在制作网页的过程中，一定要经常存盘。

1. 保存网页文件

网页文件有两种情况，一类是新建的网页文件，另一类是已有的网页文件，它们的保存方法，也是有所不同的。

（1）新建的网页文件

关于新建的网页文件，它的保存方法，在确定文件的保存位置、文件类型和文件名称之后，需要进行如下操作：

选中需要保存的网页文件，选择"文件"→"保存"命令，在弹出的如图 3.6 所示的"另存为"对话框中的相应位置分别设置存储路径、文件名、保存类型等内容。最后，单击"保存"按钮进行保存。

（2）已有的网页文件

在之前已经保存的网页文件，因为对其内容又进行了更改、编辑时，需要将该网页文件进行保存操作，或者以另外一个文件的形式保存。对于这类已有的网页文件的保存，其具体操作方法分别如下：

❏ 保存：选择"文件"→"保存"命令，此时将不再有"另存为"对话框，直接完成保存操作。

❏ 另存为：选择"文件"→"另存为"命令，在弹出的"另存为"对话框中，分别进行文件名、路径等内容的输入设置。

❏ 保存全部：选择"文件"→"保存全部"命令，在"另存为"对话框中，也分别进行保存的相应选项的设置、命名即可。

图 3.6　"另存为"对话框

2. 关闭网页文件

要关闭当前正在编辑的网页文件，选择"文件"→"关闭"命令即可。此时，在页面内容没有保存的情况下，将弹出是否存盘的提示，根据情况选择按钮"是"或者"否"。单击按钮"是"将弹出"另存为"对话框，需要进行保存的相应选项的确认。反之，就将关闭网页文件。

3.2　实现设计布局

前面创建的网页文件仅仅只是有了初步框架，接下来需要我们继续为其添砖加瓦，添加网页文件中的相关内容。因为刚刚建立的网页文件，可以算是没有网页内容的文件。我们常常看到的网页文件是浏览者认可的漂亮的页面，一个空白的内容肯定是不行的。在想建网站之初，一定会有一些想法，比如我的网站要是什么样的？它需要有些什么内容？等等。这里就向大家介绍有关设计布局实现的方法。

1. 设计与构思

网页在制作开始之前，首要任务是明确，我们想要什么样的网页，它的各项任务是什么。这就要求我们心中有一个确切的概念，为了能够把这些内容落实清楚，很多的设计师会在开始之初，用 Photoshop 设计相应的图纸，来帮助进行相应内容的构思与确认。

2. 框架

在前面我们已经创建了空文档，同时用示例文件创建了带有框架子网页。在框架的创建时，对于文档的编排，需要有一个基础的概念，比如说网页中我需要放哪几部分的内容，大概要怎么放置的。根据这些内容，网站的首页也就出来了。

如图 3.7 所示，将页面分成根据三部分来处理，包括网页的标题、网页的内容、网页的相关说明信息。这是网站比较常用的编排，在网站中是最常见的网页框架之一。

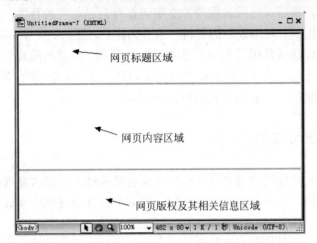

图 3.7　框架设计示例

3．Div+CSS

在网页的制作过程中，Div 与 CSS 的有效应用，能够使得网站更好地被大家所接受。因为经过相应的处理，它们能够帮助网页更好地实现美化与效果。这就要求我们在制作时，要合理借助此功能，并且熟练掌握它。

4．图像设计工具

网页中离不开图像，这就要求我们掌握并熟练应用其相应的设计工具，例如 Photoshop、Fireworks 等。只有图文结合的页面内容，才更具有吸引力。只有生动的图像内容，才能更充分地表达网页的理念以及效果。

5．Flash

静的内容肯定没有动的内容具有动感，只有动静结合，才是网站的设计之本。在越来越多的网站发布、展现在观众面前时，大家都在相互拼尽全力，展示着自己的网站的特色。为了让网页更有意义，同时也为了能更突出个性，很多的设计师会在网页的内容部分添加 Flash 动画的相关应用，来帮助提升页面的美感。

3.3　准 备 素 材

在制作网站时，准备好素材是重要的一步。素材的质量严重影响着网站出来后的效果。在进行素材的处理时，它的方法与技巧是至关重要的。因为处理不当，可能会使得效果变得"不伦不类"。这也就意味着，其他内容再怎样完美，但是整个网站在素材来说，存在着不可忽视的缺限。

3.3.1　素材种类

在目前生活中，声音、视频、图片、文字等都有自己相应的分类，然而这些都将在某个阶段时间内可以用到。网站设计的素材一般分为声音、图片、文字三类。① 图片类，一向是被设计师所制作的或是用相机所拍摄的。② 文字类，绚丽的图片上镶嵌着几个字往往会起到画龙点睛的作用，所以字体也算是网站素材的一部分。③ 声音类，把某类声音进行录音处理，在需要时插入，避免重复的声音录制。

3.3.2　素材整理与收集

不知道哪国的大师曾经说过"设计就是在原有的基础上加以改良或整合形成自己的作品"，我喜欢这句话。当一个优秀的设计师，你需要在这个过程中形成自己的思想，要学会整理和收集。

收集什么呢？很明显稍微有点基础的朋友就知道这个指的是素材，学会将网上的素材下载整理，自己想要找的时候至少可以不花费很长时间在 N 个素材网站下载使用。整理的方法归类的方式有很多，大家都是在不断的摸索中总结自己的收集整理素材的方式，这样才适合你自己。如图 3.8 所示是对素材整理后的效果。

图 3.8　素材整理

我觉得素材收集比素材整理还重要，平时在网上看到的好的网页设计时可以将整个网页保存为图片。渐渐地你会发现你保存的网页太多，找起来都不方便，建议你使用两种方法整理保存下来的网页截图，如果是整站的截图，建议你先将整站的截图统一命名方便以后查找，然后按照颜色分类或按照类型分类。如图 3.9 所示是对素材收集的保存效果。

图 3.9　素材收集

3.3.3　编辑

在收集并整理了需要使用的网站素材后,对该素材内容根据符合网站内容与否,以及是否可以使用等情况进行相应处理,然后进行一些适当编辑。比如,对图片的大小尺寸进行调整等。总之,编辑的目的是要使得合理的素材内容能经由处理最终被应用于网页。

如图 3.10 所示,是原始图片的效果,在经过编辑后,在图片中对相应的叶子进行了添加处理,可得到如图 3.11 所示的效果。关于素材的编辑处理远远不止这些。这些内容关系到设计的功底,在实际工作中需要我们不断地巩固基本功。

图 3.10　未处理素材

图 3.11　处理后素材

3.4　制作简单网页

在网页制作的一切准备工作就绪之后，下面通过介绍一个简单的网页实例制作，帮助掌握网页制作的相关内容。网页的制作需要一步一步地来进行，如设计构思、素材的选取、内容的制作等。其具体方法如下。

1. 设立站点

网页的制作，都会有文件产生，将这些内容放置的地点进行合理安排是头等大事。这些内容包含有图像、网页文件、动画等，将它们都存放在站点中。这里站点起着文件夹的作用，同时也大大方便了网页文件的管理。

（1）新建站点

在 Dreamweaver 中选择"站点"→"新建站点"命令，在弹出的"站点设置对象"对话框中，输入站点名称为"站点 1"、设置"本地站点文件夹"的相应名称，单击"保存"按钮完成，效果如图 3.12 所示。

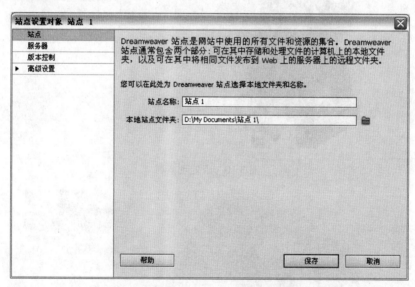

图 3.12　站点创建

（2）站点文件夹

在已经创建的"站点 1"站点中可以创建多个"本地站点文件夹"，用来分别存放各类网页制作中的文件。例如，将网页制作中的图片单独创建一个文件夹进行放置，另外将动画单独创建一个文件夹进行存放。可以在如图 3.13 所示的"选择根文件夹"对话框中进行相应选择与操作。

2. 网页的创建与制作

网页由主页以及下级页面组成，主页效果的好坏，直接影响到整个网站的网页。下面通过一个例子来介绍主页的创建与制作。将主页文件命名为 index.html 后，接着继续进行下面的具体内容。它的具体方法如下：

图 3.13　站点文件夹

（1）根据已经创建的空白网页文档并命名 index 主页后，继续进行操作。此时，站点文件夹中多了一个文件，如图 3.14 所示。该文件中的内容是空白的，需要我们继续添加内容。

（2）打开创建的网页，在文档窗口中输入"我的主页"标题文字，如图 3.15 所示。

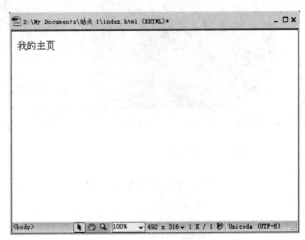

图 3.14　文件　　　　　　　　　　　图 3.15　标题文字

（3）执行图片插入操作。选择"插入"→"图像"命令，在弹出的"选择图像源文件"对话框中选择素材文件后，单击"确定"按钮完成，如图 3.16 所示。

（4）在插入图像完成后，可得到如图 3.17 所示的文档效果。

（5）按回车键，在文档窗口中输入文字"欢迎您的光临，我将继续努力！"。

（6）查看文档的效果，可得如图 3.18 所示内容。

（7）在"代码"视图中，可以清楚地查阅此时 HTML 的代码内容。其具体内容如图 3.19 所示。

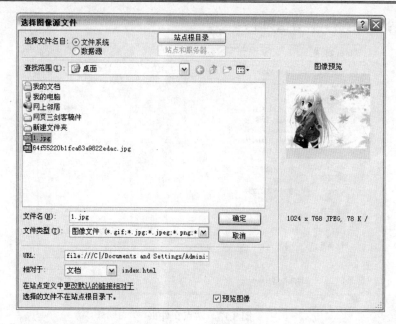

图 3.16　选择图像

图 3.17　文档效果图

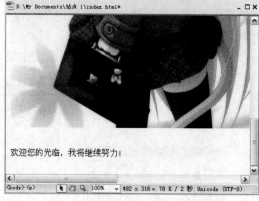

图 3.18　输入文字后的文档效果

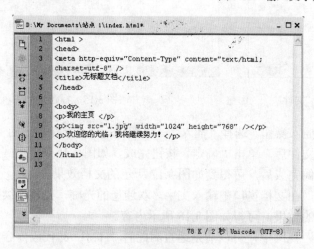

图 3.19　代码显示

3．设置页面属性

网页的创建已经基本完成，接下来需要出于页面效果考虑，将网页的相关属性内容进行设置。其具体方法如下：

（1）设置标题

在 Dreamweaver 中选择"修改"→"页面属性"命令，在弹出的"页面属性"对话框中选择"标题/编码"选项卡，在"标题"文本框中输入文字"我的主页"，设置"编码"为"简体中文（GB/8030）"，如图 3.20 所示。单击"确定"按钮完成设置。

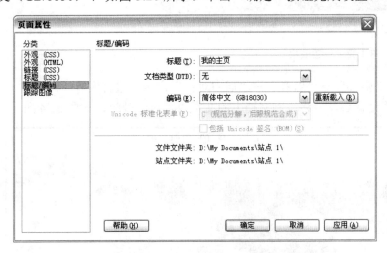

图 3.20　页面属性

接着，在窗口中可看到如图 3.21 所示的标题名称。

图 3.21　标题

最后，对标题的格式进行设置。分别执行如下操作：

① 选中标题文字，选择"格式"→"段落格式"→"标题 1"命令，进行设置。

② 选择"格式"→"样式"→"粗体"命令，进行设置。

③ 选择"格式"→"对齐"→"居中对齐"命令，进行设置。

完成上述设置后，最终得到文档中的标题效果，如图 3.22 所示。

（2）设置图片

选中文档中的图像，对图像的尺寸大小进行调整，设置宽度为 838，高度为 404。如果文档没有居中对齐，选择"格式"→"对齐"→"居中对齐"命令进行设置。最终，得到如图 3.23 所示的"代码"视图内容。

（3）设置文档

选中文档内容"欢迎您的光临，我将继续努力！"，对该文本进行设置。分别执行如下操作：

① 选择"格式"→"段落格式"→"标题 3"命令，进行设置。

② 选择"格式"→"样式"→"粗体"命令，进行设置。

图 3.22　标题效果　　　　　　　　　　　　图 3.23　代码

③ 选择"格式"→"对齐"→"居中对齐"命令，进行设置。

完成上述设置后，最终得到文档中的文本内容显示效果，如图 3.24 所示。

图 3.24　设置文档后的效果

在"代码"视图查看相应 HTML 内容，得到如图 3.25 所示效果。

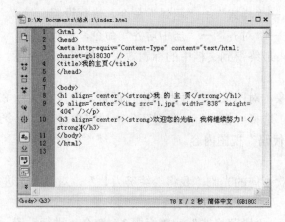

图 3.25　代码内容

3.5　本章小结

本章内容在前两章概念性内容的基础上，开始着手实际操作的内容介绍，具体包括网页的制作与 HTML 代码的相应内容。一个简单的网页，包含了空白网页的制作、标题的制作、图片的制作和文档内容的设计操作。这是网页制作的基础，需要大家掌握，以便于今后制作相应的网站内容时使用。同时，这里还介绍了关于素材的相关内容，包括素材的准备以及编辑等，这是重点需要掌握的，在网站上甚至今后工作中你将会大量地使用它。在下一章将介绍网页中多媒体这一部分的编辑与相关内容。

3.6　本章习题

【习题 1】基于示例文件创建网页。要求：使用示例中的页，选择示例页效果为"左侧固定，下方嵌套"，结果会是怎样的网页呢？如图 3.26 所示。

图 3.26　创建网页

【习题 2】编辑素材文件，将如图 3.27 中的"百事可乐"这几个文字进行去除处理，调整后，最终得到合适的可作为素材使用的图片效果。要求选择合适的软件，这里建议大家使用 Photoshop 实现。

【习题 3】尝试动手制作如图 3.28 所示的简单网页。

图 3.27　图片效果

图 3.28　简单网页的制作效果

第 2 篇　网页制作核心技术

第4章 多　媒　体

在对网页设计与制作的相关知识有了初步了解之后，本章将进一步介绍网页设计与制作技术。只有掌握了这些，才能设计制作出好的网页，展现美的视觉效果。这一章将重点讲解在网页中应用多媒体文件的方法，具体包括下面几部分内容。

❑ 在网页中应用 Flash 动画
❑ 在网页中应用音频文件
❑ 在网页中应用视频文件

4.1　多媒体简介

多媒体技术在现今的网页中应用越来越广泛。网页中音乐、动画、视频等媒体文件在吸引观众眼球方面有着不错的效果。以前，因为多媒体技术的不成熟，网站中应用的媒体文件量相对较少，现在使用多媒体技术的网站数量越来越多。因此，掌握媒体文件在网页中应用的相关技术，对于网页设计与制作是非常重要的。

4.1.1　概述

直接作用于人感官的，能被真切地感受到的文字、声音、图形、图像、动画、视频等媒体统称为多媒体。美文美图再加上动人的旋律，那是网站吸引人之所在。因此，制作网站的页面时，需要很好地利用多媒体素材。只有这样，才能让设计出来的页面效果丰富、精彩。

1. 多媒体网页内容

添加了视频、声音、Flash 动画的网页，称作多媒体网页。例如，在网页中插入的滚动字幕、交互式按钮、站点计数器、组件等内容都是多媒体网页的标识。如图 4.1 所示是一购物网站的页面截图，该网页添加了 Flash 动画、滚动字幕、插入交互式按钮等。

多媒体内容是网页中的点睛之笔。多媒体所具有的特点，改变了网页的使用领域。网页中使用的多媒体主要有以下几类：

（1）Flash 内容

网页中使用的 Flash 内容有很多种形式，包括 Flash 动画、Flash 按钮、Flash 文本等。如图 4.2 所示是用 Flash 制作的按钮截图和文本。

（2）图片、文字与声音

制作网页时，可以适当添加音频文件，这样让人感觉网页"会说话"！图 4.3 是一幅叙述心情图。有时不需要过多的处理,哪怕只是一个简单的比较,或者几个单词就能轻易让图片将我们想说的话形象地展示出来。

图 4.1 多媒体网页

图 4.2 按钮和文本

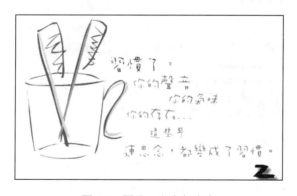

图 4.3 图片、文字与声音

(3)视频内容

现在网页中嵌入视频非常流行。这些视频可以是视频文件或是通过其他途径获得的视频素材,嵌入网页作为页面的一部分展现出来,使得内容更加生动、活泼。如图 4.4 所示是一视频网站的页面截图,该网页添加了丰富的视频内容,它是一典型的视频网站。

(4)媒体素材

除了上述内容,还可以将组成多媒体网页的其他媒体文件进行应用。总之,在技术过硬的条件下,可将媒体文件统统应用于网页中,作为网页内容的一部分。图 4.5 是可以作为网页组成部分的媒体素材。

图 4.4　视频网站

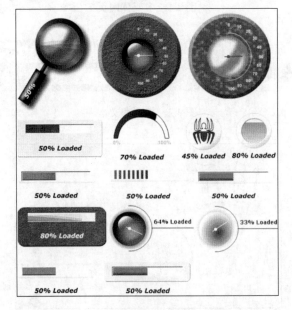

图 4.5　媒体素材

2．多媒体网页制作技术

多媒体技术离不开计算机载体的支持，通过该技术能将信息、思想和情感完整地展现。不同的多媒体文件，同样离不开多媒体技术的支持。网页中的多媒体技术主要有以下几类：

❑　网页中音频的处理
❑　网页中视频的处理
❑　网页中图形图像的处理

以上几种处理方法都可以通过 Dreamweaver 软件作为网页编辑器，分别借助 Flash、

Fireworks、Photoshop 等软件来实现。有关处理技术的具体技术方法，将在后面章节进行详细讲解。

4.1.2 多媒体文件类型

网页中有各种各样的多媒体文件，这些文件需要在制作网页时进行添加操作才能展示。在将这些多媒体内容添加到网站时，需要先了解它们的格式。多媒体文件主要有声音、视频、Flash 动画几大类。

1. 常见的声音文件格式

常见的声音文件格式主要有 MP3、WAV、MID、RM。图 4.6 展示了声音文件 MP3、WAV、MID 及 RM 格式之间的区别。由图 4.6 可知，对于不同格式的声音文件，在音频时间相同的条件下（5 分 4 秒），它们所占的文件大小区别是非常大的。因此，在进行声音文件录制时，根据需要及条件，选择合适的文件格式是非常重要的。

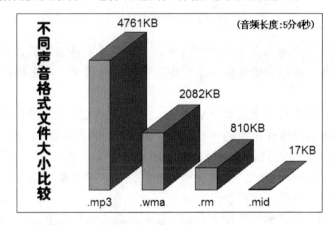

图 4.6　音频格式对比

- ❑ MP3 格式的文件，声音品质好，适合网上播放，但要求浏览器有相应插件或播放器。该格式的文件大部分应用在网上音乐。
- ❑ WAV 格式的文件，声音品质很高，因为文件量较大，在网上播放会受到一定的限制。该格式的文件大部分应用在 Windows 平台及其应用程序。
- ❑ MID 格式的文件，声音品质很好，文件量小，但它是由电子乐器产生的。该格式文件主要用于原始乐器作品、流行歌曲的业余表演、游戏音轨以及电子贺卡、电脑作曲领域，因为它可以用作曲软件写出。
- ❑ RM 格式的文件，可以在不下载音频/视频内容的条件下实现在线播放。RM 格式的文件大部分应用在网络视频，是目前的主流网络视频格式。

2. 常见的视频文件格式

常见的视频文件格式主要有 AVI、MPEG、ASF 等。图 4.7 展示了视频文件 AVI、MPEG、ASF、FLV、RMVB 及 WMV 格式之间的区别。由图 4.7 可知，对于不同格式的视频文件，在视频时间相同的条件下（2 分 52 秒），它们所占的文件大小区别是非常大的。这就需要根据具体情况合理选择文件格式。

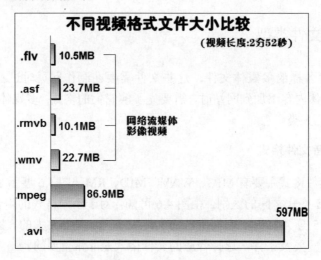

图 4.7　视频格式对比

- ❑ AVI 格式的文件视频效果的品质非常高，但由于文件量较大，在网上播放会受到一定的限制。该格式的文件主要应用在多媒体光盘上，用来保存电视、电影等各种影像。
- ❑ MPEG 格式的文件效果没有 AVI 的好，因为是 VCD 采用的格式。该格式的文件主要应用在远程监视和控制、音像通信和处理、音像数据库访问等。
- ❑ ASF 格式的文件是目录应用最多的视频文件格式，是一种可以直接在网上观看视频节目的文件压缩格式。它的优点是文件量小，图像品质好。该格式的文件主要应用在点播、直播、远程教育方向。
- ❑ FLV 格式的文件目前被应用于各在线视频网站，如新浪播客、六间房、56、优酷、土豆、酷 6、YouTube 等，无一例外。FLV 已经成为当前视频文件的主流格式，该格式的文件主要应用于在线视频网站。
- ❑ RMVB 格式虽然比 RM 格式画面要清晰得多，降低了静态画面下的比特率，但画面效果的清晰率还是需要改进。该格式的文件主要应用于 RealPlayer、暴风影音、QQ 影音等播放软件。
- ❑ WMV 格式的文件在同等视频质量下，其体积相比其他格式要小得多。该格式的文件主要应用于网上播放和传输。

4.2　背景音乐的制作及添加

在学习了上面的网页相关的知识后，这节接着介绍如何向网页添加背景音乐。在网站中添加背景音乐可以营造轻松、愉快、和谐的气氛。但是，在制作网站背景音乐时需要注意音乐文件不宜太大，因为文件过大会影响传输的速度，还会降低网页的吸引力。目前最流行的音乐格式是 WAV 或 MP3，在选择添加需要添加的背景音乐格式时可将这两种格式作为优先选择项。

4.2.1 在网站中添加背景音乐的弊端

在学习制作网站的背景音乐之前，先来了解一下在网站建设中加背景音乐的不足之处。其弊端主要有以下几方面：

1．下载的时间被延长

如果在网页中放置了可以下载的多媒体文件，一定要避免所选的多媒体文件格式、大小影响下载时间。总之，尽量避免增加额外的下载时间。

2．由于音乐的不完整，容易导致用户离开页面

在制作网页时，往往会将音乐的某段或某一部分剪辑成为一个新的文件。这样文件是小了，但是由于剪辑后只是整个曲子中的某一部分，影响音乐的整体效果，或者被重复播放等都很容易导致用户因为腻烦心理直接关了网站页面离开。

3．音乐爱好的分歧问题

每个人对于音乐的喜好难免有所不同，因此在选择音乐作品时从大家对音乐的喜欢度入手是非常必要的。这就要求我们尽量选择那些被更多人所喜欢的作品。

4．背景音乐的版权问题

提到音乐，难免会涉及音乐的版权问题，当你决定将该音乐作为网站的背景音乐使用之前，该音乐作品一定要是你具有使用权的。

4.2.2 网站背景音乐的制作

往网站添加背景音乐之前，首先需要有音乐可以添加。这个音乐可以是从网上下载的，也可以是自己制作编辑的。但是，因为网络的迅速发展，现在大家通常选择从网上下载后转化成对应格式的方式。因为背景音乐需要用于网站，出于网速的考虑，应该尽可能选择小的音乐文件。在各种音乐格式中，MIDI 格式可以优先考虑，因为在同等条件下，该格式的文件是最小的。在了解了这些内容后，接下来就可以着手制作网站的背景音乐了。

1．音频素材的准备

音频素材可以是某首曲子的某一句或某几句的重复播放，可以是音乐编辑软件从网上下载来的完整音乐的截取，或者是用"录音机"工具进行录制的。

通过"录音机"工具进行想要音乐素材的录制，如图 4.8 所示。由于网站定位的关系，某些特殊的音乐素材无法在网络中搜索到的情况下，可以借助录音机进行录制。在用乐器演奏该背景音乐或用多媒体设备播放该音乐素材时，待音乐内容到达所需要录制的位置时，选择"开始"→"程序"→"附件"→"娱乐"→"录音机"命令，在弹出的"声音-录音

机"对话框中，单击红色的录制按钮开始录音，录制完成后
单击"停止"按钮结束并保存即可。

图 4.8　"录音机"工具

2．音频素材的编辑与制作

现今，关于音频的软件有很多，有用于音频播放、音频
处理、音频转换、MP3 工具、录音工具以及其他功能的。这
里，主要用 Cool Edit Pro 来对音乐素材进行制作与处理。它
是一款很好的数字音乐编辑器和 MP3 制作软件。不仅如此，
用它还可以同时处理多个文件，并对其进行剪切、粘贴等操
作。总之，对于从网上下载或者录制的音乐，可以通过 Cool Edit Pro 来进行几乎所有的剪
辑和效果处理。

3．实例操作

关于音乐素材，现在大家采用最多的处理方式是，先从网上下载一段音乐，然后对该
音乐进行裁剪。接下来以郑秀文的《值得》为例，来进行背景音乐的裁剪与制作。具体的
操作方法如下：

（1）歌曲下载。在百度搜索歌曲《值得》进行下载。当然，还有其他提供音乐下载的
地方。例如，酷狗音乐盒、千千静听、QQ 音乐等，里面都有提示的，根据相应的提示内
容进行操作即可，不太复杂，而且操作都比较类似。

（2）歌曲剪辑。双击图标打开 Cool Edit Pro 软件。选择"文件"→"打开"命令，在
弹出的"打开波形文件"对话框中，输入已经下载的音乐文件名称。单击"打开"按钮进
行操作，如图 4.9 所示。

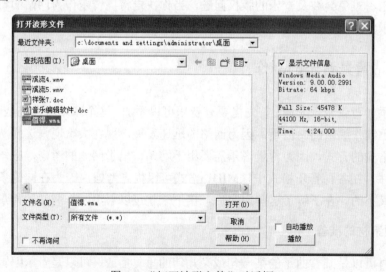

图 4.9　"打开波形文件"对话框

（3）在打开的 Cool Edit Pro 软件的界面窗口中，右下角时间轴"选"中分别输入需要
剪辑的"始"和"尾"的时间值，这里的始值为"00：01：20：00"，尾值为"00：02：
20：00"，也就是说这首歌这里采用的一个一分钟时长的音乐片段，如图 4.10 所示。

（4）在选择的时间段界面中右击，在弹出的快捷菜单中选择"复制为新的"命令。在

编辑窗口左侧显示有两个音乐文件名，分别为"值得"和"值得（2）"。右击文件名为"值得"的非剪辑音乐片段的文件，在打开的快捷菜单中，选择"关闭文件"命令。接着，选择"文件"→"另存为"命令，将编辑完成的音乐片段以"值得"命名并进行保存。

图 4.10　音乐剪辑

4.2.3　添加背景音乐

在完成了背景音乐的处理后，可以着手将该编辑加工后的背景音乐"值得"添加到网页中去。这里添加背景音乐主要用到的软件是 Dreamweaver CS5。下面将具体讲述有关网页背景音乐的添加操作。

（1）双击 Dreamweaver CS5 图标，打开该软件，新建一个网页文件，系统默认文件为"Untitled-1.html"。

（2）在弹出的"Dreamweaver CS5"对话框中，选择"插入"→"媒体"→"插件"命令。

（3）在弹出的"选择 Netscape 插件文件"对话框中，选择合适的音频文件进行添加，这里选择文件名为"值得"，如图 4.11 所示。

（4）在插入的音乐文件区域右击，在弹出的快捷菜单中选择"编辑标签"命令。在弹出的"标签编辑器"对话框中，选中"隐藏"复选框，并设置"宽度"为 185，"高度"为 55，将该标签进行功能设置，具体设置如图 4.12 所示。另外，如果想让该音乐进行循环播放，还可以选中"循环"复选框，这里选择不设置。

（5）添加了音频文件，同时隐藏播放器的某些区域后，出现相应的运行结果，如图 4.13所示。

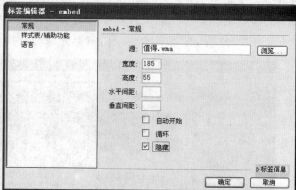

图 4.11　"选择 Netscape 插件文件"对话框　　　图 4.12　"隐藏"设置

图 4.13　添加音频文件

4.3　动画的制作与添加

在这个网络超发达的时代，用 Flash 制作动画等效果已经成为网页制作者的一种必须掌握的技能。Flash 因为其文件有着体积小、效果好、跨媒体性强、视觉冲击力强及交互性好等特点而被网页制作者选择使用。Flash 动画代表着网页的活力，Flash 能够实现各种动态效果，可以创作各种动态的网页元素。Flash 动画设计的三大基本功能包括：绘图和编辑图形、补间动画和遮罩。它是整个 Flash 动画设计知识体系中最重要、也是最基础的。下面将通过实例内容详细介绍动画的制作方法。

4.3.1　Flash 网站广告条的制作

当我们浏览一个网站时，往往是网站的广告条（又称为网站的 Banner）最先吸引我们。它具有实时性、感性、交互性等特点。对于广告条可以由图片、文字等内容组成，如图 4.14 所示是新浪网的网站广告条。

图 4.14　网站广告条

在介绍该广告条的具体制作方法前，我们先来了解有关动画制作的相关知识。该广告条主要用 Flash 制作。首先在 Flash 中制作该动画在舞台中需要用到的元件，然后再进行动画效果的添加。制作完成后，将其插入到网页中即可。下面先讲解其中技术要点。

1．Flash元件

Flash 元件是组成 Flash 动画的基本元素。它可以是用于制作动画的图形图像、按钮，也可以是动画片断中的影片剪辑。在 Flash 的编辑元件舞台中，可以直接创建元件。

2．动态效果

动态效果是指把一些原先不活动的东西，经过影片的制作与放映，变成会活动的影像。它可以是以手工绘制为主的传统动画和以计算机为主的电脑动画。Flash 支持的动态效果包括逐帧动画、形状变形、运动变形 3 种。

- 逐帧动画：逐帧动画是利用人的视觉暂留特性，像电影一样虽然每格胶片内容都不同，给人感觉却是连续的画面。它在 Flash 时间轴上的每一帧按照一定的规律都有所变化。
- 形状变形：形状变形是 Flash 舞台上一个物体变成其他物体，如文字变图形、方形变圆形等。
- 运动变形：运动变形是舞台上一个物体自身的不同变化，如物体的移动、缩放、旋转、改变透明度等。在 Flash 的编辑场舞台中，可以进行动态效果设置创建。

3．实例制作

元件又称符号或组件，是组成 Flash 动画的基本元素。它可以是用于制作动画的图形图像、按钮，也可以是动画片断中的影片剪辑。实例中需要制作的元件均是图形图像元件。由于涉及制作的元件比较多，一共需要创建 4 个元件，具体元件效果如图 4.15 所示，从上往下分别为元件 2、元件 4、元件 6、元件 7 的截图。

在了解了上述情况后，接着我们可以进行具体操作了。它的具体制作方法如下：

（1）选择"文件"→"新建"命令，新建 Flash 文档。

（2）选择"修改"→"文档"命令，在弹出的"文档设置"对话框中，设置尺寸"宽度"为 500 像素，"高度"为 100 像素，如图 4.16 所示。

图 4.15　元件效果　　　　　　　　　　　　图 4.16　尺寸设置

（3）选择"插入"→"新建元件"命令，弹出"创建新元件"对话框，输入名称为"元件 2"。选择类型为"图形"，单击"确定"按钮完成，如图 4.17 所示。

（4）在打开的元件舞台中央，将图片素材通过"复制"、"粘贴"的方法进行添加，得到如图 4.18 所示性的元件效果。

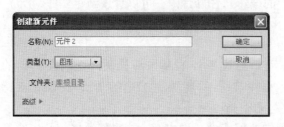

图 4.17 创建元件

图 4.18 添加元件

（5）用上述方法继续制作元件。最终得到如图 4.19 所示的元件效果。

图 4.19 元件制作

在完成了上述元件的制作后，接下来需要为其设置动态效果。这里设置的动态显示效果是，依次显示元件 2、元件 4、元件 6、元件 7 的图片，最终通过动画的播放在网页中实现动态显示效果。分别在帧 25、帧 50、帧 65、帧 110 这些点设置关键帧功能，即设置实现图片产生变化的时间点。其具体的操作方法如下所示。

（1）单击舞台左上方"场景 1"按钮，切换窗口，如图 4.20 所示。

图 4.20 切换场景

（2）选择"窗口"→"库"命令，在打开的面板中将前面制作的"元件 2"拖到场景舞台中。

（3）单击选中"时间轴"中的第 25 帧并右击，在弹出的快捷菜单中选择"插入关键帧"命令。

（4）选择"窗口"→"库"命令，在打开的面板中将前面制作的"元件 4"拖到场景舞台中。

（5）在第 50 帧位置插入关键帧，添加"元件 6"到场景舞台中。

（6）在第 65 帧位置插入关键帧，添加"元件 7"到场景舞台中。

（7）在第 110 帧位置插入关键帧，选择帧 65～110 为元件 7 的运动范围。最终得到如图 4.21 所示效果图。

图 4.21　动画设置

（8）在该动画制作完成后，还需要将其进行导出操作（在不导出的情况下，文件直接是扩展名为.fla 的 Flash 文件）。方法是选择"文件"→"导出"→"导出影片"命令，在弹出的"导出影片"对话框的"文件名"中输入文件名为"广告条"，"保存类型"中选择类型为"SWF 影片"，单击"保存"按钮完成操作，如图 4.22 所示。

4.3.2　Flash 网站广告条的添加

前面已经制作了网站的广告条，接下来需要实现的是将该动画文件添加到网页中。这里通过将之前导出的名为"广告条"文件的添加操作来实现。其添加到网页中的具体操作方法如下。

（1）双击 Dreamweaver CS5 图标，打开该软件，并打开文件名为"动画.html"的网页文件。

（2）在打开的页面中，选择"插入"→"媒体"→"SWF"命令。

（3）在弹出的"选择 SWF"对话框中，选择相应的 Flash 文件"广告条.swf"。单击"确定"按钮进行添加，得到如图 4.23 所示效果。

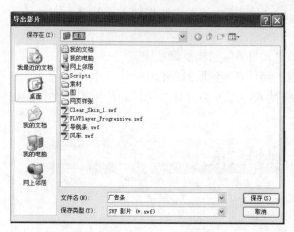

图 4.22　导出图像

图 4.23　广告条

4.3.3　Flash 网站导航条的制作

在网页中，不能缺少的一条那就是导航条。因为网页的信息量大，所以它往往无法显示在网站的一个页面中，此时制作人员都会通过多页面的方式来实现。这样，为满足浏览网页的人们的需要，需要在网站的主页中添加导航，来帮助人们更方便、快捷地浏览网页。接下来我们通过一个简单的实例来了解导航条的制作。

图 4.24 是一个简单的网站导航条。它主要由图片元件和按钮元件组成，最终通过拉动右侧的圆圈来实现导航的功能。该导航条的具体制作方法如下：

1. 制作按钮元件

图 4.24　网站导航条

按钮元件，它是实现观众与动画间交互功能设置的动作按钮。这里具体指用来实现单击打开下一级网页的按钮。需要制作的按钮元件如图 4.24 所示。这里用到的元件较多，一共有 4 个元件，如图 4.25 所示的效果图，从左往右分别为元件 1、元件 2、元件 3、元件 4 的截图。

简单体会了元件的制作内容，紧接着需要做的是将这些进行实体的制作操作。其具体方法如下：

（1）选择"文件"→"新建"命令，新建 Flash 文档。

（2）选择"修改"→"文档"命令，在弹出的"文档设置"对话框，设置尺寸"宽度"为 200 像素，"高度"为 3200 像素。

（3）选择"插入"→"新建元件"命令，弹出"创建新元件"对话框，输入名称为"元件 1", 单击"确定"按钮完成。

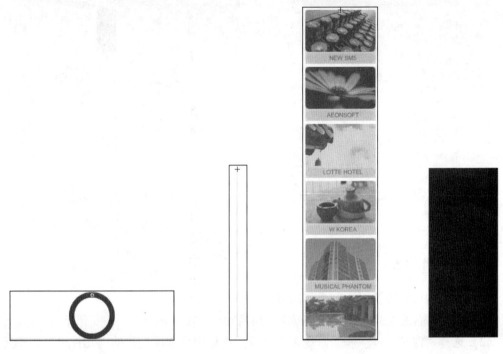

图 4.25 元件截图

（4）选择"工具箱"中的椭圆工具，然后在舞台中央拖动光标绘制一个圆圈，如图 4.26 所示。

（5）制作元件 2，选择"工具箱"中的直线工具，然后在舞台中央拖动光标绘制一条直线，如图 4.27 所示。

图 4.26 元件 1

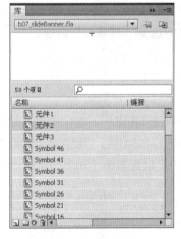

图 4.27 元件 2

（6）制作元件 3，把此菜单中需要用到的图片以及每张图片下方的按钮文字作为一个元件进行创建，如图 4.28 所示。

（7）制作元件 4，选择"工具箱"中的矩形工具，然后在舞台中央拖动光标添加矩形，选择填充色为"红色"，得到如图 4.29 所示元件效果。

图 4.28 元件 3

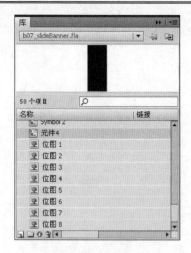

图 4.29 元件 4

2．动态效果设置

动态效果的设置需要以下的操作步骤：

（1）单击舞台左上方"场景 1"按钮，切换窗口。

（2）选择"窗口"→"库"命令，在打开的面板中将前面制作的"元件 1"、"元件 2"、"元件 3"、"元件 4"拖到舞台中的中央位置，在竖直方向上对齐。

（3）右击图层"L1"，在弹出的快捷菜单中选择"插入图层"命令，插入图层"L2"。用同样方法分别插入图层"L3"、"L4"、"L5"。

（4）在 L1 图层中，选中该图层的第 1 帧并右击，在弹出的快捷菜单中选择"插入关键帧"命令。用同样的方法分别为 L2、L3、L4、L5 图层的第 1 帧插入关键帧。

（5）在 L1 图层，选中红色矩形区域，即元件 4，同时右击"L1 图层"，在弹出的快捷菜单中选择"遮罩层"命令。

（6）在 L2 图层，选中图片，即元件 3，并为其设置遮罩层。

（7）在 L3 图层，选中直线，即元件 2，用光标由上至下、由下至上拖动一遍，将其设置为上下移动。

（8）在 L4 图层，选中圆圈，即元件 1，同样设置上下移动。

（9）在 L5 图层，选中第 1 帧并右击，在弹出的快捷菜单中选择"插入空白帧"命令。

（10）设置如图 4.30 所示的鼠标按钮效果，并将该效果添加到图层 5 中。

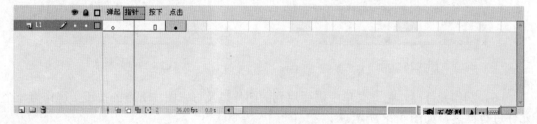

图 4.30 按钮效果

（11）所有设置完成后，得到如图 4.31 所示的设置效果图。

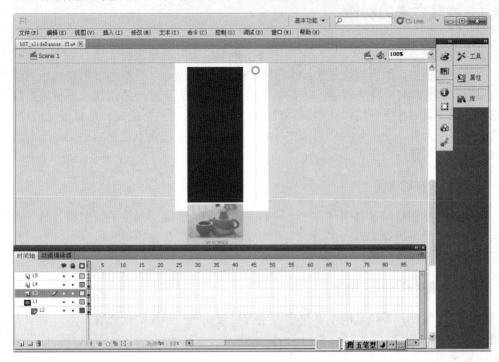

图 4.31　动画设置效果

（12）在该动画制作完成后，还需要将该导航条进行导出，选择"文件"→"导出"→"导出影片"命令导出该文件，将其命名为"导航条"，并实现最终的操作。

4.3.4　Flash 网站导航条的添加

前面我们已经制作了网站的导航条，接下来需要将该动画文件添加到网页中。这里通过将之前导出的"导航条"文件的添加来实现具体设置，将其添加到网页中的具体操作方法如下。

（1）双击 Dreamweaver CS5 图标，打开该软件，并打开文件名为"动画 1.html"的网页文件。

（2）在打开的页面中，选择"插入"→"媒体"→"SWF"命令。

（3）在弹出的"选择 SWF"对话框中，选择相应的 Flash 文件"导航条.swf"。单击"确定"按钮进行添加，得到如图 4.32 所示效果。

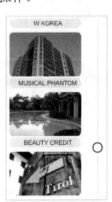

图 4.32　导航条

4.4　视频广告的制作及添加

广告因为能够达到"广而告之"的目的，所以它铺天盖地般存在于我们的生活中。同样地，为了达到宣传的效果以及盈利目的，越来越多的网站都着手于实现视频广告的添加。本节内容主要讲解应用于网站中的视频广告的制作与添加方法。通过本节内容的学习，你将掌握最基本的网站视频的制作及添加的操作技巧。

4.4.1　视频广告的制作

随着技术的不断创新和发展，制作出来的视频广告变得越来越完美。如今，用于视频制作的软件有很多，如会声会影、AE、MoveMaker、Premiere 等都是编辑功能相当强大的视频编辑与制作软件。因为视频广告的特殊性大家往往会通过先拍摄视频素材，然后将视频素材进行剪辑后才是最终能在网站播放的视频文件。放到网站的文件尽量要是最瘦小的，视频文件也不例外，在各种音乐格式中 rmvb 格式在同等条件下它是最小的。下面我们就可以开始制作视频广告了。

1．视频素材的准备

视频素材的获得可以有两种方式，一种是通过 DV 等摄影器械拍摄所得，另一种是从网上下载现成的可进行编辑加工的。现在最常使用的方法是先拍摄一段视频内容，然后再用视频编辑软件进行编辑。

2．视频素材的编辑与制作

随着现在软件开发技术的不断进步，用于视频编辑与制作的软件有很多，其中大家用得最多的是 After Effect、Adobe Premiere、会声会影、3Dmax、Maya 等软件。这里选择用会声会影来对广告视频进行编辑与制作。

3．实例制作

在了解了视频的制作方法的相关知识后，接下来以一个茶广告为例来详细了解具体制作的操作方法及方式。其操作步骤如下：

（1）视频素材准备。拍摄一则有关于茶的广告。

（2）视频编辑。这里选择使用会声会影，双击其图标打开该软件。选择"文件"→"将媒体文件插入到时间轴"→"插入视频"命令，在弹出的"打开视频文件"对话框中，输入已下载的视频文件名称，如图 4.33 所示。

图 4.33　打开视频文件

（3）单击"打开"按钮，将视频文件导入会声会影。接着选择"文件"→"将媒体文件插入到时间轴"→"插入音频"→"到音乐轨"命令，进行背景音乐的添加，如图 4.34 所示。

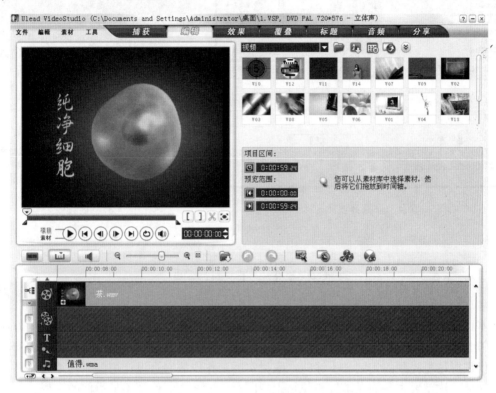

图 4.34 添加音乐

（4）视频文件导出。选择"分享"→"创建视频文件"→"自定义"命令。在弹出的"创建视频文件"对话框中，输入文件名为"视频广告"，单击"保存"按钮完成，如图 4.35 所示。

4.4.2 添加视频广告

上一部分具体介绍了视频文件编辑制作，接下来主要讲述关于视频广告添加的操作方法。下面通过将前面创建的"视频广告"文件添加到网页的操作来具体讲解。

图 4.35 创建视频文件

（1）在打开 Dreamweaver 的状态下，选择"插入"→"媒体"→"插件"命令。

（2）在弹出的"选择文件"对话框中，输入视频文件"视频广告"。单击"确定"按钮选择插入，如图 4.36 所示。

（3）将宽度和高度的值均设置为 320。得到网页的浏览效果如图 4.37 所示。

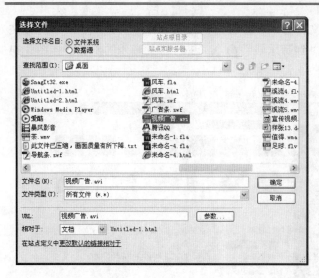

图 4.36　选择视频文件　　　　　　　　　　　　　图 4.37　视频效果

4.5　本章小结

  本章以多媒体的音频、视频和动画为出发点，分别介绍了它们的制作及添加的方法以及相关的知识点。重点在于掌握背景音乐、动画、视频广告的制作与添加的制作实例，但是仅仅掌握这里提到的实例是不够的，应付实际工作中的网页设计与制作，需要有举一反三的精神。这就要求我们在掌握相关知识的同时，还要会制作与添加类似的多媒体内容到网页，这同时也是本章的难点。在接下来的章节将主要介绍网页中图像的相关内容及操作方法。

4.6　本章习题

  【习题 1】尝试进行多媒体文件的添加。要求：准备音乐素材龙润组合的《你是唯一》视频或者音频文件，将其添加到网页文件内的合适位置。

  【习题 2】亲自动手练习用 Cool Edit Pro 软件进行音频的编辑操作。要求：进行音频文件的剪辑，将较长时间的音乐从中截取一段，单独作为一个文件保存。

  【习题 3】亲自动手练习用会声会影软件进行相应的多媒体文件编辑操作。要求：进行视频文件的剪辑，将较长时间的视频内容从中截取一段，单独作为一个文件保存。

第 5 章　图　　像

网页中的图像是指由输入设备捕捉的实际场景画面或以数字化形式存储的任意画面，或计算机生成的各种有规则的图，如直线、圆、圆弧、矩形、任意曲线等几何图和统计图等。网页中图像无处不在，正是因为图像素材的加入，才使网页变得更加地"靓丽"。网页有了图像才显得更生动、直观。本章将详细介绍图像的相关内容与操作，具体包括以下几方面：

- ❏　什么是网页图像
- ❏　网页中图像的插入操作
- ❏　用 Photoshop CS5 进行图片的全方位编辑
- ❏　用 Fireworks CS5 进行图形的处理

5.1　网页图像使用原则

为了提高网页的浏览量，给网页添加背景图片是一个不错的方法。具体可以通过插入一张漂亮的图片，或者加入一个 Java Applet 实现。但网页图像的使用需要遵循一定的原则，才会设计出比较完美的网页图像。关于网页图像的使用原则，主要有以下几方面。

5.1.1　图片颜色的搭配原则

网页配色很重要，网页颜色搭配是否合理会直接影响到访问者的情绪。好的色彩搭配会给访问者带来很强的视觉冲击力，不恰当的色彩搭配则会让访问者浮躁不安。因此，在进行网页的图片颜色搭配时，一定要遵循如下原则。

（1）选择同种色彩搭配

同种色彩搭配，是指先选择一种色彩，接下来的色彩选择，通过前面选中的该种色彩，调整它的透明度、饱和度，实现同种颜色的变淡或加深效果，产生新的色彩。此类搭配能够使得页面效果具有层次感，色泽统一。

（2）选择邻近色彩搭配

邻近色彩搭配，是指选择色环上相邻的颜色，如红色和黄色就是一组色环上相邻的颜色。此类搭配能够使得页面效果和谐统一，同时也避免了色泽杂乱。

（3）选择对比色彩搭配

对比色彩搭配，是指选定一种颜色作为主色调，其对比色（红、黄、蓝色彩的三原色）作为点缀。此类搭配能够使得页面效果具有视觉诱惑力，特色鲜明，重点突出，起到了画龙点睛的作用。

（4）选择暖色色彩搭配

暖色色彩搭配，是指选择红、黄等暖色进行的色彩搭配。此类搭配效果能够使得页面的氛围凸显稳、和谐、热情的效果。

（5）选择冷色色彩搭配

冷色色彩搭配，是指选择绿、蓝等冷色进行的色彩搭配。此类搭配效果能够使得页面的氛围凸显宁静、清凉、高雅的效果。

（6）有主色的混合色彩搭配

有主色的混合色彩搭配，是指选定一种颜色作为主要色，同时其他颜色辅助进行混合搭配的方式。此类搭配能够使得页面效果缤纷而不杂乱。

（7）文字与网页的背景色对比要突出

文字与网页的背景色对比要突出，是指以深色的网页背景，衬托浅色的文字或图片（即底色如果深，文字的颜色就要选择浅的）；以浅色的网页背景，衬托深色的文字或图片（即底色如果浅，文字的颜色就要选择深的）。此类搭配能够使得页面对比明显、效果突出。

如图 5.1 所示是采用红与黑对比色彩搭配图的图片作为背景的网站。例如，婚庆网站的背景就可以选择以红色为主色的混合色彩搭配，但需要尽量避免用黑色。

图 5.1　对比色彩

5.1.2　图片的接缝与分辨率

在选择作为网站的背景图片时，也需要考虑到图片的接缝效果以及屏幕的分辨率系数。因为这些最终都决定着图片在网页中的效果以及浏览效果。接下来，将分别对接缝和分辨率的相关内容进行讲述。

1. 接缝处理

图像拼接，是指数张有重叠部分的图像（可能是不同时间、不同视角获得的）拼成一幅大型的无缝高分辨率图像的技术。图片在拼接时，会产生明显的接缝，最直接的方法是找没有拼接的图片作为背景图。如果万不得已必须用有接缝的图片，就需要用图形图像处理软件来制作。网页的背景图是用贴磁砖的方式重复排列而成的。如果准备一张小图片就能填充整个网页，因此在选择网页的背景图时，尽量选择小图片，如图 5.2 所示。

2. 屏幕分辨率问题

在制作长条式背景图（即背景图的形状如长长的条状，如图 5.3 所示）时，图片效果较易受屏幕分辨率问题的影响。因为目前使用的屏幕尺寸规格以 1024×768 居多，这就要求水平长度达到 1024。同时，长度不够会导致浏览器图片横向并排。所以，在选择图片时，图片的尺寸一定要结合屏幕的分辨率。

图 5.2　接缝效果　　　　　　　　　　　图 5.3　长条式背景图

5.1.3　图片的格式

图片格式有很多种，如 JPEG、GIF、PNG。如果将图片应用于网页中，处于网站空间占用的考虑，需要尽量选择小的图片。但是，现成的图片大小往往不理想，需要编辑后实现。可以从网页图像的格式和版式两方面来分别进行考量，下面用两小节介绍图片的格式及版式。常用的页面的图片格式有 3 种：GIF、JPG、PNG。那么，这 3 种格式怎么选择使用呢？

1. GIF格式

GIF 意为 Graphics Interchange format（图形交换格式），GIF 图片的扩展名是 gif。现在所有的图形浏览器都支持 GIF 格式，而且有的图形浏览器只支持 GIF 格式。GIF 是一种索引颜色格式，在颜色数很少的情况下，产生的文件极小。

GIF 格式图片所具有的特点如下：① 支持背景透明；② 支持动画；③ 支持图形渐进；
④ 支持无损压缩；⑤ 索引颜色格式只有 256 种颜色。

2．JPEG（JPG）格式

JPEG 代表 Joint Photograhic Experts Group（联合图像专家组），这种格式经常写成 JPG，
JPG 图片的扩展名为 jpg。JPG 较 GIF 更适合于照片。因为在照片中损失一些细节不像艺术
线条那么明显。

3．PNG格式

流式网络图形格式（Portable Network Graphic Format，PNG）名称来源于非官方的
"PNG's Not GIF"，是一种位图文件（bitmap file）存储格式，读成"ping"。PNG 用来存
储灰度图像时，灰度图像的深度可达到 16 位，存储彩色图像时，彩色图像的深度可达到
48 位，并且还可存储 16 位的 α 通道数据。PNG 使用从 LZ77 派生的无损数据压缩算法。

PNG 格式图片所具有的特点如下：① 流式读/写性能；② 逐次逼近显示；③ 透明性；
④ 辅助信息。

5.1.4　图片的版式

放置图片的横幅区域的大小及位置是固定的，但里面却可以有千变万化。对其进行操
作需要从最基本的空间分割开始。由此产生的一系列操作，就是对版式的调整与操作。对
于网页，其版式的基本类型包括：骨骼型、满版型、分割型、中轴型、曲线型、倾斜型、
对称型、焦点型、三角型、自由型。

1．骨骼型

骨骼型的版式，是相对规范、理性的分割方法，接近报刊的版式。分别有横的三栏、
四栏……，竖的三栏、四栏……，如图 5.4 所示即是一骨骼型版式的页面。

2．曲线型

曲线型的版式，是相对图片、文字的分割方法以弯曲的形状来展现，如图 5.5 所示。
它是含有曲线型版式的页面。

图 5.4　骨骼型

图 5.5　曲线型

3. 自由型

自由型版式，引导视线的图片，以分散的点进行排列，同时传达轻松、随意的意境。此类网页体现了活泼、轻快的风格，如图 5.6 所示为自由型版式的网页。

5.1.5　选择图片的关键

选图的最大关键是焦点。具体是指在图片的中心位置（图片的中心位置不一定在图片的正中间）形成一个视觉焦点。焦点的作用在于为网页的观看提供一个起点，同时它也可以起到突出网页主题元素的效果。因此，要选择具有中心焦点的图片，最好是视野开阔、较少细节的图片，不要选构图发散、繁琐或焦点偏离中心的图片。如图 5.7 所示，一条直线与两条斜线的交点，就是该图的焦点。

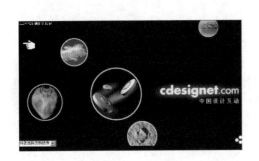

图 5.6　自由型

图 5.7　焦点

在运用焦点进行图片的选择时，需要考虑到该焦点是否适用于正在建的网站的主题。关于焦点，无论是风光，还是人物小品，要想出一张好照片，首先要明确好焦点，焦点的选择，无论是对于图片表面的清晰明了，还是对于内容的真切表达，都是至关重要的。因为焦点不仅仅是图片中最实的区域，往往也是图片的重点所在。所以，在进行照片选择时，焦点的选择适合与否是至关重要的。

5.2　图片的格式转换

由于不兼容的原因，图片的现有格式不能被应用于软件，这就需要对图片的格式进行转换。转换的实现，需要借助于格式转换软件。本节将通过介绍格式转换工具和格式转换方法，来具体介绍图片格式转换的相关内容。

5.2.1　图片格式转换工具

进行图片格式的转换，需要用到格式转换器。格式转换器是将一种文件格式转换成为另一种文件格式的软件。包括有视频转换器、音频转换器、图片格式转换器、文档格式转换器等。通过图片格式转换器就能实现图片的格式转变。用于图片格式转换的转换器主要有使用率较高的 ACDSee 和 Photoshop 工具软件。

1.　关于图片格式转换工具ACDSee

ACDSee 是目前非常流行的看图工具之一，本身也提供了许多影像编辑的功能，包括数种影像格式的转换。简单人性化的操作方式，优质的快速图形解码方式，支持丰富的图形格式，良好的操作界面，这些都是此软件吸引人的关键所在。同时，ACDSee 软件能成批转换图片格式。

2.　关于图片格式转换工具Photoshop

Photoshop 主要用于图形图像设计方面。它同时可以实现图片的格式转换，并具备图片格式的批量转换功能。利用 Photoshop 的动作以及批处理功能，就可以很好地解决格式转换这个问题。当然，Photoshop 的功能远远不止这些呢！

5.2.2　图片格式转换方法

图片格式转换的方法，根据使用的转换工具不同亦有所不同。在进行格式转换时，方法的选择需要从符合实际出发，同时合理运用批量转换。虽然市场上的格式转换工具有很多，但是选择适合自己的才是好的。接下来将具体讲解有关格式转换的操作要领以及操作方法。分别对使用 ACDSee 软件进行图片格式转换的方法，使用 Photoshop 软件进行图片格式转换的方法进行讲解。

1.　使用ACDSee进行图片格式转换方法

前面已经介绍了一些 ACDSee 软件的内容，知道这个软件能实现格式转换，可具体怎么实现呢？可以分以下几步来进行。

（1）选择图片并打开

选定一张需要转换格式的图片并右击，在弹出的快捷菜单中选择"打开方式"→"ACDSee"命令。

（2）格式转换操作

在图片打开的前提条件下，接着可以对图片进行格式的转换操作了。选择"文件"→"另存为"命令。在弹出的"图像另存为"对话框中，"保存类型"选择"JPG-JPEG"的格式，如图 5.8 所示。

（3）批量转换的实现

在进行格式转换时，如果有多张相同格式的图片需要转换成另一相同的格式，可以选择下述方式来进行操作。最终，达到批量转换图片的格式的目的。

图 5.8　格式另存为操作

① 把需要转换格式的图片放在一个文件中，打开 ACDSee 软件，选择"工具"→"格式转换"命令，弹出"图像格式转换"对话框，选择格式 JPG（JPEG），如图 5.9 所示。

②　设置格式选项。在弹出的"图像格式转换"对话框下，单击"格式设置"按钮，弹出"JPEG 选项"对话框。将"图像品质"调整为右侧的"最佳品质"，单击"确定"按钮完成相关格式的设置，如图 5.10 所示。

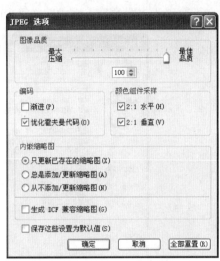

图 5.9　ACDSee 图像格式转换对话框　　　　　图 5.10　图片格式设置

③　多页设置。因为这里需要实现多页图片的格式的转换，需要设置"多页转换选项"对话框下的相关内容。单击"图像格式转换"对话框下的"多页设置"按钮，弹出"多页转换选项"对话框。接着，在弹出的对话框中，分别单击"输入"为："所有页面"→"转换每张来源图像的所有页面"图标。单击"输出"为："分割"→"为每张来源图像写入单页图像"图标。最后，单击"确定"按钮完成此设置，如图 5.11 所示。

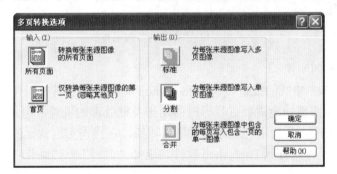

图 5.11　ACDSee 多页转换选项对话框

2. 使用Photoshop进行图片格式转换方法

关于 Photoshop 软件的格式转换方面的概念前面已经介绍了。接下来将详细地介绍使用 Photoshop 软件进行图片转换的操作与方法。具体可以通过以下几个方面来实现。

（1）选择图片并打开

双击 Photoshop 的桌面图标，打开软件。接着，选择"文件"→"打开"命令，在弹出的"打开"对话框中，选择"图像"文件名，打开该图片。

（2）格式转换操作

在图片打开后，接着可以使用 Photoshop 软件来转换图片格式，进行"另存为"的操作，最终实现格式的转换。选择"文件"→"存储为"命令。在弹出的"存储为"对话框中，文件名不变仍为"图像"，格式选择"JPEG（*.JPG;*.JPEG;*.JPE）"，如图 5.12 所示。

图 5.12　"存储为"对话框

（3）批量转换的实现

相对于 ACDSee 格式的批量转换，Photoshop 格式的批量转换操作要复杂。复杂之处在于，批量转换的实现功能需要进行即时的动作及批处理的设置。但是，因为 Photoshop 强大的图片编辑功能，我们用它进行批量格式转换，在操作上也就更便捷。

① 动作窗口操作。打开 Photoshop 软件，选择"窗口"→"动作"命令，调出动作窗口。接着单击动作窗口右上角的三角形，在弹出的快捷菜单中，选择"新建动作"命令。在弹出的"新建动作"对话框中，"名称"文本框中输入"图片格式转换"，单击"记录"按钮完成，如图 5.13 所示。

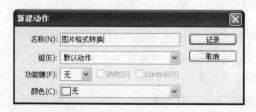

图 5.13　新建动作对话框

② 过程录制。选择"文件"→"打开"命令，在弹出的"打开"对话框中，选择一张需要转换格式的图片。接着，选择"文件"→"存储为"命令，在"存储为"对话框中，选择格式为 JPEG，单击"保存"完成。

③ 格式设置。在接着弹出的"JPEG 选项"对话框中，在"图像选项"区域中的"品质"下拉列表按钮中选择"最佳"项，单击"确定"按钮完成，如图 5.14 所示。

④ 单击"动作"窗口的最下方一排的"停止播放/记录"按钮，它在最下方一排的左边第一个，如图 5.15 所示。

图 5.14　JPEG 选项　　　　　　　　　图 5.15　"停止播放/记录"按钮

⑤ 批处理设置。选择"文件"→"自动"→"批处理"命令。在弹出的"批处理"对话框中，设置"源"为文件夹，"目标"为文件夹，选中"覆盖动作中的'存储为'命令"复选框。单击"确定"按钮完成设置。这里的源选择需要批量处理的图片所在的文件夹，目标选择将被转换好的图片所要存放的文件夹，如图 5.16 所示。

图 5.16　批处理

⑥ 批处理设置完成后，单击"确定"按钮，Photoshop 软件就开始批量转换相应格式的图片。

5.3　编辑网页图片中的图

在进行图像操作之前，我们需要对图片的获取方式、图片类型、图片的编辑以及图片的影像处理等相关内容进行了解。然后，我们就可以动手进行操作了。

5.3.1　图片获取方式

对于图片的获取方式，主要可以通过下述几种方式实现。

（1）直接从已有的网页，通过另存为的方式，保存后直接使用。

从已经发布的网站，选择适合本次网站主题的图片并右击，在弹出的快捷菜单中选择"另存为"命令，在弹出的"另存为"对话框中选择合适的保存路径，单击"保存"按钮完成。

（2）直接从已有的网页，通过另存为的方式，保存后经进一步处理后使用。

这里保存后经过处理使用与保存后直接使用，主要是此处的内容进行了相应的处理，所谓处理也就是对保存在电脑里的图片导入网页前，进行编辑、尺寸修改、主色调修改以及文字图形等内容的修改，最终达到符合本次在建网页主题的目的。

（3）通过拍摄获得照片，经过处理后使用。

用摄影器械拍摄符合本次在建网站主题的素材照片。接着，通过图片处理软件，如对拍摄所得的图片进行尺寸调整以及图片中一些不需要内容的去除、照片的剪裁等操作，最终实现照片主题突出、内容符合、创意新颖的特点。

（4）使用免费的图片资源。

因为网络世界有越来越多的人加入，所以现在网上资源也越来越丰富。很多实用的图片在网上都可以被找到，同时现在也有一些网站专门提供专业的素材图片，如三联网站。合理地运用这一部分资源，在帮你节约不少时间的同时，也能使得网站的背景更靓丽。

5.3.2　图片类型

图片根据应用在网页中的位置不同，可以有作为标题、插图、按钮和背景的 4 种。具体如下：

（1）作为标题的图片

从字意我们可以了解，此类图片被应用在网页标题位置。例如，网页的每一个模块内容需要有代表其主题的文字、图形内容组成的图片，如图 5.17 所示。

（2）插图

插图可以用于网页的任意位置，在网页的任一区域均可以插入一图片。它可以使得页面内容更加丰富多彩。同时，增加页面的可浏览性。

（3）作为按钮的图片

此类图片可以简单理解为，用作网页中各个按钮位置。例如，制作一个按钮，它会有不同的形状，这个需要通过对图片进行变形、剪裁等操作来实现。同时，按钮图片具有链接操作的功能，当单击该按钮时，可打开网页中不同功能的界面内容，如图 5.18 所示。

图 5.17　作为标题的图片

图 5.18　按钮图片

（4）用作背景的图片

为了使网页的整个页面更加漂亮，在制作网页时，会在该页面中添加类似水印的图像。但这类的纹理其实是用图片进行编辑后获得的。背景图它的尺寸一般与显示屏幕有着明显的关联，如图 5.19 所示。

图 5.19　背景图

5.3.3　图片的编辑

图片素材在网络中已经越来越多，但它不一定能直接被我们拿来应用。往往需要对这些图片进行加工编辑，然后才能使用。对图片的编辑，可以通过下述方法来实现。关于图片的编辑的操作方法，将在后面章节进行详细讲解。

（1）对图片进行换行的样式设置

对图片进行换行，是指将图片与文字内容进行相应的编排。此类设置使图片属于文字段落的一部分，如果这里使用的图片很大，也可以将图片放置于文字的左边或者右边。

（2）对图片间距进行水平与垂直调整

为了使得插入网页中的图片具有最佳的视觉效果，从进行操作处理时，我们往往会设定文字内容与图片间的水平与垂直间距。即在插入图片时，选择靠左或靠右的换行样式。

（3）对图片实现框线设定

图片插入页面后，框线的粗细，同样影响着图片效果。插入图片后，系统默认的框线较细，同时也不显示图片外的框线。如果想显示图片外的框线，需要通过设定框线的粗细来实现。

（4）对图片的尺寸进行调整

因为图片素材来源的关系，我们所得到的图片的原尺寸往往不符合网页中的页面的需求。这时，就要求我们对插入的图片进行调整图片尺寸的处理。

（5）图片的替代显示的设置

图片是网页中必不可少的，浏览器会因为解析度不足，关闭图片显示。这里我们需要替插入的图片设定低解析度或文字内容，用于实现显示格式的替代。

5.3.4　图片的影像处理

图片的影像处理效果严重影响着网页的整体效果。关于影像处理的具体方法将在后面章节进行详细讲解。这里图片的影像处理，可以通过下述几步来实现。

（1）图片中文字方块的处理

出于图片编辑加工的需要，往往会要求我们在图片中加入文字。这时，需要在图片上插入文字方块，将其置于合适位置。并可将插入内容作为注解文字或者所需的文案，如图5.20 所示。

（2）图片的旋转处理

将图片插入正在编辑的网页后，可以运用工具，将插入的图片进行不同方向的旋转。如将原图进行向左、向右旋转，或者进行水平、垂直翻转，如图 5.21 所示。

图 5.20　文字方块

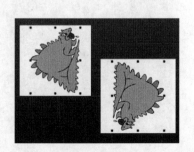

图 5.21　图片旋转

（3）图片对比度的调整

所谓对比度的调整，就是提高和降低图片的对比度的处理，即调整图片明暗间的对比，具体的效果如图 5.22 所示。

（4）图片透明度的设置

图片的透明色系是指将图片的色彩设为透明，如果网页拥有背景图片或者色彩，就可以看到图片完全溶入背景之中。

5.3.5　图片的灰阶与涮淡处理

图片工具列按钮可以将彩色图片转换成灰度效果的图片，也可以是涮淡色彩的图片，此类效果处理如图 5.23 所示。

图 5.22　对比度处理

图 5.23　涮淡（左）与灰阶（右）效果

5.3.6　图片的立体化效果设计与处理

将图片进行立体化的效果设计与处理，使得它如同一个按钮图片。这就是图片的立体按钮所要达到的目的。简单说让图片看起来像按钮。

5.4　编辑网页图片中的文字

对于文字的操作，可以将图片中的文字去除以及往图片中添加文字。本小节针对这两方面的内容来进行操作方法的掌握。下面具体讲解有关文字的添加、去除的方法的操作步骤及相关内容。

5.4.1　添加文字

因为所添加的文字不同，其添加方法可以不同。但是，文字添加之前，需要有可以用

来添加的内容。例如，已经编辑制作完成的包含文字的效果图。这里通过跳动文字的编辑
与制作以及添加方法，来详细讲述文字的添加操作。

1．文字的编辑与制作

因为需要的效果不同，文字的编辑与制作方法，相应地会有所变化。对于跳动文字的
编辑与制作，可以分成加文字添加到图片以及设置跳动效果这两步来实现。具体的操作步
骤如下：

第一步：准备素材图片。

通过网上搜索，或者自己制作的方式，准备一张作为背景的素材图片。

第二步：编辑素材图片。

打开 Photoshop 软件。在该软件中打开素材图片。用其中的"文字工具"按钮输入文
字"圣诞快乐！"。设置输入的文字大小为：30 点，颜色为：蓝色，其效果如图 5.24 所示。

第三步：设置跳动效果

（1）设置文字变形

选择"窗口"→"动画"命令，因为从 CS3 开始已经集成 IR 功能到 PS 里，所以此操
作相当于 IR 里的帧的相关操作。在弹出的帧窗口中，单击第一帧将其选中，然后单击"复
制所选帧"按钮进行帧的复制。完成上述操作后，单击"创建文字变形"按钮，在弹出的
"变形文字"对话框中，设置样式为"波浪"，弯曲值为"+50"%，如图 5.25 所示。

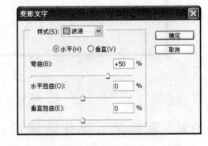

　　　图 5.24　添加文字　　　　　　　　　　　图 5.25　"变形文字"对话框

接着，继续复制第一帧，进行粘贴后为第三帧。根据上述方法设置文字变形效果，设
置样式为"波浪"，弯曲值为"–50"%，得到的帧如图 5.26 所示。

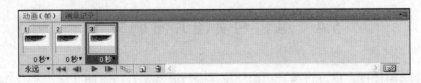

图 5.26　帧复制

（2）跳动效果实现

在完成变形设置后，接下来需要进行跳动效果的实现。选中第一帧，并将其复制出另
外两帧，把这复制的两帧分别放在第一次变形和第二次变形的后面。

接着，选中第二帧，单击"过渡动画帧"按钮，在弹出的"过渡"对话框中设置"过
渡方式"为：上一帧。设置"要添加的帧数"为：2，如图 5.27 所示。

然后，再将后面的 3、4、5 帧分别执行相同的帧过渡操作，如图 5.28 所示。

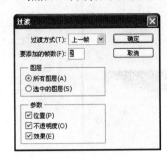

图 5.27 过渡动画帧设置 　　　　　　　　　图 5.28 帧设置效果

第四步：保存图像

在完成跳动效果文字加入后，将该图像另存为 GIF 格式。操作方法：选择"文件"→"存储为"命令，在弹出的"存储为"对话框的"格式"下拉列表框中选择格式为 GIF，如图 5.29 所示。

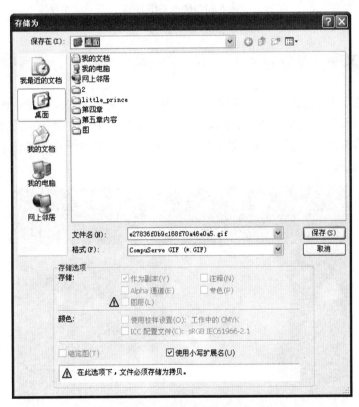

图 5.29 存储为 GIF 格式

2．添加操作

打开 Dreamweaver 软件，选择"插入"→"图像"命令，在弹出的"选择图像源文件"对话框中，将制作完成的 GIF 文件名输入到"文件名"文本框。单击"确定"按钮，完成操作，如图 5.30 所示。

图 5.30　插入 GIF 图像

5.4.2　去除文字

在了解了文字的添加后，还需要掌握有关图片中的文字的去除方法。因为由于图片来源的关系，现有图片中的文字需要去除后，才能被使用。关于文字去除的方法，主要有下面几种方法。图 5.31 是一张添加了文字的图片，这里通过对该图片的操作来详细讲解图片中文字的去除方法。

图 5.31　素材图

1．借助仿制图章工具处理

用仿制图章工具去除图片中的文字是比较常用的方法之一。它的具体操作可分为 3 步，分别是：工具的选取、取样、覆盖文字。在经过上述步骤处理后，图片中的文字将不复存在。其具体处理方法如下所示：

（1）打开图片

在安装有 Photoshop CS5 软件的电脑中，双击桌面上该软件的图标打开软件。接着，在打开的 Photoshop 窗口中，选择"文件"→"打开"命令，在弹出的"打开"对话框中选择需要打开的图片名，这里为 1.jpg 文件。

（2）工具的选取

照片打开后，选择 Photoshop 中的"窗口"→"工具"命令，在弹出的工具栏中单击"仿制图章工具"按钮，如图 5.32 所示。

（3）取样

仿制图章工具的作用是复制一块相近的内容，将需要去掉文字内容的部分进行覆盖，所以，这里需要选择一块类似图片中"BABU"文字周围差不多效果的图像内容。具体操作方法是，按住 Alt 键后拖动光标，即可完成类似内容的选取。

（4）覆盖文字

在实现覆盖区域内容取样后，用光标将图片拖拽至有文字"BABU"区域，直到该图片中的文字全部被覆盖即可。完成后，效果如图 5.33 所示。

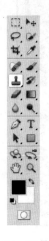

图 5.32　工具栏　　　　　　　　　　　图 5.33　覆盖文字后效果

2．借助修补工具处理

当图片的背景色彩或图案比较一致，这时最方便的方法是使用修补工具。具体的操作是，在工具栏中选取修补工具，然后用修补工具框选文字。接着，拖动到无文字区域相似的位置，松开鼠标完成操作。因为修补工具具有自动匹配色彩的功能，复制出的效果与周围的色彩较为融合，这是仿制图章工具所不具备的。

3．借助修复画笔工具处理

操作的方法与仿制图章工具相似。按住 Alt 键，在无文字区域点击相似的色彩或图案采样，然后在文字区域拖动光标复制以覆盖文字。只是修复画笔工具与修补工具一样，也具有自动匹配颜色的功能，可根据需要选用。

4．通过框选、复制、覆盖操作进行处理

某些情况下，框选无文字区域的相似图形（或图案），按 Ctrl+J 键将其复制成新的图层，再利用变形工具将其变形，直接用以覆盖文字会更为快捷。

5．借助"消失点"滤镜处理

对于一些复杂图片的效果处理，可以通过"消失点"滤镜来实现。此类方法可以用来处理地砖接缝以及类似的图片。具体操作如下：

（1）框选

单击工具栏中的"框选"按钮，选取图片中的文字部分。

（2）"消失点"滤镜

为了防止选区以外的部分也被覆盖，选择"滤镜"→"消失点"命令，进入消失点滤镜编辑界面，如图 5.34 所示。

图 5.34 消失点编辑界面

（3）去除区域选择

运用"消失点"界面中左侧工具栏（从上往下第二个）的"创建平面工具"按钮，单击鼠标，依次点击 4 个点，连成一个矩形，令该矩形面板完全覆盖文字。

（4）使用图章工具覆盖

单击"消失点"界面中的"图章工具"按钮。按住 Alt 键点击选取源图像点，当绿色十字变红后，在文字区域拖动便完成复制。

6．借助框选工具处理

用矩形选框工具在无文字区域中作一个选区，选区不宜太宽，高度应高于文字。然后按住 Ctrl+Alt 键，连续按方向键（→或←），直至完全覆盖文字则可。

5.5　网页图像效果应用

网站的很多图片都是在素材图片的基础上进行了加工制作的。我们拍摄或者现成的素材图片，在进行图像效果的添加后，才最终被应用于某个网站某一网页。所以，图像效果的添加与处理，就显得非常"重手笔"了。这一节将通过几个简单的图像效果制作实例，来详细讲解网页中图像效果的相关操作。

5.5.1　图片中印章效果的制作

在网站中，为了防止自己制作的图片等内容为他人所有，同时也为了明确版权，往往图片素材的编辑制作人员会为自己的作品添加印章。接下来，将具体介绍该类印章的制作方法，以便于大家在今后的图片制作时应用。

（1）新建图像

在打开的 Photoshop 中，选择"文件"→"新建"命令，在弹出的"新建"对话框中分别设置"宽度"为 300，"高度"为 300，"分辨率"为 72，"颜色模式"为 RGB 颜色、8 位，"背景内容"为透明，单击"确定"按钮完成设置，如图 5.35 所示。

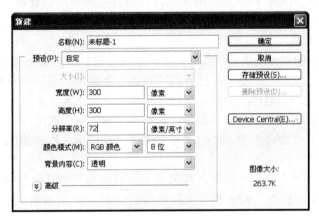

图 5.35　新建图像操作

（2）输入文字

接着，单击工具栏中的"T"按钮，选择"横排文字工具"。在画布上，输入文字"精品 XX 网站专用"。同时，设置文字的"大小"为 40，"效果"设置为浑厚，"颜色"设置为红色。具体的设置内容如图 5.36 所示。

（3）描边处理

所谓描边，指为相关内容添加边框线的操作。具体操作方法如下：

首先，单击工具栏中的"矩形选框工具"按钮，长时间按住鼠标左键，在前面输入的文字周围拖出一个矩形框。接着，选择"滤镜"→"画笔描笔"→"强化的边缘"命令，在弹出的窗口中单击"确定"按钮。然后，右击桌布中的选择区域，在弹出的快捷菜单中选择"描边"命令。弹出"描边"对话框，设置"宽度"为 7px，"颜色"为红色，"位置"选择为居中，"模式"选择为正常，"不透明度"选择为 100%，单击"确定"按钮完成设置，如图 5.37 所示。

图 5.36　文字格式

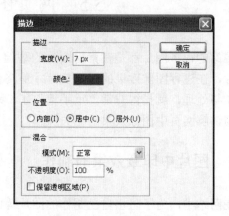

图 5.37　描边处理设置

（4）合并图层

选中此时 Photoshop 软件窗口中的所有图层并右击，在打开的快捷菜单中选择"合并图层"命令。

（5）方向调整

按住 Ctrl+T 键，然后将前面横排的文字区域进行一定角度的旋转，大概到让该矩形区域呈 45 度倾斜显示。

（6）印章效果调整

到了这里，印章的效果基本已经实现，接下来需要进行有关磨损效果的处理。选择"滤镜"→"扭曲"→"玻璃"命令。在打开的"玻璃"界面中，设置"扭曲度"为 15，"平滑度"为 15，"纹理"为磨砂。接着，选择"滤镜"→"艺术效果"→"粗糙蜡笔"命令。在打开的界面中设置粗糙蜡笔效果。最后，选择"滤镜"→"锐化"→"智能锐化"命令。在打开的界面中设置"数量"为 50%，"半径"为 2.0 像素，得到如图 5.38 所示效果图。

（7）保存图像

选择"文件"→"存储为"命令，在弹出的"存储为"对话框中输入文件名，设置文件格式为 GIP，单击"保存"按钮完成。最终得到如图 5.39 所示的印章。

图 5.38　磨损效果

图 5.39　印章最终效果

5.5.2　购物网站优惠图标的制作

随着网购的发展，越来越多的人选择网上购物，为生活带来了便捷。随之而来的购物网站也就应运而生。现在的购物网站，已经到了遍地开花的结果。为了吸引最广大的网络消费群，购物网站往往会将物品进行打折等优惠处理。下面通过优惠图标制作方法的讲解，来介绍有关购物网站此类图标的相关制作。

（1）新建图像

在打开的 Photoshop 中，选择"文件"→"新建"命令，在打开的"新建"对话框中分别设置"宽度"为 300，"高度"为 300，"分辨率"为 72，"颜色模式"为 RGB 颜色、8 位，"背景内容"为白色，单击"确定"按钮完成设置。

（2）添加参考线

为画布添加参考线，以便于后面效果图的整体制作。具体方法是：选择"视图"→"新建参考线"命令。在弹出的"新建参考线"对话框中选择"取向"为垂直，位置为"5 厘米"，如图5.40 所示。

图 5.40　新建参考线

接着，用同样的方法，选择"取向"为水平，添加一条参考线。最终，得到如图 5.41 所示的效果图。

图 5.41　参考线

（3）设置颜色

在颜色面板中，设置 RGB 颜色为（211，31，52）的红色，如图 5.42 所示。

（4）画圆

在工具栏中，单击选框工具按钮，选择椭圆工具。接着，按住 Ctrl+Shift 键，从参考的中心点沿中心线画一个圆圈。接着，用同样的方法，再画一个圆，但是比前面画的这个圆小。

（5）描边

将"路径"转换成"选区"后，新建图层，进行描边。具体操作方法是：右击图像，在弹出的快捷菜单中选择"路径转选区"命令。接着选取图层并右击，在弹出的快捷菜单中选择"新建图层"命令。然后，右击需要描边的位置，在弹出的快捷菜单中选择"描边"命令，在弹出的"描边"对话框中设置参数，如图 5.43 所示。

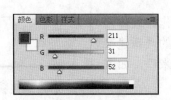

图 5.42　设置 RGB 为红色　　　　　　　　图 5.43　"描边"对话框

接着，回到图层面板，新建图层，选择钢笔工具，在该路径旁右击，在弹出的快捷菜单中选择"描边路径"命令。

（6）效果处理

载入画笔描边的图层，并回到黑圈线所在图层，进行删除，再删除画笔描边图层。接着，按 Ctrl 键点选黑线图层，新建一层，填充白色，删除黑线图层。

（7）文字处理

将"促销价"文字作为一个图层，"68"文字也作为一个图层，"元起"再建一个图层，共 3 个图层。得到最终的效果图，如图 5.44 所示。

图 5.44　价格图标

5.5.3　怀旧老照片效果的实现

如今的年代，怀旧情怀，谁都有吧？为了满足怀旧情怀、复古风的需求，很多的照片都被进行了类似老照片的效果处理。那么，它是怎么实现的呢？下面就通过一个具体实例来对它的制作方法进行详细的介绍。

（1）准备素材图片

通过自己所掌握的途径，获得如图 5.45 所示的素材图片。关于素材图片的获得，可以从网上下载、自己拍摄的以及其他途径来实现。

（2）改变纹理

将在 Photoshop 中打开的素材图片，进行纹理调整。选择"滤镜"→"纹理"→"纹理化"命令，在弹出的"纹理化"对话框中，分别设置"缩放"的值为 70%，"凸现"的值为 2，单击"确定"按钮完成，如图 5.46 所示。

图 5.45　素材图

经过上述处理，可以得到如图 5.47 所示的效果图。

图 5.46　纹理设置　　　　　　　　　　　图 5.47　纹理设置后效果图

🔔注意：对于照片的处理，在图片素材导入到 Photoshop 软件后，一定要新建一图层。有
　　　　关照片的所有操作，务必在新图层里进行。这样既防止原始图像被破坏，同时还
　　　　可以更好地实现图像的效果。

（3）高斯模糊

高斯模糊是对滤镜进行的一种模糊效果的方式。选择"滤镜"→"模糊"→"高斯模
糊"命令，在弹出的"高斯模糊"对话框中，输入半径值为 3.0 像素，如图 5.48 所示。

（4）色泽处理

首先，将照片的彩色进行去色处理，选中照片，按快捷键 Ctrl+Shift+U 即可实现。

接着，选择"图像"→"调整"→"高度/对比度"命令，在弹出的"亮度/对比度"
对话框中设置亮度值为 50，单击"确定"按钮完成，如图 5.49 所示。

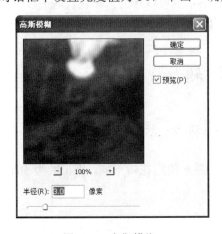

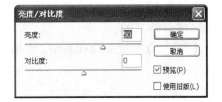

图 5.48　高斯模糊　　　　　　　　　　　图 5.49　"亮度/对比度"调整

然后，创建一新的图层，设置色相和饱和度。选择"图像"→"调整"→"色相/饱和
度"命令，在弹出的"色相/饱和度"对话框中，分别设置"色相"的值为 30，"饱和度"
的值为 25，单击"确定"按钮完成。同时，选中"着色"复选框，如图 5.50 所示。

（5）怀旧老照片的效果

在进行了上述 4 个步骤的操作后，照片的怀旧效果就制作完成了，其具体效果如图 5.51
所示。

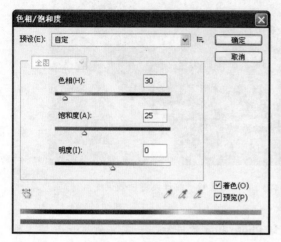

图 5.50　"色相/饱和度"调整　　　　　　　　图 5.51　怀旧照片效果

5.6　本 章 小 结

本章从图像在网页中的使用原则入手，着重介绍有关图像的处理方法、图像的格式，
最后通过具体的图像制作实例，帮助大家更加深入地掌握图像的基础知识。本章的难点及
重点需要掌握的内容包括图像格式转换的方法以及图像处理实例中所提到的操作技巧。在
掌握本章所提到的实例外，与此实例效果类似的制作内容，也可以作为大家设计时的参考与
依据。在下一章，将为大家讲解有关网页中文的相关内容和它在网页中的操作、制作方法。

5.7　本 章 习 题

【习题 1】选择一款合适的格式转换软件，进行操作练习。要求：将 bmp 格式的图片，
转换为 jpg 格式的。

【习题 2】尝试制作标签图，如图 5.52 所示。要求：图形使用花瓣形式，折扣数为 50%。

图 5.52　标签图

【习题 3】运用本章讲述的图像处理技巧，将图 5.53 中除宠物以外的两块黑色物体进

行去除操作。要求：在执行时，对图像整体的效果也进行适当调整。例如，对本图上方的不同于地板颜色的偏白色区域进行加工处理。

图 5.53　图像的处理效果

第6章 文　　本

　　文本是网页中最基本的元素，网页上的信息大多都是通过文本来表达的。因为文本具有准确快捷地传递信息、存储空间小、易复制、易保存、易打印等特点，通过编辑网页文本，对网页文本进行格式化处理，使网页内容更加丰富，网页布局更加美观。本章主要学习如何建立与制作出编排有序、整齐美观的网页格式文本，并深入说明文本的编辑方法与技巧等文本的各项操作。

- ❑ 文本的编辑
- ❑ 文本的添加
- ❑ 文本处理工具的使用
- ❑ CSS 在文本编辑中的应用

6.1　文　本　概　述

　　制作网页虽然少不了图片、动画、音乐，但主角还是文字，我们还是先掌握文字应用。文本是网页的灵魂，规划合理、美观的文本能带给浏览者一种舒适的感觉。接下来，通过网页方案设计的技巧、文本的排版要点、保存和打印网页文本这三方面的内容详细介绍有关文本的基础知识。

6.1.1　网页文案设计技巧

　　因为因特网这个虚拟的世界充斥着数不清的垃圾站点、垃圾信息，所以人们在访问一个网站时，会先下意识地判断：这个网站的可浏览性怎么样？我们必须清醒地认识到，因特网提供了天下大同的机会，但它也存在着内容优劣大不同。访客会迅速从你的内容、写作技巧和你呈现内容的方式，来判断值不值得在你的网站上投资时间。这就要求我们必须做好网页文案，它的设计技巧主要有以下几方面内容。

1．撰写技巧

对于文本内容的撰写，建议做到以下几点：

（1）最吸引人的内容要先说

（2）内容要使读者在视觉上、心理上产生愉悦感

（3）着笔尽量要细致

（4）开门见山，直截了当

（5）越简洁越好

（6）认真修改

2. 表现技巧

文本内容的表现方式，好比是一种氛围。如果这种氛围吸引人，人们自然就会被吸引过来。反之，人们会马上逃之夭夭。简而言之，只要网站内容丰富，表现方式让大家看起来赏心悦目、大脑接受起来舒服，那么它就是成功的。怎样才算成功呢？那就是设身处地为用户着想。下面从网页文本的工作流程来看看有哪些需要把握的技巧。

（1）写好内容

在做网站之前，将一些需要用到的文字内容事先写好，并进行编辑。建议把每个话题、概论等内容，分门别类地进行制作，并将其分成段落。这好像我们做菜，得先把做菜用的材料准备齐全了，不光这样，材料还要是最新鲜、质量最好的。

（2）做标题

在完成了内容的编写之后，接下来需要对标题进行制作。标题只要意义清晰、描述性强、明确进行表达即可。标题不一定要用花里胡哨、很酷的词汇，因为这样网页的浏览者不一定有兴趣去欣赏的。这好像路牌，只要指明了方向，同时表达了这是哪里即可。

（3）巧妙使用列单和表格

在制作网页文本时，巧妙使用列单和表格，能够达到一目了然的好效果。将网站的规划、设计想法，一条条地罗列出来，往往能达到事半功倍的目的。试想一下，如果适合用表格的内容，用文字来描述，最终出来的效果一定很别扭。

（4）内容主体规划

内容要主体明确，要有规划，才能表达清楚。将内容按一定的构架各就其位、分别置于不同层次的页面。将最主要的内容放在首面，然后依次按序来进行编排、规划。这样出来的内容，才有可能是好的，是符合大家需要的。

对于文本内容，为了表现的需要，尽量别让一行文字的宽度横跨整个屏幕。同时，段落不要太多。如果段落太多，将会锐减网页内容的可看性。因为，网站浏览者的浏览器有差别，所以最好是将内容控制在屏幕宽度的一半。

对于文字，字号建议大家选用软件的默认值，以便于其适合被大多数人浏览。同时，为了完善效果，可以对文字的字号大小不时地进行一下改变，适度即可。为了达到表现形式活跃的目的，可以适当添加颜色、粗体、斜体等手段。尽量不要使用下划线，因为它容易和链接标识混淆。

（5）适合打印

因为阅读环境的影响，读者往往会选择将网页内容打印下来阅读。这时，我们在制作文本时，需要考虑如何能更方便打印。简单说就是，别把文本拉到全屏的宽度。同时注意彩色背景下的彩色文本打印出来的模糊问题。不同浏览器在打印带框架的页面时会出错，这个也是需要考虑的。建议最好还是使用白纸黑字为宜。

3. 文本格式

文本的格式在进行编排时，尤其需要注意。要控制每行文字的长度，一行 20 个字左右为宜。一旦每行长度超过，看到的将会是一些七零八落、参差不齐的内容了。

为了吸引读者的浏览，可以通过电子邮件发送站点内容更新通知、定期的新闻邮件、电子杂志等内容给网站用户。

6.1.2 文本排版

页面排版不合理产生的视觉效果会让读者的眼睛产生疲劳感，基本的毛病在于"字间距太挤或太宽"、"行距太小或太大"、"段距太少或太多"、"每行字数太多或太少"等这几个常见因素。但归根结底，主要就是行距和字数两方面的问题。

1. 行距

对于文本的行距，往往会有太宽或者太挤的效果出现，做到行距适中才是文本排版时最需要注意的。如果行距太宽，就文章的整体性而言，会产生严重的脱节。反之，太窄的行距将使文本显得拥挤，用户浏览的时候很累。如图 6.1 所示的 3 段文字内容的显示效果，正是行距在起着作用。

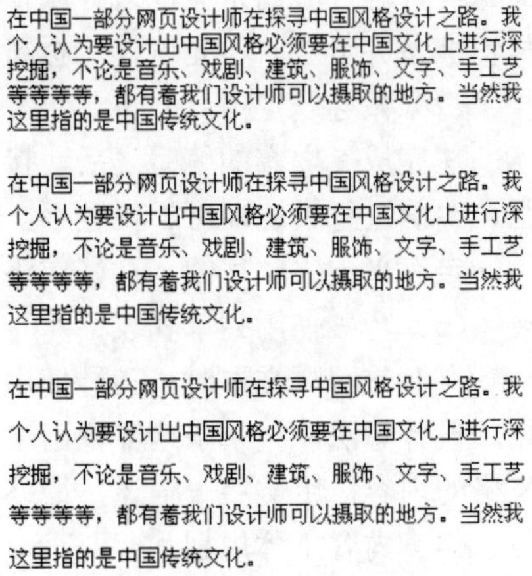

在中国一部分网页设计师在探寻中国风格设计之路。我个人认为要设计出中国风格必须要在中国文化上进行深挖掘，不论是音乐、戏剧、建筑、服饰、文字、手工艺等等等等，都有着我们设计师可以摄取的地方。当然我这里指的是中国传统文化。

在中国一部分网页设计师在探寻中国风格设计之路。我个人认为要设计出中国风格必须要在中国文化上进行深挖掘，不论是音乐、戏剧、建筑、服饰、文字、手工艺等等等等，都有着我们设计师可以摄取的地方。当然我这里指的是中国传统文化。

2. 字数

每行的字数，最舒服的方式就是读者一眼看上去就能把一行看完，不然从行末到下一行行首也会形成断裂感。一行内容太长，或者太扁，阅读起来都不是很舒服的。在进行每行的字数安排时，一般不大于 45 个字母，不小于 30 个汉字。

在中国一部分网页设计师在探寻中国风格设计之路。我个人认为要设计出中国风格必须要在中国文化上进行深挖掘，不论是音乐、戏剧、建筑、服饰、文字、手工艺等等等等，都有着我们设计师可以摄取的地方。当然我这里指的是中国传统文化。

图 6.1 不同的行距效果

3. 段落距离

每一段落留有一些间隙，便于读者区分。但是如果段与段之间的间隙与每一行行距不进行区分，就容易产生混淆。段与段之间的距离在进行设置时，一定要大于行距，如果小于行距，就会感觉两段合在一起了。

6.1.3 保存和打印网页文本

当你浏览的网页，想将其文本内容进行保存或者打印时，可以借助 IE 浏览器中"文件"→"另存为"命令进行保存，或使用 IE 浏览器中"文件"→"打印"命令打印相应的网页内容。在网页的内容，往往排版不一定根据打印需要来进行编排的，这时可以先将文本内容保存到本地硬盘上，然后经过格式调整，再进行相应的打印操作即可。

6.2 网页文本的处理

网页中的文本，想要使其更完美地被读者浏览，就需要通过技术手段进行加工与编辑，具体包括文本的插入操作、格式化、调整和应用等。接下来这一节，将从文本的处理操作出发，详细介绍有关网页文本的处理。

6.2.1 插入文本

在对文本进行编辑操作之前，需要先将文本内容进行插入。这个文本内容可以是已经事先在 Word 中输入的普通文本，也可以是特殊字符（如©），还甚至可能需要插入日期等内容。不管是何种文本内容，它都是可以通过不同的方法实现插入的。其具体内容如下：

1．插入普通文本

在打开一个网站，我们首先接触到的会是极少字数的链接文字，鼠标单击可以打开页面或者相关的篇章。但是，最终的我们浏览的页面内容将是整篇幅的相关文章。新闻类文字内容，是我们在网站中较常见到的。如图 6.2 所示是一篇网站的新闻内容，也是一普通文本内容。它的具体插入方法如下：

中新网郑州8月17日电(记者 朱晓娟)最近，一些像鱼又像虾的小生物现身河南郑州贾鲁河畔，引起市民广泛关注，8月17日，记者采访到了发现者郭志强，并见到了这些神秘的小生物。

据郑州市民郭志强说，他是在8月10日上午在贾鲁河里发现的这些像鱼又像虾的小生物，那天和朋友一块去贾鲁河桥边上搞军事训练的时候，在训练休息间歇，然后到河边，看到有这个小鱼小虾或者是蝌蚪之类的，就童心大发，抓一点，突然就发现这个奇怪的小鱼，在水里看着挺像鱼的，捉出来以后，拿到手里一看，又像小虾米。

这些小生物在水中腹朝上"仰泳"，憨态可掬，十分可爱。它们双眼呈黑色，突出长在头的两边，浑身呈褐色或浅黄色，分叉的尾部是红色，每只腹部都有10多对足，体长不到2厘米。

记者通过多方了解以及相关资料对比，查出这种小动物可能是枝额虫，俗称仙女虾，因"仰泳"姿态优美而得名。它们喜欢生活在温度适宜的临时性水塘里，但寿命很短，只有2~3个月。其所属物种在地球上生存已经超过两亿年，与恐龙同时代，是真正的活化石。 完

图 6.2 文本内容

（1）输入文本

Dreamweaver 中可以直接输入文本，但是因为该软件的主要功能是网页设计，往往会选择在 Word 中输入文本、格式排版后，再将文本内容添加到正在制作的网页中。具体方法是，将输入的文字内容选中，通过复制、粘贴的方法，将文字内容粘贴到 Dreamweaver 中。

（2）文本内容插入到网页

在打开的 Dreamweaver 中，将插入点定位在文档编辑区，直接输入文本，或者从粘贴板中将已输入的文本进行粘贴即可。

（3）在 Dreamweaver 中进行格式的调整

这里，接下来需要对文字的行距、段间距、字体和大小进行设置。行距的常规比例为10:12，即用字 10 点，则行距 12 点。行距可以用行高（line-height）属性来设置。最后，为本篇新闻添加页面的背景颜色即可。

2．插入特殊字符

在文档的输入过程中，有一些字符无法通过键盘直接实现输入操作，如特殊字符（©、®、™）等。Dreamweaver 提供了如版权符号、注册商标符号等特殊字符的输入。下面，以版权符号的输入为例。其具体操作方法如下：

在打开的 Dreamweaver 软件中，选择"插入"→"HTML"→"特殊字符"→"版权"命令。

或者，直接单击"插入"工具栏，在"文本"下拉列表中，选择"字符：其他字符"选项，如图 6.3 所示。在弹出的"插入其他字符"对话框中，选择版权符号©按钮即可。单击"确定"按钮完成输入，如图 6.4 所示。

图 6.3　插入

图 6.4　插入版权符号

此时，查看 HTML 的正文代码，我们将发现代码加入了一行&copy 字符，这就是版权符号的插入。如图 6.5 所示。

3．在字符之间添加空格

Dreamweaver 中的文档格式都是以 HTML 编码形式存在的。因为 HTML 编码中只允许字符之间有

```
<body>
&copy;
</body>
```

图 6.5　代码显示

一个空格，若要在文档中添加其他空格，必须插入不换行空格，或者设置自动添加不换行空格的首选参数。具体的操作方法如下：

（1）插入不换行空格

插入不换行空格的方法不止一种，这里选择使用菜单操作。方法一：选择"插入"→"HTML"→"特殊字符"→"不换行空格"命令。即可在 Dreamweaver 编辑文档中插入一个空格。

方法二：单击"插入"面板，在"文本"下拉列表框中选择"字符"下拉列表按钮，在弹出的快捷菜单中选择"不换行空格"命令，即可添加空格，如图 6.6 所示。

（2）设置添加不换行空格的首选参数

设置添加不换行空格的首选参数的操作方法是：选择"编辑"→"首选参数"命令。接着，在弹出的"首选参数"对话框中选中"允许多个连续的空格"复选框，如图 6.7 所示。

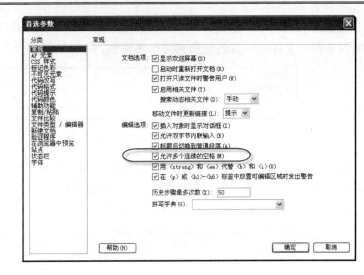

图 6.6　不换行空格　　　　　　　　　　　图 6.7　首选参数设置

最后，当空格添加成功后，查看 HTML 代码，可见到空格的代码 。如图 6.8 所示，是添加了 3 个空格的 HTML 代码显示。

```
<body>
    </body>
```

图 6.8　代码显示

4．插入其他文本

除了前面所提到的在文本中添加的普通文本、特殊字符和空格之外，往往会需要往网页中添加水平线和日期等内容。关于水平线和日期在网页中的插入方法，具体的操作内容如下：

（1）水平线

为了让网页看起来更美观，在制作时，经常会需要添加水平线。在对添加的水平线操作完成后，还可以根据网页的整体版式的排版需要，进行水平线的相应格式的处理。关于水平线的添加以及格式处理的方法如下：

添加水平线的方法：在文档编辑区将插入点定位到所需位置，接着选择"插入"→"HTML"→"水平线"命令。如图 6.9 所示是空一行后添加水平线的页面效果图。

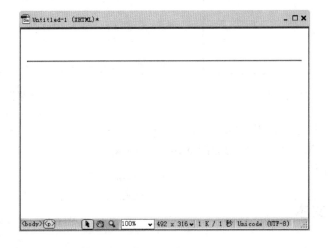

图 6.9　添加水平线

在上述水平线添加完成后，查看代码显示的内容，如图 6.10 所示。其中，<hr /> 是网页编辑里的一个标签，其表现形式为一条横线。

```
<body>
<p> </p>
<hr />
</body>
```

图 6.10　代码显示

修改水平线的方法：水平线在添加完成后，因为网页中整体页面效果的编排的需要，会需要对添加的线条进行粗细以及其他显示效果的调整。相关的水平线格式的修改，可以在"水平线"属性面板中完成，如图 6.11 所示。

图 6.11　"水平线"属性面板

（2）日期

Dreamweaver 提供了快速插入当时日期、时间的功能。具体的操作方法是：在文档编辑区将插入点定位到所需位置，选择"插入"→"日期"命令。在弹出的"插入日期"对话框中，分别选择"星期格式"、"日期格式"、"时间格式"，即可插入当前时间是星期几、具体日期以及当前的具体时间，如图 6.12 所示。

在水平线、日期中的"日期格式"，选择输入相应内容后，即在页面中空一行，添加一条水平线，再在接下来的一行添加年、月、日的具体日期，得到如图 6.13 所示效果。

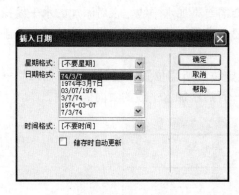

图 6.12　插入日期

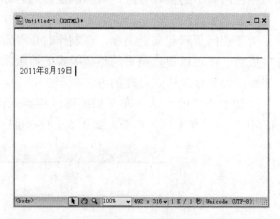

图 6.13　效果图

将输入页面中的空行、水平线、日期的上述效果转换为 HTML 代码，得到如图 6.14 所示相关的代码内容。

```
<body>
<p> </p>
<hr />
2011年8月19日
</body>
```

图 6.14　代码显示

6.2.2　格式化文本

将文本内容添加到 Dreamweaver 后，需要对添加的内容进行格式的处理等操作，包括字体的大小、外观、颜色、样式、对齐方式，以及标题等文字内容的处理。接下来，对文本的格式调整的内容和方法分别进行讲解。

1. 设置字体外观

出于文本的格式考虑，往往会将输入的文本内容进行字体外观的调整处理。即为输入的文字设置"字体"。具体操作方法，在打开的 Dreamweaver 中，选择"格式"→"字体"→"Arial"（具体的字体类别）命令，选择字体类别。

图 6.15　编辑字体列表

在实际操作过程中，因为系统提供的字体类别远远不能满足设计的需求。这时，需要对字体类别进行添加，即将新的某种或者几种字体类别添加到计算机系统中。具体操作方法，选择"格式"→"字体"→"编辑字体列表"命令，在弹出的"编辑字体列表"对话框中进行字体的添加操作，如图 6.15 所示。

2. 设置字体大小

最适合于网页正文显示的字体大小为 12 磅左右，现在很多的综合性站点，由于在一个页面中需要安排的内容较多，通常采用 9 磅的字号。较大的字体可用于标题或其他需要强调的地方，小一些的字体可以用于页脚和辅助信息。需要注意的是，小字号容易产生整体感和精致感，但可读性较差。

对于字体大小的设置，可以在字体的属性面板中进行操作如图 6.16 所示。在属性面板中的"大小"列表框即可进行选择。

图 6.16　字体大小

3. 设置颜色

出于文字设计的需要，在给字体添加颜色的操作，需要在属性面板中进行。操作方法是，单击"属性"面板中如图 6.17 所圈的按钮，在打开的调色板中选择需要的颜色即可实现。

图 6.17　字体颜色

单击属性面板中的该按钮，在弹出的颜色列表框中选择相应的选项可设置所选文本的字体颜色，在其后的文本框中直接输入颜色的英文名（如 Red、Green 等）或以"#"开头的十六进制颜色代码（如#ff0000、＃00ff00）设置所选文本的颜色。

4．设置字体样式

字体的样式有粗体、斜体之分。粗体，即对文字进行加粗显示。斜体，即对文字进行倾斜显示。想要实现这些效果，需要对文字的相关格式进行设置。其具体操作方法如下：

（1）粗体

设置粗体显示的操作方法，选中文字，这里以之前输入的日期"2011 年 8 月 19 日"为例，接着选择"格式"→"样式"→"粗体"命令，即可实现。查看相关的 HTML 代码，得到如图 6.18 所示效果。

```
<body>
<p> </p>
<hr />
<strong>2011年8月19日</strong>
</body>
```

图 6.18　代码显示

（2）斜体

设置斜体显示的操作方法，选中文字，这里以之前输入的日期"2011 年 8 月 19 日"为例，接着选择"格式"→"样式"→"斜体"命令，即可实现。

在完成了对日期的粗体、斜体的字体样式设置后，加上之前已经完成的空一行、水平线和日期的相关内容，得到如图 6.19 所示 HTML 代码内容以及如图 6.20 的效果显示。

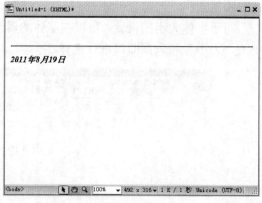

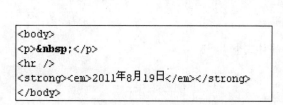

```
<body>
<p> </p>
<hr />
<strong><em>2011年8月19日</em></strong>
</body>
```

图 6.19　代码显示　　　　　　　　　　　　　　图 6.20　效果显示

5．设置对齐方式

Dreamweaver 中提供了 4 种对齐方式，分别是左对齐、居中对齐、右对齐、两端对齐。对齐方式的具体设置操作如下：

- □ 左对齐：选中需要进行左对齐设置的文字"左对齐"。接着，选择"格式"→"对齐"→"左对齐"命令，即可完成操作。
- □ 居中对齐：选中需要进行居中对齐设置的文字"居中对齐"。接着，选择"格式"→"对齐"→"居中对齐"命令，即可完成操作。

- □ 右对齐：选中需要进行右对齐设置的文字"右对齐"。接着，选择"格式"→"对齐"→"右对齐"命令，即可完成操作。
- □ 两端对齐：选中需要进行两端对齐设置的文字"两端对齐"。接着，选择"格式"→"对齐"→"两端对齐"命令，即可完成操作。

对于上述 4 种对齐方式的设置，也可以用直接单击图 6.21 所圈选的这 4 个按钮来完成。

图 6.21　4 种对齐方式

在文本编辑区域依次输入 4 行文字，左对齐、居中对齐、右对齐、两端对齐，接着根据前面提到的 4 种对齐方式的设置方法，依次进行操作。最终得到页面的编辑内容，如图 6.22 所示。

在完成对齐方式操作后，可以通过 HTML 相关代码来详细了解操作的具体内容。有关生成的代码内容如图 6.23 所示。

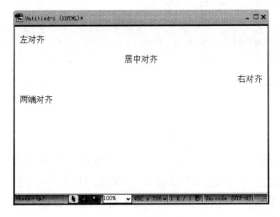

图 6.22　对齐方式

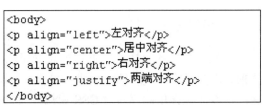

图 6.23　代码显示

6. 设置标题格式

在属性栏的"格式"下拉列表框中可设置标题格式。具体格式如图 6.24 所示。

在编辑文本区，分别输入文字"标题 1"、"标题 2"、"标题 3"、"已编排格式"。然后根据这 4 组文字，分别设置成"标题 1"、"标题 2"、"标题 3"、"预先格式化的"上述 4 种类型的格式。最终，得到如图 6.25 所示效果。查看其 HTML 代码显示效果，可得如图 6.26 所示内容。

图 6.24　标题格式

如图 6.27 所示是一网站的新闻类文档的标题内容。接下来，我们将通过对该标题内容的制作，来了解有关标题格式的设置。该标题内容可分几块来进行。具体如下：

首先，输入文字"神秘生物现身郑州像鱼像虾与恐龙同时代（图）"，将为其设置字体、字号，同时在"州"与"像"之间添加一空格。

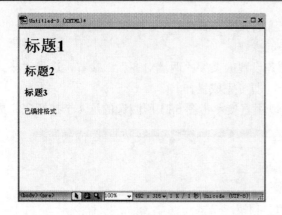

图 6.25　标题格式　　　　　　　　　　　图 6.26　代码显示

接着，通过前面讲的方法，插入一条水平线。用于分开两行文字的间隔效果。

然后，进行日期与时间的输入。进行时间后面的文字与特殊符号的添加。

最后，为"参与互动"这一块设置链接，同时设置字体颜色。

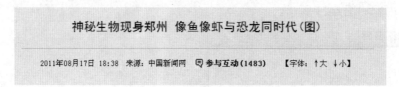

图 6.27　标题格式设置

7. 设置样式

属性面板中的"样式"下拉列表框可用于显示当前应用于所选文本的样式。在进行样
式前，需要对将要使用的样式进行定义。定义方法是：选择"格式"→"CSS 样式"→"新
建"命令。在弹出的"新建 CSS 规划"对话框中的"选择器名称"文本框中选择或输入选
择器名称 STYLE1，单击"确定"按钮，如图 6.28 所示。

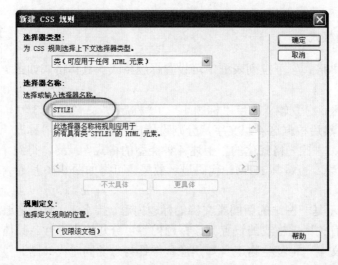

图 6.28　新建 CSS 规划

接着，在弹出的"STYLE1 的 CSS 规则定义"对话框中，"类型"设置为"Arial Helvetica, san-serif"，如图 6.29 所示。

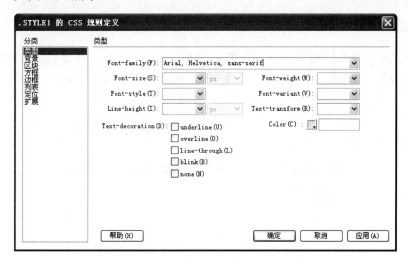

图 6.29　CSS 规则定义

然后，在文本编辑区域分别输入文字"应用了样式"、"没有应用样式"。选中"应用了样式"文本内容，在属性面板中选择"类"选项为 STYLE1，如图 6.30 所示。

图 6.30　类选项

最后，得到文本的样式效果如图 6.31 所示。查看其 HTML 代码，得到如图 6.32 所示的内容。

图 6.31　样式效果

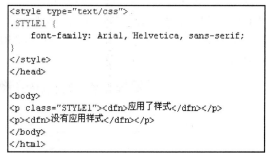

图 6.32　代码显示

6.2.3　页面设置

网站中的网页，在相关文本内容制作完成后，需要根据页面的整体效果进行相应的设置编排。接下来将详细讲述对页面的背景颜色、背景图像、超链接等相关内容的设置。同时，介绍它们的操作方法。

1．网页中的页面设置

因为网页的制作跟所使用的内容有关，有的是使用 CSS 方式设计完成，也有的是使用 HTML 方式设计完成的。在对页面进行相关效果设计、调整时，一定要选择对应的方式。如果不对应，出现的效果将不会是你所想要的，设置等于是徒劳无功，白白进行呢！在进行页面设置时设计方式的选择，在 Dreamweaver 中，可选择"修改"→"页面属性"命令，在弹出的如图 6.33 所示对话框中，分别选择外观（CSS）或外观（HTML）即可。

图 6.33　方式选择

2．设置页面背景颜色

页面背景的设置包括有几部分，如背景颜色、背景图像、超链接。关于页面背景颜色的设置，首先需要分清你所使用的设计方法，然后根据不同的设计方法添加与更改相应的背景颜色即可。其操作方法如下：

（1）HTML 设计方式

在使用 HTML 设计方式进行网页制作时，对于页面背景颜色的设置方法，其具体操作步骤包括："修改"→"页面属性"命令。在弹出的"页面属性"对话框中选择"外观（HTML）"选项在右侧的"背景"文本框中输入值"#3300FF"，单击"应用"按钮完成设置，如图 6.34 所示。

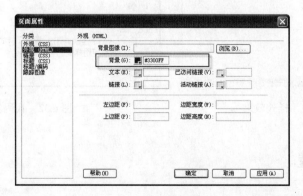

图 6.34　设置背景颜色

选择颜色也可以单击"背景"文本框左侧的向下三角箭头，在打开的如图 6.35 所示的颜色板中选择所需要的颜色即可。

此时，查看 HTML 代码，将得到如图 6.36 所示内容。

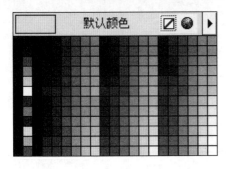

图 6.35　颜色板

```
<body bgcolor="#3300FF">
</body>
```

图 6.36　代码显示

（2）CSS 设计方式

在使用 CSS 设计方式进行网页制作时，对于页面背景颜色的设置方法，其具体操作步骤包括：选择"修改"→"页面属性"命令。在弹出的"页面属性"对话框中，选择"外观（CSS）"选项，在右侧的"背景颜色"文本框中输入值"#F0C"，单击"应用"按钮完成设置，如图 6.37 所示。

在完成背景颜色添加后，最终得到如图 6.38 所示页面效果。

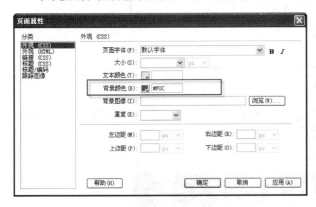

图 6.37　添加背景颜色

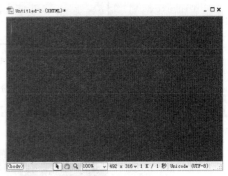

图 6.38　页面效果

3．设置页面背景图像

为了使页面背景的效果更加漂亮，往往会在网页制作时添加图像，为背景添加了图像，能够使页面效果更好。接下来分别通过不同的设计方式，CSS 设计方式和 HTML 设计方式，来详细介绍为页面背景添加图像的方法。

（1）CSS 设计方式

在使用 CSS 设计方式，进行网页制作时，对于页面背景图像的添加方法，其具体操作步骤包括：选择"修改"→"页面属性"命令。在打开的"页面属性"对话框中，单击"外观（CSS）"选项下的"背景图像"文本框右侧的"浏览"按钮，如图 6.39 所示。

在弹出的"选择图像源文件"对话框中，选择放在电脑里的作为背景的图片的相应路径位置，单击"确定"按钮完成添加，如图 6.40 所示。

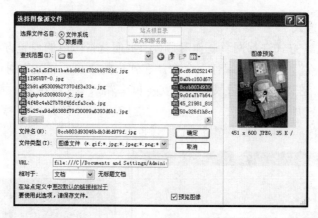

图 6.39　"页面属性"对话框

图 6.40　选择图像

完成图像的添加，查看 CSS 设计方式下的 Dreamweaver 中页面的显示效果，如图 6.41 所示。

图 6.41　背景图像添加

（2）HTML 设计方式

使用 HTML 设计方式进行网页制作时，添加页面背景图像的具体操作步骤如下：选择

"修改"→"页面属性"命令，在打开的"页面属性"对话框中，单击"外观（HTML）"选项下的"背景图像"文本框右侧的"浏览"按钮，如图 6.42 所示。

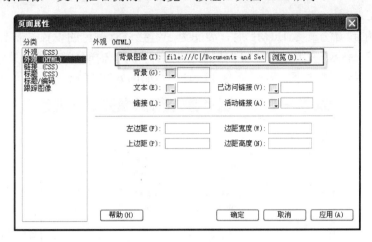

图 6.42　页面属性

在弹出的"选择图像源文件"对话框中，选择需要添加的图片在电脑中的相应路径位置，单击"确定"按钮完成添加，如图 6.43 所示。

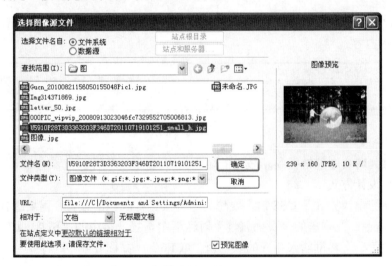

图 6.43　背景图像

通过上述操作，在背景图像添加成功后查看 HTML 代码，显示内容如图 6.44 所示。

```
<body background="file:///C/Documents and Settings/Administrator/桌面/图
/U5910P28T3D3363203F346DT20110719101251_small_h.jpg">
</body>
```

图 6.44　代码显示

4．设置超链接的颜色

当为文本创建超链接后，为了突出效果，告诉浏览者此处添加了超链接效果，同时为了让读者能一目了然地知道，此文本内容设置了超链接效果。网页制作人员往往会通过更改超链接的颜色来进行表达与告知。有关超链接的详细内容在后续章节将有详细介绍。这里为超链接对象设置颜色，其具体的操作方法如下：

（1）HTML 设计方式

当你选择的设计方式是 HTML 时，要想为超链接进行颜色的设置，需要选择"修改"→"页面属性"命令。在弹出的"页面属性"对话框中，选择分类中的"外观（HTML）"该类，并在"链接"文本框输入值"#33FFCC"，如图 6.45 所示。

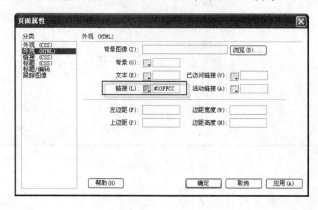

图 6.45　链接

在颜色设置完成后，单击"确定"按钮确认完成。接着查看相关的 HTML 代码，显示如图 6.46 所示内容。

```
<body link="#33FFCC">
<a href="file:///C|/Documents and Settings/Administrator/桌面/第六章/Untitled-2.html">超链接
</a>
</body>
```

图 6.46　代码显示

最终，得到网页中的链接显示效果的颜色内容如图 6.47 所示。

（2）CSS 设计方式

当你选择的设计方式是 CSS 时，要想为超链接进行颜色的设置，需要选择"修改"→"页面属性"命令。在弹出的"页面属性"对话框中选择分类中的"链接（CSS）"该类，并在"链接颜色"文本框输入相应的颜色值"#CF6"，如图 6.48 所示。

图 6.47　链接颜色

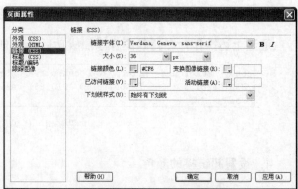

图 6.48　链接颜色设置

颜色选择完成后，单击"确定"按钮完成设置，得到如图 6.49 所示效果。

图 6.49　链接效果

6.3　标尺和网格

标尺和网格是 Dreamweaver 软件系统中的辅助工具，它们可以帮助我们在编排和移动文本内容的过程中更精确地对该制作和移动内容进行定位与对齐。下面将分别对标尺和网格的相关应用进行具体介绍。

6.3.1　标尺

使用 Dreamweaver 进行文本内容编辑时，如果将标尺显示，能够使文本放置的位置安排得更到位。同时，在网页制作出来后的文本效果也将更经得起检验。关于标尺的显示操作以及相关的效果内容如下所示。

1．显示标尺

Dreamweaver 中，系统默认是不显示的标尺，如果想要显示它，就需要进行相关设置。选择"查看"→"标尺"→"显示"命令，显示标尺。接着，选择"查看"→"标尺"→"像素"命令，设置标尺计量单位。最后，得到如图 6.50 所示的界面效果，我们可以看到在编辑区域中显示了标尺。

2．添加文本内容

在打开的 Dreamweaver 中，可以通过直接输入，或者使用"复制"、"粘贴"的方法，将文本内容进行加入。然后，就可以根据显示的标尺进行位置的调整。添加文本后，标尺及相关文本内容如图 6.51 所示。

6.3.2　网格

如果说标尺可以让文本到位，那么网格可以让文本更到位。在实际操作、制作过程中，网页制作人员往往会将标尺、网格都显示，即同时使用。关于网格的显示操作以及相关的效果，其具体内容如下所示。

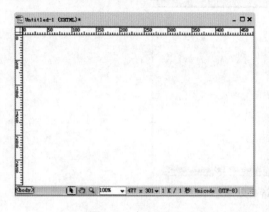

图 6.50　标尺显示

图 6.51　文本与标尺

1．网格设置

在使用网格之前，需要对其进行相关参数的设置，以达到网格显示时的格式效果设置。包括设置网格线的颜色、网格的间隔以及显示网格时的"点"或"线"等。具体操作方法是，选择"查看"→"网格设置"→"网格设置"命令，在弹出的"网格设置"对话框中，就可以根据自己的需求，进行相关参数设置，如图 6.52 所示。

2．显示操作

格式设置完成后，可以将网格显示于 Dreamweaver 的编辑区域内。显示网格的操作方法，选择"查看"→"网格设置"→"显示网格"命令即可。最终，得到如图 6.53 所示的添加了网格后的效果显示。

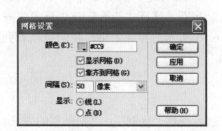

图 6.52　网格设置

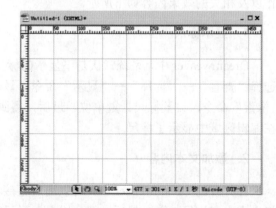

图 6.53　网格显示

3．添加文本内容

在打开的 Dreamweaver 中，通过直接输入，或者使用"复制"、"粘贴"的方法，将文本内容进行加入。完成了文本添加，根据网格进行相关文本位置的调整后，最终得到如

图 6.54 所示的标尺、网格编辑区域的界面效果。

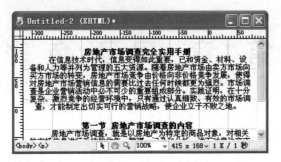

图 6.54 文本与网格

6.4 本 章 小 结

本章从文本的相关内容出发，具体讲述了文本的插入、文本的格式化以及标尺和网格的相关内容以及它们的操作方法。重点对文本的格式化进行了字体、颜色、对齐等格式设置的方法的讲解。其中涉及到 HTML 的相关代码内容，需要读者结合 HTML 的相关格式进行了解与掌握，这是本章的难点。对于文本的效果，需要结合 HTML 代码来深入解读。下一章将从颜色的相关处理出发，具体介绍色泽的操作与设置的方法。

6.5 本 章 习 题

【习题 1】练习文本的操作。要求：将图 6.55 中的文本包括其相应的图形内容插入到网页的合适位置。完成后同时进行相应的编排，使得显示效果适中。

图 6.55 文本的操作

【习题 2】练习文本的相应操作，插入不换行空格。
【习题 3】练习文本的相应操作，在网页中插入日期。

第7章 网页色彩

　　相信见过网页的人，一定会觉得它丰富多彩，缤纷绚丽。这正是因为网页中的色彩，才使得网页更加的吸引人，让越来越多的人在网络世界里流连忘返。相关工具可以帮助我们实现色彩的调色、变色等相关操作，进而将其反映在网页上，让大家欣赏、观看、浏览。虽然是简单的关于色彩的，但是因为它关系到全局，就变得相当重要了。

　　网页的色彩是树立网站形象的关键之一，网页的背景、文字、图标、边框、超链接等应该采用什么色彩、怎么搭配，才能更好地表达网站的立意及网站想告诉浏览者的内容。本章从色彩的构造原理出发，通过简单实例向大家详细介绍色彩的搭配要领与技巧以及色彩方面的相关内容。

7.1　色彩类别

　　关于色彩的构成，可以是光源的照射、物体本身反射一定的色光、环境与空间对物体色彩的影响。组成包括基本色、三原色、近似色、补充色、分离补色、组色、暖色和冷色等色彩。同时，根据色彩的影响亦有光源色、物体色、有色光和单色光。具体内容如下：

7.1.1　从色彩的组成划分

　　从色彩的组成来区分，可以将色彩分成：基本色、三原色、近似色、补充色、分离补色、组色、暖色和冷色这几类。

　　（1）基本色

　　基本色是指色环中所含的 12 种明显不同的颜色。

　　（2）三原色

　　可能，在很早的时候，你就知道了三原色：红、黄、蓝。但是，如果你打开喷墨打印机的盖子，查看墨盒，会发现那里面是 4 种墨色：蓝绿（青）色、红紫（洋红）色、黄色、黑色。这是因为，电脑用的是正色，打印机用的是负色。亦即显示器发出彩色光，纸上的墨吸收光发出的颜色。

　　（3）近似色

　　近似色可以是我们给出的颜色之外的任何一种颜色。用近似色的颜色主题可以实现色彩的融洽与融合，与自然界中能看到的色彩接近起来。

　　（4）补充色

　　补充色是色环中的直接位置相对的颜色。当你想使色彩强烈突出的话，选择对比色比较好。

　　（5）分离补色

　　分离补色由两到三种颜色组成。你选择一种颜色，就会发现它的补色在色环的另一面。

你可以使用补色那一边的一种或多种颜色。

（6）组色

组色是色环上距离相等的任意 3 种颜色。当组色被用作一个色彩主题时，会对浏览者造成紧张的情绪。因为 3 种颜色形成对比，所以要尽量归避此类情况发生。

（7）暖色

暖色由红色调组成，此系列的颜色代表着温暖、舒适和活力，从而达到使色彩从页面中突出的可视化效果。

（8）冷色

冷色由蓝色色调组成，此系列颜色主题代表着冷静一族，它们常常被用作页面的背景。

通过上述的简单介绍，大家可以对色彩的组成有一个初步了解，关于色彩的组成，主要是围绕色环来进行。没有颜色的世界，是可悲的，因为它甚至于连黑白世界都无法比拟。所以，在进行相关的页面设计时，一定要合理运用色彩，如图 7.1 所示。

图 7.1　色环

7.1.2　从色彩的形成划分

色彩的形成在很大程度上与光线、投射等有关。物体表面色彩的形成取决于 3 个方面：光源的照射、物体本身反射一定的色光、环境与空间对物体色彩的影响，如图 7.2 所示。

光源色	复色光	白色光（全色光）	不透明物体	反射
		有色光	投射在物体上　半透明物体	
		单色光	透明物体	透射

图 7.2　色彩形成

光源色、复色光、白色光（全色光）、有色光、单色光是色光的一些类型。形成过程即指各种光源发出的光经过物体的吸引反射反映到视觉中的光色感觉、投射到物体上的过程。

（1）光源色

各种光源发出的光因为光波、比例性质的原因形成的不同的色光，即为光源色。

（2）物体色

将经过物体吸收反射，最终被人们视觉所感觉到的物体光色，称为物体色。

7.2　怎样才算好的色彩搭配

关于色彩的应用，想要好的效果，很大程度上在于色彩的搭配的好坏。那么，怎么才算好的色彩搭配呢？下面通过几方面的内容具体介绍一些好的色彩搭配效果。例如，色彩与面积的关系，色彩的对比关系等。具体内容如下：

7.2.1　色彩和面积的关系

色彩总是通过一定的面积、形状、位置和肌理表现出来。一块颜色或一笔颜色，总是伴随着面积的大小、形的轮廓与方向、色的分布等因素被我们所认识。用不同的面积大小来调整色彩对比均衡的效果，可以运用弱色占大面积、强色占小面积的方法，充分体现色彩和面积的关系。如图 7.3 所示分别为色彩和面积不同关系的效果图。

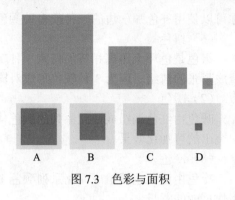

图 7.3　色彩与面积

7.2.2　对比关系

色彩正是因为相互之间有着对比，才让它更加的显眼。通过色相对比、明度对比、纯度对比、补色对比、冷暖对比这些方式，将色彩的表达方式进行了突出展现。接下来对具体的色彩相互间对比的分析，来分别介绍色彩所具有的对比关系。

1．色相对比

色相对比是指由于色相之间存在差别所形成的对比。当对比的两色具有相同的彩度和明度时，对比的效果越明显，两色越接近补色，对比效果越强烈，图 7.4 是一色相对比效果图。

2．明度对比

明度对比是指将相同的色彩（如放在黑色和白色上）进行色彩感觉的比较，黑色上的色彩感觉比较亮，反之比较暗，明暗的对比效果非常强烈明显，对配色结果产生影响，图 7.5 是一明度对比效果图。

3．纯度对比

当一种颜色在与不鲜艳的颜色进行比较时，显得比较鲜明。但是，当它与另一种更鲜艳的颜色进行比较时，又显得不太鲜明，此类效果称之为纯度对比，图 7.6 是一纯度对比效果图。

4．补色对比

补色对比是指将具有互补关系的色彩彼此间进行并置操作，这样能使得色彩的感觉更加鲜明了，也使得其纯度增加，图 7.7 是一补色对比效果图。

5．冷暖对比

色彩有冷色、暖色之分，将冷色与暖色联系在一起相互间进行的比较称为冷暖对比。例如，红、橙、黄使人感觉温暖；蓝、蓝绿、蓝紫使人感觉寒冷；绿与紫介于其间。如图 7.8 所示是冷暖对比的效果。

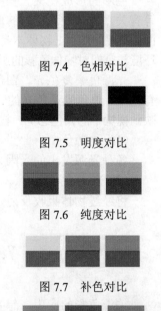

图 7.4　色相对比

图 7.5　明度对比

图 7.6　纯度对比

图 7.7　补色对比

图 7.8　冷暖对比

7.2.3　色彩搭配要领

色彩的搭配讲究技巧，讲究艺术，讲究内涵。在进行色彩搭配时，只有对色彩的本质了解了，掌握了色彩搭配的关键之所在，才能使得搭配出来的网站页面为人们所接受，并被人们喜欢。下面为大家详细讲解色彩搭配的相关要领。

1. 配色的基本类型

当配色执行、规划过程中，应考虑如何进行配色，而在这之前需确定网页需要什么样的配色效果，即决定主题色、选择搭配色、选择背景色以及明彩度调整，并最终完成配色。主要可以分如下几点：

（1）主题色的最终确定

关于网站的主题色，一定要符合在建网站的主题，例如，商业性网站和公益性网站，可以通过它们的主题色来进行区分。只要符合了网站的主题内容，那么你所确定的主题色也就是成功的了。当然，这也不是很容易的。

（2）搭配色的选择很重要

关于搭配色，它除了要贴近网站的主题，这是毫无疑问，但同时也需要符合已经确定的主题色的相关色彩的搭配原则。就好像领导可能不止一位，但真正做某个决定的人肯定只能有一位。所谓的"群龙无首"，那是绝对不允许出现在色彩搭配中的。因为，没有主题色，只会使网站的主题不突出。

（3）背景色的选择同样需要确定

背景色在某种程度上来说，与主题色同样重要。在背景色的选择过程中，需要考虑到主题色、搭配色的相关色彩的搭配效果。总之，只有色彩都协调了，才能让出来的网站页面的效果更加地美观、吸引人。

（4）对明彩度进行调整

对于色彩，不单单要调整其色彩的种类，对于辅助色彩显示的明彩度，在主题色、搭配色、背景色完成后，同样也是需要调整，以便使效果更完美。

2. 配色例举

在了解了配色的基本类型后，接下来通过几类色彩的配色方案介绍有关配色的内容。包括用一种色彩、用两种色彩、用一个色系、用黑色和一种彩色这 4 种方案的对配色的具体情况以及相关的效果图例。

（1）用一种色彩

用一种色彩的方法，是指选定了一种色彩后，通过调整色彩的饱和度、透明度等内容，来实现全部内容的配色，完成完整的配色。将变淡或者加深后产生的新色彩应用于网页，使得页面的效果色彩统一，并且具有层次感，如图 7.9 所示。

（2）用两种色彩

用两种色彩的方法，是先选定一种色彩后，通过选择该色彩的对比色，将它们都应用于网页即可。因为对比色不止一种，所以可以有一些方案可供参考。这样出来的页面色彩就显得更加丰富但又不繁杂。

（3）用一个色系

用一个色系的方法，是指应用于网页的色彩均属同一色系。对于色系，可以在拾色器窗口中运用色库选择。例如，淡蓝，淡黄，淡绿；或者土黄，土灰，土蓝，分别是一种色系的配色。运用一个色系的页面会更加协调。

（4）用黑色和一种彩色

用黑色和一种彩色的方法，是指用黑色和另一种色彩进行搭配的页面效果。例如，红配黑，是经常被使用的配色效果。这种配色，能让页面变得很显眼呢！

（5）配色禁忌

在网页配色执行过程中，需要避免下述情况的发生：首先，尽量少地使用颜色种类，以 3 种颜色以内为宜。其次，不要用花纹繁杂的图案作背景，同时尽可能地将背景和前文的对比度拉大，便于突出主题内容。图 7.10 是几种配色方案效果。

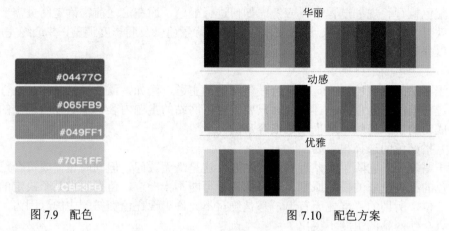

图 7.9　配色　　　　　　　　　　　　图 7.10　配色方案

7.3　色彩代码

在用 HTML 代码形式进行网页色彩的设置时，需要制作人员对色彩代码有一个详细的了解和认知。下面具体向大家介绍一些代码内容。

1．红色和粉色

网页中红色和粉色的十六进制代码内容如图 7.11 所示。

图 7.11　色彩代码

2．紫红色

网页中紫红色的十六进制代码内容如图 7.12 所示。

图 7.12　色彩代码

3．蓝色

网页中蓝色的十六进制代码内容如图 7.13 所示。

4．黄色、褐色、玫瑰色和橙色

网页中黄色、褐色、玫瑰色和橙色的十六进制代码内容如图 7.14 所示。

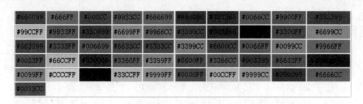

图 7.13 色彩代码

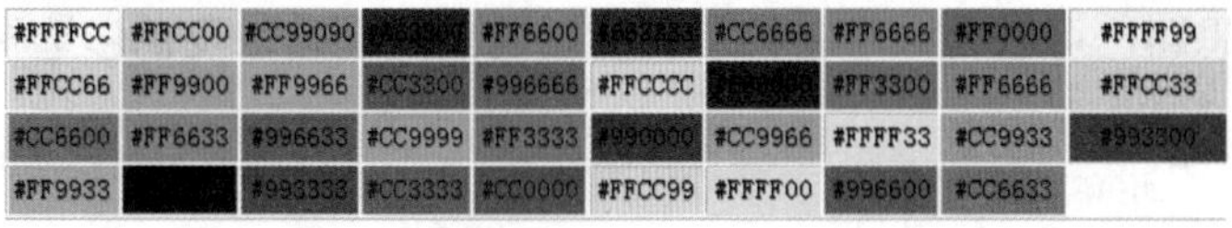

图 7.14 色彩代码

5．绿色

网页中绿色的十六进制代码内容如图 7.15 所示。

图 7.15 色彩代码

6．白色、灰色和黑色

网页中白色、灰色和黑色的十六进制代码内容如图 7.16 所示。

图 7.16 色彩代码

7.4 网页色彩的应用

了解色彩的目的是为了更好地将其应用。接下来详细讲解有关色彩在网页中的应用，向大家具体介绍什么样的色彩适用于什么类型的网站，以及不同类型网站色彩应用的实际效果等内容，用实际的例子来表述应用的方法。

7.4.1 各类网站的色彩应用

不同类型的网站，制作人员在制作过程中，会通过选用不同的色彩来进行区别。例如，门户网站，人们更多地选用清爽简洁的浅色调。下面，分别对门户网站、个人网站、公司（企业）网站等类型它们的色彩应用进行具体分析与介绍。

1. 门户类网站

从美国的 yahoo 到中国的新浪、搜狐和网易，门户网站主要提供新闻、搜索引擎、网络接入、聊天室、电子公告牌、免费邮箱、影音资讯、电子商务、网络社区、网络游戏、免费网页空间等服务。因为它的目的是方便用户的选择，所以页面需要考虑清爽、简洁、浅色调这些层面。如图 7.17 所示的 yahoo 网站的国外和国内的网站页面，分别代表了门户网站的主要设计思路，可以为大家在门户类网站的页面设计以及色彩选择提供参考依据。

2. 产品类网站

产品类网站其主要目的在于展示产品，具体内容是对产品的介绍。在运用色彩时，要使网页的色调符合产品的定位。好的产品类网站应该是能够激发网站的浏览者购买欲的。在这一方面苹果公司的网站就比较有代表性，它分别制作有国内和国外的网站。如图 7.18 所示，该网站设计简洁，选用灰白色调，给人以科技感和现代感。

图 7.17   门户网站——Yahoo

图 7.18 产品网站——Apple

3．社区类网站

随着网络的发展，一夜成名已经成为了一件很平常的事。那它的消息是从哪里被发布的呢？社区类网站承担了此任务。同时，社区类网站进一步加强了网友间的沟通与交流。在这一类网站的制作与设计中，猫扑、天涯网站占据比较高的人气，值得大家借鉴，分别如图 7.19、图 7.20 所示。因为社区网有自己的核心目标群体，有一大部分是在校学生，在制作过程中往往会添加活泼的色调来渲染青春、朝气的校园氛围。

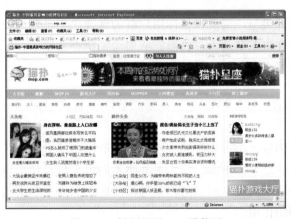

图 7.19 社区网站——猫扑网

图 7.20　社区网站——天涯网

4．公司（企业）类网站

一切以公司或企业的形象和宣传为目的的网站，均可视作公司（企业）类网站。公司网站也有着加深、提高品牌形象的作用。在进行这一类网站色彩选择时，可应用 logo 的主色系设计，达到品牌统一。同时，需要注意色彩的协调统一。

5．电子商务类网站

电子商务网站的作用包括查看商品和进行交易等。在进行色调选择时，需要考虑让用户在浏览时感觉到温馨和愉悦的意境。色系中，暖色调能达到此类意境，所以可尽量选择这方面的颜色。同时，也达到渲染气氛的目的。

6．个人网站

个人网站的出现，是为了满足自我个性展示和驾驭能力的需求。在页面色彩设计方面，更多地考虑选择多样化和个性化。现在很多网站已经能满足用户的色彩喜好设置。因此，此类网站色彩的应用不具有固定模式，需要灵活设计网页色彩与变更的色彩条件。

7．工具及其他类型的网站

不管网站属于何种类型，需要以目标用户群为选择色彩、色调的出发点，同时结合网站自身的主体，在这样大的框架下，色彩的应用一定就不会错了。但是，也一定要突出本网站建立的目的，根据它来配以色泽的调整。

7.4.2　色系与网站

不同的色系，被浏览者进行视觉感知后，会得到不同的意境。色系与网站，网站与色系，有着直接、间接的联系。下面，向大家介绍不同色系以及使用该色系较多的网站的类型。从而帮助大家解决不同类型网站的色系选择问题。因为色彩很重要，一旦色彩运用得当，能起到画龙点睛的作用。

1．黄色系

黄色，阳光色，它代表着活泼、轻快的氛围。如何平衡颜色的冲击与网站整体的效果是配色的关键所在。黄色可以用于设计中最重要的部分，也可以用于实现醒目的效果。因为黄色的辨识率很高，所以在使用时往往会搭配其他颜色使用。如图 7.21 所示是一以黄色系为主色调的网页。

图 7.21　黄色系网页配色

2．绿色系

绿色，给人安全的感觉，此色系被较多地应用于环境类主题网站。同时，它也是很好的保护色。相信军绿色大家一定印象深刻。休闲类网站常常会使用此色系，来达到轻松、惬意的浏览感觉。如图 7.22 所示是一以绿色系为主色调的网页。

图 7.22　绿色系网页配色

3. 橙色系

橙色是介于红和黄的过渡色彩，虽然色相范围比较狭窄，但在日常生活中应用比较广。橙色和蓝色搭配，给人沉稳、细心的感觉。橙色被较多地应用于时尚类的网站中，以达到网站突出的时尚主题。如图 7.23 所示是一以橙色系为主色调的网页。

4. 红色系

因为红色特别能吸引人的注意力，它不是低调的颜色。在配色过程中，一定要恰到好处地搭配好其他色彩进行配色。一方面减少一些抢眼的光芒，另一方面也使得画面感强烈。在采用红色系作为主色调时，需要设计师有足够的驾驶能力。如图 7.24 所示是一以红色系为主色调时的网页。

图 7.23　橙色系网页配色　　　　　　　　图 7.24　红色系网页配色

5. 紫色系

紫色寓意着浪漫、神秘、深沉的感觉。此色系多应用于游戏、服装、化妆品、艺术类的网站。也有一些知名的网站喜欢使用此色系，达到一种神秘的效果。同时，紫色还能营造女性化的气息。所以此色系经常被较多女性相关网站所使用。如图 7.25 所示是一以紫色系为主色调的网页。

6. 蓝色系

蓝色是海洋的颜色，蓝色是天空的颜色，冷色调的蓝，同样被很多企业的网站所使用。同时，蓝色是色彩中比较沉静的颜色。人们选择这种色系，往往想要表达一种广博的胸怀。如图 7.26 所示是一以蓝色系为主色调的网页。

7. 黑、白、灰

黑与白，是两个极端，黑色是最深的颜色，白色是最浅的颜色。灰色它代表着世界的万物。黑色永远是性感的经典色，灰色是一种可以衬托任何色彩的颜色，白色飘溢着不容妥协的气韵。此 3 种颜色可与任何色彩搭配，较之也就适用于任何类型的网站。在时尚类、品牌类、服饰类、汽车类的网站中尤其受欢迎。如图 7.27 所示是一以黑、白、灰为主色调的网页。

图 7.25　紫色系网页配色

图 7.26　蓝色系网页配色

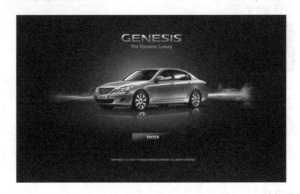

图 7.27　黑白灰网页配色

7.5　背景颜色处理

颜色的应用，可以是背景，可以是文字，也可以是图片。但是，网页中的色彩，往往都是借助软件来实现颜色的处理。接下来通过一简单的实例，来介绍背景颜色处理具体的操作方法，从而使得大家能够详细了解有关颜色的具体处理的方法。

7.5.1　Fireworks 调色板

在进行色彩更换、调整过程中，因为提供的颜色种类有限，此时我们就需要借助调色板来进行调色和选色。对于调色板，在网页制作过程中，会借助 Fireworks 中的调色板来进行。关于 Fireworks 调色板的具体应用如下：

1．调色板调用

在现有颜色不能满足需要时，可以通过 Fireworks 下的调色板来进行颜色的设置。将需要设置颜色的内容，在该软件中打开。接着，选择"窗口"→"其它"→"调色板"命令，实现调色板打开，如图 7.28 所示。

2．为任何颜色值查找最接近的网页安全色

在调色板中有"选择器"、"混色器"、"混合器"3 个选项卡。在"选择器"选项卡上单击"填充颜色"框进行选中。使用滴管指针在任何 Fireworks 文档窗口中的任意位置执行单击操作，实现颜色的采集。此时，最接近的网页安全色在活动的填充颜色框中的颜色下面。

在选择器中有"HLS"、"HSV"、"CMYK"、"RGB"颜色模式供用户选择，我们可以通过在不同颜色模式之间转换、选择颜色，实现不同模式的颜色显示，如图 7.29 所示。

图 7.28　调色板　　　　　　　　图 7.29　颜色模式的切换

3．创建和切换调色板

选择"调色板"面板中的"混色器"选项卡，分别单击面板底部的 5 个填充颜色框，可以设置文档的 4 种基准颜色。这里的调色板有 1 和 2 之分，在窗口中分别以"1"和"2"作为选项卡命名，如果想要尝试两种不同的调色板，可通过这两个选项卡来实现，如图 7.30 所示。

4．导出调色板

导出调色板可以有两种形式，导出的内容一个可以是位图，另一个可以是颜色表。具体操作方法是：选择"调色板"面板中的"混色器"选项卡，单击"导出为新文档中的位图"按钮，然后将该内容保存到目标位置，即可实现位图的导出，如图 7.31 所示。

 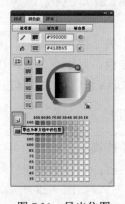

图 7.30　混色器　　　　　　　　图 7.31　导出位图

同样，选择"调色板"面板中的"混色器"选项卡，单击"导出为颜色表"按钮，然后将该内容保存到目标位置即可实现颜色表的导出，此文件格式为.act 扩展名文件，如图 7.32 所示。

5．创建颜色渐变系列

在"调色板"面板中的"混合器"选项卡中，分别单击面板底部的填充颜色框来选择开始颜色和结束颜色，使用"步骤"弹出滑块来选择系列中的步骤数，即可完成渐变颜色的创建，如图 7.33 所示。

　　图 7.32　导出颜色表　　　　　　　图 7.33　混合器

6．创建共享调色板

为了使用方便，可以将调色板进行共享。将多个具有限定调色板的图像编辑完成后，可将其导出成一个具有所有这些颜色的共享调色板，只要将这些图像放置于同一文件夹中即可。具体操作方法如下：

打开 Fireworks，选择"命令"→"Web"→"创建共享调色板"命令，弹出"创建共享调色板"对话框。在"最多颜色数目"文本框中输入对应的数值"3"，单击"浏览"按钮，将旋转所有图像的文件夹选中，单击"确定"按钮完成创建，如图 7.34 所示。

图 7.34　创建共享调色板

单击"创建共享调色板"对话框中的"浏览"按钮，打开"选择文件夹"对话框，在该对话框中选择放置所有需要共享调色板的图像的文件夹，单击"打开"按钮执行打开操作，如图 7.35 所示。完成选择"图像文件夹"该选项的设置后，系统将返回到"创建共享调色板"对话框，单击"确定"按钮完成。

图 7.35　选择文件夹

7.5.2　在网页中使用颜色

网页色彩的使用很关键，主页的色彩处理得好，可以锦上添花，达到事半功倍的效果。色彩总的应用原则应该是"总体协调，局部对比"，也就是：主页的整体色彩效果应该是和谐的，只有局部的、小范围的地方可以有一些强烈色彩的对比。如图 7.36 是网页中，添加了背景颜色为"黄色"的 HTML 的详细内容。

　　网页中颜色的具体应用，可以有不同搭配。下面是有关较常用的颜色的搭配效果以及搭配常识。

　　（1）bgcolor="#f1fafa"

　　此类型用于正文的背景色好，淡雅。

　　（2）bgcolor="#E8FFE8"

　　此类型用于标题的背景色好，与上面的颜色搭配　　　　图 7.36　背景颜色

很协调。这两种颜色可以配黑字或 FONT COLOR="#800080"。

　　（3）bgcolor="#E8E8FF"

　　此类型用于正文的背景色好，字体配黑色较好。

　　（4）bgcolor="#8080C0"

　　此类型搭配黄色白色字体较好。

　　（5）bgcolor="#E8D098"

　　此类型搭配浅蓝色或蓝色字体较好。

　　（6）bgcolor="#EFEFDA"

　　此类型搭配浅蓝色或红色字体较好。

　　（7）bgcolor="#F2F1D7"

　　此类型搭配黑字素雅，红字醒目。

　　（8）bgcolor="#336699"

　　此类型用于标题，搭配白字较好。

　　（9）bgcolor="#6699CC"；bgcolor="#479AC7"；bgcolor="#66CCCC"；bgcolor="#00B271"和 bgcolor="#B45B3E"

　　此 5 种类型常常被用于标题，搭配白字都较好看。

　　（10）bgcolor="#FBF8EA"；bgcolor="#D5F3F4"；bgcolor="#D7FFF0"；bgcolor="#F0DAD2"和 bgcolor="#DDF3FF"。

　　此 5 种类型常常被用于正文，配黑字都较好看，比较淡雅。

7.6　用 CSS 实现背景颜色渐变

　　在网页的制作过程中，经常会需要用到背景颜色的渐变效果。想要实现该效果，需要对相关的内容进行设置与调整。下面通过一个具体实例详细介绍有关背景颜色渐变的 CSS 实现代码以及具体的效果实例。

　　如图 7.37 所示是一个用 CSS 实现的背景颜色渐变的效果图。主要包括文字"登录以后您可以…"、背景的渐变实现。

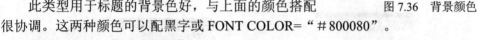

图 7.37　渐变

　　要实现该背景颜色，其 HTML 代码内容如图 7.38 所示。

```
<div id="bg">
    登录以后你可以...
</div>
<style type="text/css">
    #bg{
        FILTER: progid:DXImageTransform.Microsoft.Gradient(gradientType=1,startColorStr=green,endColorStr=#fff);
        font-size:14px;
        color:#fff;
    }
</style>
```

图 7.38　代码实现

上面是从左到右渐变效果的实现，若是想实现从上到下的渐变，可通过更改 gradientType 的相应代码。代码内容如下：

```
FILTER:progid:DXImageTransform.Microsoft.Gradient(gradientType=0,startColorStr=blue,endColorStr=white);
```

除了从左到右、从上到下渐变，还可以实现从左上到右下的渐变效果，代码内容如下：

```
FILTER:Alpha(  style=1,opacity=25,finishOpacity=100,startX=50,finishX=100,startY=50,finishY=100);background-color: skyblue;
```

7.7　本章小结

本章从网页中各组成部分颜色的调整与设置着手，详细介绍网页中有关颜色应用的相关内容，着重介绍网页各页面间的色彩搭配与处理。同时，还介绍有关调色板相关设置的操作方法以及具体的背景颜色渐变的代码实现实例，旨在最大限度地向大家呈现色彩应用较好的网页。本章的难点在于，如何使色彩应用最大限度地、较好地、完整地表达和展示。在接下来的章节，将讲述有关列表的应用及相关内容。

7.8　本章习题

【习题 1】　执行"调色板"操作的练习。要求：实现如图 7.39 所示的色彩。

【习题 2】　练习网页中色彩的使用。执行设置标题的背景色，运用 HTML 代码要求：bgcolor="#E8FFE8"。

【习题 3】　练习网页中色彩的使用。要求尝试实现如图 7.40 所示的色彩效果。

图 7.39　调色板　　　　　　　　　图 7.40　色彩的效果

第 8 章 列　　表

列表很多文档编辑里都有，但是这里的列表是针对它在网页中的应用。列表的基本作用之一，是用于归类简单内容。在 Dreamweaver 中也有 5 种形式的项目列表：无序列表、有序列表、定义列表、目录列表和菜单列表。本章重点向大家介绍列表的相关内容，具体内容如下：

- ❏　有序列表
- ❏　无序列表
- ❏　定义列表
- ❏　目录列表
- ❏　菜单列表
- ❏　列表的应用

8.1　列　表　简　介

简单地说，列表是对于进行过梳理和归类的信息内容的展示，这些信息往往不是大篇幅的，是一些类似于"标题"的简要的内容。但是，其实列表本身是没有限制内容的多少的，只是被应用最多的是标题信息而已。同时，列表还附加了可以设置 CSS 样式的元素，这样有助于样式的应用，从而优化列表效果。下面详细介绍有关列表的相关内容。

8.1.1　列表类型

设置段落的项目列表是重要的格式设置方法，Dreamweaver 中允许设置多种项目列表格式。其常用的项目列表有有序列表和无序列表之分，同时还包括相对用得少一些的定义列表、目录列表和菜单列表等。那么什么是有序列表？什么又是无序列表呢？

1．有序列表

有序列表用于将一组相关的列表项目排列在一起，列表中的项目有特定的先后顺序。它们之间的关系多用编号来标记。在网页的制作过程中，此类列表项目被频繁地应用着。如图 8.1 所示是一有序列表的截图。

2．无序列表

无序列表，用于将一组相关的列表项目排列在一起，列表中的项目没有特定的先后顺

图 8.1　有序列表

序。其各列表项之间属并列关系，多用项目符号来标记。同有序列表一样，它被最大程度地使用于无序列表项目。如图 8.2 所示是一无序列表的截图。

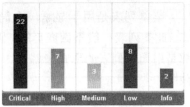

3．定义列表

定义列表，用于显示名称、术语及其定义、时间及相对应的事件的对应的"值"。它通过缩进的形式来达到层次的目的，并且往往是根据具体的网页设计需要来进行定义的。只要在适当的位置插入定义列表的标记<dl></dl>，即可实现定义列表的生成。如图 8.3 所示是一定义列表的截图。

图 8.2　无序列表

图 8.3　定义列表

4．目录列表

目录列表是用于显示一个多列的文件列表，可以将其看作是无序列表的一种特殊形式。此类列表可做嵌套。因为它的使用和无序列表类似，一般在实际的制作过程中，都是用无序列表的形式来替代，建议尽量少使用此类列表。如图 8.4 所示是一目录列表的截图。

图 8.4　目录列表

5．菜单列表

菜单列表是用于显示一个简单的单列列表，可以将其看作是无序列表的一种特殊形式。此类列表一般不做嵌套的。因为它的使用和无序列表类似，一般在实际的制作过程中，都是用无序列表的形式来替代。建议尽量少使用此类列表。如图 8.5 所示是一菜单列表的截图。

6．嵌套列表

嵌套列表是指将一个列表嵌入到另一个列表中，作为另一个列表的一部分。它可以是有序列表的嵌套，也可以是无序列表的嵌套，还可以是有序列表和无序列表的嵌套。如图 8.6 所示是一嵌套列表的截图。

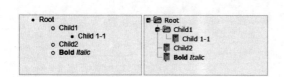

图 8.5　菜单列表

图 8.6　嵌套列表

8.1.2　列表的标记

因为列表常常会需要使用 HTML 代码来实现，所以在进行列表的制作与应用之前，要求我们掌握列表的标记。关于无序列表、有序列表、定义列表、目录列表和菜单列表的标记以及相关标记主要有如下几种。

1．标记详细

关于无序列表、有序列表、目录列表、定义列表、菜单列表、定义列表的标记和列表项目的标记，它们具体的标记符号如表 8-1 所示。

表 8-1　列表标记

标　记　符　号	列　表　类　型
\<UL\>	无序列表
\<OL\>	有序列表
\<DIR\>	目录列表
\<DL\>	定义列表
\<MENU\>	菜单列表
\<DL\>/\<DT\>/\<DD\>	定义列表的标记
\<LI\>	列表项目的标记

2．基本语法

在了解并掌握对应的标记符号后，我们需要掌握这些标记符号的基本语法。因为标记符号主要是用来具体制作对应的列表的。只有掌握了标记符号的应用，才算是真正地会使用列表相关功能。关于各类列表的语法，它们的基本格式如下：

（1）无序列表

根据无序列表的具体概念以及相关的标记符号，可得其基本格式为：

```
<UL>
<LI>　第一项　</LI>
<LI>　第二项　</LI>
<LI>　第三项　</LI>
……
</UL>
```

无序列表<LI>的属性类别有 3 个选项可供选择，分别是 disc "实心圆"、circle "空心圆"、square "小方块"。在进行代码编写时，这 3 个类别名称必须小写，默认情况下系统会加实心圆。具体格式如下：

```
<ul>
<li type=disc >　第一项　</li>
<li type=circle >　第二项　</li>
<li type=square>　第三项　</li>
……
</ul>
```

（2）有序列表

根据有序列表的具体概念以及相关的标记符号，可得其基本格式为：

```
<ol>
<li>　第一项　</li>
<li>　第二项　</li>
<li>　第三项　</li>
……
</ol>
```

同样地，在有序列表中，系统也提供了若干的 type 类型相关代号，其具体内容如表 8-2 所示。

表 8-2　有序列表 type 的属性

type 类型	代　表　属　性
type=1	表示列表项目用数字标号（1,2,3...）
type=A	表示列表项目用大写字母标号（A,B,C...）
type=a	表示列表项目用小写字母标号（a,b,c...）
type=I	表示列表项目用大写罗马数字标号（Ⅰ,Ⅱ,Ⅲ...）
type=i	表示列表项目用小写罗马数字标号（i,ii,iii...）

根据 type 类型的相关属性，得到相关的代码格式如下：

```
<ol type=编号类型 start=value>
<li>  第一项  </li>
<li>  第二项  </li>
<li>  第三项  </li>
……
</ol>
```

（3）定义列表

定义列表默认为两个层次，第一层为列表项标签<DT>，第二层为注释项标签<DD>。
<DT>和<DD>标签通常是成对使用的。根据其具体的概念以及相关的标记符号，可得其基
本格式为：

```
<dl>
<dt>  第一项  </dt>
 <dd>  注释一  </dd>
<dt>  第二项  </dt>
 <dd>  注释二  </dd>
 <dt>  第三项  </dt>
<dd>  注释三  </dd>
……
</dl>
```

（4）目录列表

目录列表格式与无序列表类似，<dir>为目录列表标签，根据其具体的概念以及相关的
标记符号，可得其基本格式为：

```
<dir>
<li>  第一项  </li>
<li>  第二项  </li>
<li>  第三项  </li>
……
</dir>
```

（5）菜单列表

菜单列表格式与无序列表类似，<menu>为菜单列表标签，根据其具体的概念以及相关
的标记符号，可得其基本格式为：

```
<menu>
<li type=disc >  第一项  </li>
<li type=circle >  第二项  </li>
<li type=square>  第三项  </li>
……
</menu>
```

（6）嵌套列表

嵌套列表是将一个列表嵌入到另一个列表中，作为另一个列表的一部分。根据其具体
的概念以及相关的标记符号，其基本格式为有序列表和无序列表的分层使用。如图 8.7 所
示的代码段是一嵌套列表的实例应用。

应用该代码段实现效果后，得到如图 8.8 所示的效果。

```
<h4>嵌套一层的列表：</h4>
<ul>
<li>肉类</li>
<li>蔬菜
<ul>
<li>番茄</li>
<li>青菜</li>
</ul>
</li>
<li>酒类</li>
</ul>
```

嵌套一层的列表：

- 肉类
- 蔬菜
  - 番茄
  - 青菜
- 酒类

图 8.7　嵌套列表　　　　　　　　　　　图 8.8　嵌套效果

8.2　无序列表的应用

在前面的内容中，已经对各类列表的格式进行了详细介绍，接下来让我们来详细了解有关无序列表的应用。对于它的应用操作，可以通过"列表属性"对话框、无序列表的专属标签来进行。接下来通过一简单实例，帮助大家进一步掌握无序列表的相关内容。

1．列表属性设置

无序列表又称"项目列表"。在进行无序列表的制作时，需要先对列表的属性进行设置。其具体操作如下：选择"格式"→"列表"→"项目列表"命令，进行列表类型的选择。然后，再选择"格式"→"列表"→"属性"命令。在打开的"列表属性"对话框中选择项目列表的样式，系统默认的列表样式是"圆点"，如图 8.9 所示。

图 8.9　"列表属性"对话框

2．代码实现

在完成列表属性的设置后，该列表的样式也就完成了。接着分别输入如图 8.10 所示的代码内容，实现无序列表的创建。无序列表中使用的标签有<li>、</li>和<ul>、</ul>这两对，在实际的制作过程中，还可以借助其他的标签实现更多的效果。

3．网页效果

代码内容实现后，在窗口可以看到，网页的编辑界面效果如图 8.11 所示。它的列表符号为圆点，共 5 项内容，分别用"项目一"、"项目二"、"项目三"、"项目四"、"项目五"来表示。

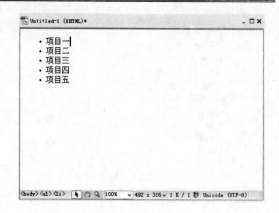

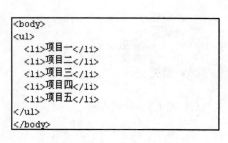

图 8.10　代码

图 8.11　效果

8.3　有序列表的应用

对于有序列表它的应用操作，可以通过"列表属性"对话框、有序列表的专属标签来进行，相较于无序列表，其顺序编排会用阿拉伯数字或者是字母的顺序来进行编排，以代表有序。下面通过一简单实例来帮助大家了解有序列表的应用。

1. 列表属性设置

有序列表又称编号列表。列表属性设置的操作方法如下：选择"格式"→"列表"→"编号列表"命令，进行列表类型为有序列表的选择。然后，再用选择"格式"→"列表"→"属性"命令，在打开的对话框中进行编号列表的样式的选择与设置。默认的样式为阿拉伯数字。如图 8.12 所示是列表属性对话框截图。

2. 代码实现

在代码编辑的文本区域，输入如图 8.13 所示代码内容，实现有序列表的设计与制作。这里需要用到标签<ol>、</ol>和<li>、</li>这两对。因为这里进行了不是系统默认的序号的设置，所以需要用到 type 类。文本仍然以无序列表的文本为例。

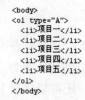

图 8.12　列表属性

图 8.13　代码

3. 网页效果

在进行了上述代码内容的输入后，查看网页效果，可得到如图 8.14 所示页面内容。每一条数据文本内容未变，改变的仅仅只是最前面每一行的编号。这也就是有序列表与无序列表之间的一种看似无形的、又胜似有形的最明显区别。

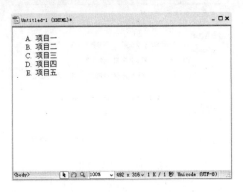

图 8.14　有序列表效果

8.4　定义列表的应用

定义列表即是为一些术语及其描述提供一种类似字典的格式。在定义列表中，用（Definition Tearm）标记主题，用（Definition Description）标记相应的解释，如果使用附加属性 COMPACT，可实现紧凑格式。进行定义列表的应用时，最大的一点不同在于无法使用"列表属性"对话框。

1. 代码实现

定义列表与有序列表、无序列表还是有所区别的。在进行制作过程中，往往通过 HTML 的代码标签的添加，来使得效果更好。如图 8.15 所示内容，是一定义列表的 HTML 代码的详细的正文的内容。用它来介绍相关列表，你不觉得效果不错吗？

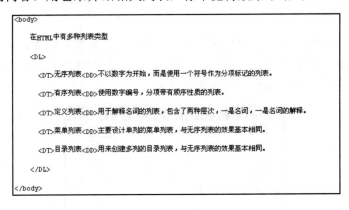

图 8.15　代码

2. 网页效果

在将上述内容输入到 HTML 代码编辑器中之后，通过网页的显示效果来查看具体的页面内容以及相关的样式效果，可得到如图 8.16 所示的内容及效果。

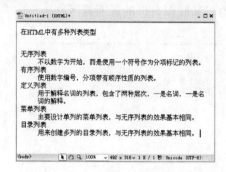

图 8.16　列表效果

8.5　目录列表、菜单列表和嵌套列表的应用

目录列表、菜单列表、嵌套列表的应用，是有别于有序列表和无序列表的。接下来，分别通过简单的应用实例，来介绍它们的操作及应用，同时帮助大家掌握这些列表的设置与代码实现的有关内容以及相关的效果实现的方法与技巧。

8.5.1　目录列表

目录列表，可以视其为无序列表的一种。想要了解它与无序列表的区别，可以通过代码标签<dir>和</dir>，这一对内容来进行准确分别。因为无序列表是没有此种代码标签的使用权的。关于目录列表的应用，可以分列表属性设置和代码实现两部分来进行，下面为大家进行详细介绍。

1. 列表属性设置

进行目录列表制作时，选择"格式"→"列表"→"属性"命令，在弹出的"列表属性"对话框中选择"列表类型"为"目录列表"，在相应的区域内进行样式设置，完成后单击"确定"按钮，关闭对话框。如图 8.17 所示。

图 8.17　列表属性设置

2. 代码实现

在 HTML 代码编辑区域输入如图 8.18 所列的代码 body 区域内的内容，来实现目录列

表的制作与编辑。我们可以看到，此时使用了代码标签有<h2>、</h2>，<dir>、</dir>和<li>。同时，实现了图像设计软件的罗列。

3．网页效果

在 HTML 代码内容完整输入后，查到网页的效果，可得到如图 8.19 所示的效果内容图。图中使用圆点作为项目符号，如果不仔细区分代码内容，相信大家一定会觉得它的效果和菜单列表的效果实现是一样的。不信吗？不信不妨接着往下看一下，在下一部分就来为大家揭晓。

```
<body>
<h2>图像设计软件</h2>
 <dir>
 <li>Photoshop
 <li>Illustrator
 <li>Freehand
 <li>CorelDraw
 </dir>
</body>
```

图 8.18　代码内容　　　　　　　　　　　图 8.19　网页效果

8.5.2　菜单列表

同样地，菜单列表也可以视其为无序列表的一种。想要了解它与无序列表的区别，可以通过代码标签<menu>和</menu>这一对内容来进行准确分别。因为无序列表是没有此种代码标签的使用权的。关于菜单列表的应用，可以分列表属性设置和代码实现两部分来进行，下面就来为大家揭晓其是否与目录列表一样。

1．列表属性设置

在进行菜单列表制作时，选择"格式"→"列表"→"属性"命令，在弹出的"列表属性"对话框中选择"列表类型"为"菜单列表"，在相应的区域内进行样式设置，完成后单击"确定"按钮，关闭对话框，如图 8.20 所示。

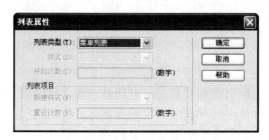

图 8.20　列表属性

2．代码实现

同样地，在代码编辑区域内输入如图 8.21 所示的详细代码内容。此时，你会发现这里的代码内容与前面目录列表中的代码内容很相近，只是对标签的<menu></menu>和<dir></dir>的标签进行了改变，其他的都是一样的。

3．网页效果

此处菜单列表的效果需要通过网页的形式来展现。将 HTML 代码转换为网页效果后，其具体的样式如图 8.22 所示。同样，你可以发现它与目录列表的内容是完全一样的。因为我们使用的文本内容是一致的，所以更能明显地表现菜单列表与目录列表的区别。

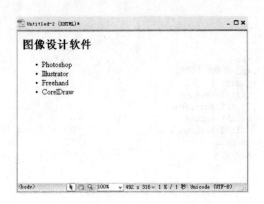

图 8.21　代码实现　　　　　　　　　　　　　图 8.22　效果图

8.5.3　嵌套列表

嵌套列表，简单地形容，就是将不同类型的列表通过嵌套的形式进行代码的实现以及效果的展示及网页的发布。例如，可以将有序列表和无序列表的代码内容放在一起，通过一个页面来展示与实现。这样的列表在占用较少页面的同时，也为代码的实现与编写增加了难度。但如果你掌握了它的制作，你会发现它的作用远远大于它的复杂度。

1．代码实现

如图 8.23 所示的代码内容，是用于在有序列表和无序列表之间加一条水平线。这里我们可以通过不同列表的标签不同来区分它是有序列表还是无序列表，又或者是不是包含了样式效果以及其他的格式内容。

2．网页效果

在代码输入完成后，网页的页面效果可以通过"设计"或者"拆分"这两个选项卡下的窗口来进行展现。具体使用何种显示，可根据制作过程中的实际需要来进行相应的选择与更改。上述代码内容的页面效果展示如图 8.24 所示。

```
<body>
<ul>
  <li>项目一</li>
  <li>项目二</li>
  <li>项目三</li>
  <li>项目四</li>
  <li>项目五</li>
</ul>
<hr />
<ol>
  <li>项目一</li>
  <li>项目二</li>
  <li>项目三</li>
  <li>项目四</li>
  <li>项目五</li>
</ol>
</body>
```

图 8.23　代码内容

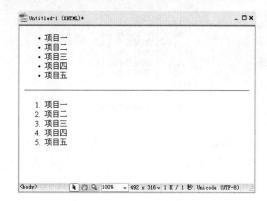

图 8.24　效果图

8.6　应用实例——列表的综合应用

列表在网页中被大量应用着，随处可见。又因为列表的特殊性，它在网页的实际制作过程中往往被用来处理文本内容。所以，列表与文本是密切相关、不可分离的。本节通过具体实例详细介绍列表在网页中的实际应用效果与相关内容，帮助大家掌握列表在网页的表现技巧。

8.6.1　网页标题横项显示的列表制作

网页中的列表经常被用来制作如新闻等的文本效果。如图 8.25 所示是一网页标题横向显示的效果图，它是用列表实现的。你是不是很好奇它是怎么制作完成的呢？接下来，将为大家来详细地进行介绍。

Div+CSS教程　　CSS布局实例　　CSS教程　　CSS酷站欣赏　　CSS模板下载

图 8.25　效果图

1．建立无序列表

根据内容需要，制作一个包含 5 个列表项的无序列表。分别用来显示文本"Div+CSS教程"、"CSS 布局实例"、"CSS 教程"、"CSS 酷站欣赏"、"CSS 模板下载"。对于它的代码内容如图 8.26 所示。

2．CSS定义

接下来，需要进行 id 为 nav 的无序列表中列表项 li 的 CSS 定义。它的代码内容包括 display、list-style-type、padding 这 3 部分。这里，分别设置了如图 8.27 所示的相关代码格式。

```
<ul id="nav">
    <li>Div+CSS教程</li>
    <li>CSS布局实例</li>
    <li>CSS教程</li>
    <li>CSS酷站欣赏</li>
    <li>CSS模板下载</li>
</ul>
```

图 8.26　代码内容

```
<style type="text/css">
#nav li {
    display: inline;
    list-style-type: none;
    padding: 5px 10px;
}
</style>
```

图 8.27　代码内容

display:inline；该代码指的是在线内（一行距离）。实现将 li 限制在一行来显示的效果设置。list-style-type:none；该代码指的是列表项预设标记为无。实现去掉"方块或实心的黑点"的效果设置。padding:5px 10px；该代码指的是设置 li 的填充，实现距离上下均为5px、距离左右均为 10px 的效果设置。

8.6.2　网页中文章的列表制作

关于列表，大家可能更多地会想到文本，但是列表用于相关的标题以外的文章制作，往往会有意想不到的好效果呢！接下来通过一简单的应用实例，帮助大家掌握列表在网页中用于制作文章的方法以及相关内容。

1. 代码

因为列表制作的特殊性，在对其进行制作过程中，往往会通过 HTML 代码来实现。当然，也少不了 CSS 的参与。这里，在 Dreamweaver 软件的 HTML 代码编辑区域内需要输入的代码有如下一些，具体如图 8.28 所示。

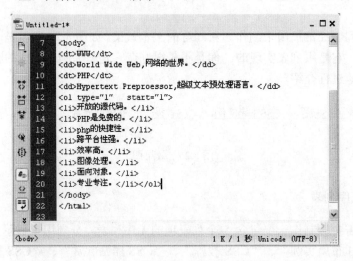

```
7   <body>
8   <dt>WWW</dt>
9   <dd>World Wide Web,网络的世界。</dd>
10  <dt>PHP</dt>
11  <dd>Hypertext Preproessor,超级文本预处理语言。</dd>
12  <ol type="1"   start="1">
13  <li>开放的源代码。</li>
14  <li>PHP是免费的。</li>
15  <li>php的快捷性。</li>
16  <li>跨平台性强。</li>
17  <li>效率高。</li>
18  <li>图像处理。</li>
19  <li>面向对象。</li>
20  <li>专业专注。</li></ol>
21  </body>
22  </html>
23
```

图 8.28　代码

2. 效果

代码输入完成，如有要求需要格式调整，在进行了相应的格式设置后，就可以查看该HTML 代码所实现的网页的具体效果。同时，也可以通过浏览的方式查看具体的效果，或者对其进行验证与测试。上述代码输入后，得到如图 8.29 所示的页面效果。

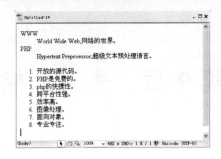

图 8.29　页面效果

8.7　本 章 小 结

本章的内容主要向大家介绍有关列表的相关内容，具体包括有序列表、无序列表、定义列表、目录列表、菜单列表、嵌套列表，这些都是需要大家掌握的。在进行列表的制作过程中，根据页面的需要会进行页面的调整，这才是重点。这里制作列表所使用的相应标签以及相关属性设置，是比较难以掌握的部分，同时还包括相应的标签代码，只有掌握这些，我们才能更好地制作出美观的列表内容。在接下来的一章，将为大家介绍全新的内容，主要是有关表格的。

8.8　本 章 习 题

【习题 1】　练习项目列表的创建操作。要求：制作无序列表，将其内容与网页中的编排进行结合，并最终实现如图 8.30 所示的效果。

- 列表项一
- 列表项二
- 列表项三
- 列表项四
- 列表项五

【习题 2】　练习项目列表的创建操作。要求：制作有序列表，将其内容与网页中的编排进行结合，并最终实现如图 8.31 所示的效果。

图 8.30　制作无序列表

【习题 3】　练习项目列表的创建操作。要求：将列表用于文档的编排与制作，并实现如图 8.32 所示的效果。

网页前台技术

- HTML
- CSS
- JavaScript
- FLASH

网页后台的学习

1. ASP
2. ASP.net
3. PHP
4. CGI
5. Ruby
6. Python

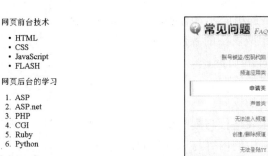

图 8.31　有序列表　　　　　图 8.32　项目列表的创建

第 9 章　表　　格

想要制作出效果较好的网页，那么一定离不开表格的"鼎力相助"。表格可以使网站的信息更容易被用户所理解。HTML 具有很强的创建以及修饰表格的功能。如果在制作网页时很好地将 HTML 和表格结合起来使用，将大大减化制作难度、缩短网页的制作时间。

本章通过对表格的各种常用的标记、与 CSS 有关的语法以及其他的技巧等内容的讲解，向大家具体介绍有关表格的各项功能及制作方法。希望大家能够更好地、准确地掌握网页中的表格应用的一系列技能、技巧。

9.1　创　建　表　格

表格（Table）是网页制作中的一个重要组成部分。为了使网页更加生动活泼，在网页制作过程中，少不了应用表格。HTML 表格模型使用户可以将各种数据（包括文本、预格式化文本、图像、链接、表单、表单域以及其他表格等）排成行和列，从而获得特定的表格效果。下面为大家讲解有关表格的相关内容以及它的创建方法。

9.1.1　认识表格

表格能够达到精确排版和定位网页的目标。在进行表格的创建、操作之前，我们需要对表格有一个具体的认识，例如网页表格、组成表格的元素和标签等内容。下面，让我们带着这一系列问题来一起认识它。进而为表格的创建打下良好、扎实的基础。

1. 表格组成元素

不要以为表格只是用来填写格式化的数据，表格有一个重要的功能，即排版。若要更好地借助表格编排网页的版面内容，就需要对表格的组成元素有明确的认识与概念认知。如图 9.1 所示是组成表格的各部分元素，包括行、列、单元格、边距、间距和边框。

- ❏ 行：指一张表格的横向。
- ❏ 列：指一张表格的纵向。
- ❏ 单元格：指一张表格行与列的交叉部分。
- ❏ 边距：指单元格中的内容与边框之间的间距。
- ❏ 间距：指单元格与单元格之间的间距。
- ❏ 边框：指一张表格的边缘。

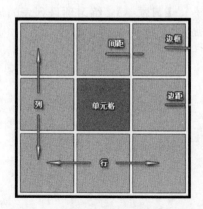

图 9.1　表格元素

2．表格标签及其应用

上面的内容可以帮助我们了解表格的组成元素。接下来需要根据网页的特点，从网页制作的需求出发，着重对表格标签的相关内容进行研究探讨。因为表格的制作有很大部分是借助标签来完成的，这就要求我们对表格的标签要熟练掌握。表格中所使用的标签主要有 table、caption、th、tr、td、thead、tfoot、tbody、col、colgroup，下面针对这些标签的格式、使用方法、以及在网页中的应用等内容来进行具体的介绍。

（1）标签作用

表格中所使用的标签主要有 table、caption、th、tr、td、thead、tfoot、tbody、col、colgroup，它们的主要作用如表 9-1 所示。

表 9-1　表格标签

标签名	作　用
table	table 标签可定义表格。在 table 标签内部，可以放置表格的标题、表格行、表格列、表格单元以及其他的表格。table 标签往往和 tr、th、td 标签结合使用
caption	caption 标签可定义一个表格标题。caption 标签必须紧随 table 标签之后。只能对每个表格定义一个标题。通常这个标题会被居中于表格之上
th	th 标签可定义表格内的表头单元格。此 th 元素内部的文本通常会呈现为粗体
tr	tr 标签定义表格中的行。在进行行定义时，需要考虑行的行高
td	td 标签定义表格中的一个单元格
thead	thead 标签定义表格的表头。该标签用于组合 HTML 表格的表头内容
tfoot	tfoot 标签定义表格的页脚、脚注
tbody	tbody 标签定义一段表格主体、正文。它可将表格分为一个单独的部分，将表格中的一行或几行合成一组。此标签限定，只有 tr 标签可以定义表格行，而且一旦定义，将被作为一个独立的部分，即不能从一个 tbody 跨越到另一个 tbody。因此，建议在表格中最好不使用 tbody 标签
col	col 标签定义表格中一个或多个列的属性值。此属性只能被 table 或 colgroup 使用
colgroup	colgroup 标签定义表格列的分组。它可以实现列的组合，进而达到格式化的目的。此标签只能在 table 标签内部使用。在对同样的列进行定义以及对不同的列进行组合时，可以使用此标签

（1）table 标签的应用

例如，图 9.2 是两行两列的表格。根据图中显示的效果，可得有关 table 标签的代码格式以及实现内容的主要代码段，如图 9.3 所示。

（2）caption 标签的应用

添加了此标签的表格，会在抬头为表格加上标题，如图 9.4 所示。

図 9.2　表格　　　　　图 9.3　代码内容　　　　　图 9.4　添加标题的表格

根据图中显示的效果，对于如图 9.5 显示的代码与没有标题的表格之间的区别在于，添加了一行代码：

```
<caption>标题</caption>
```

```
<body>

</h4>    <table border="3">
  <caption>标题</caption>
  <tr>    <td>0</td>    <td>1</td>    <td>3</td>    </tr>
  <tr>    <td>5</td>    <td>7</td>    <td>9</td>    </tr>
</table>

</body>
```

图 9.5　代码显示

（3）th、tr、td 标签的应用

th、tr、td 在实际的应用过程中，往往都是在一个表格中，而且是一定会被使用的。前面提到的应用的代码中已经明确显示了。因为它们是一组使用率非常高的标签，所以在表格制作时，大家一定要非常熟悉。

（4）thead、tfoot、tbody 标签的应用

关于 thead、tfoot、tbody 标签，可将此 3 种标签视作一组标签，它可帮助读者进行分组的操作。当创建的表格想要支持独立于表格标题和页脚的表格正文滚动时，就要求具备标题行、带数据的行和位于底部的总计行这些内容。同时，在打印大于一页的表格内容时，表格的表头和页脚将被打印在含表格内容的每张页面上。如图 9.6 所示是一分别应用了标签 thead、tfoot、tbody 以及其他标签的表格效果图。

图 9.6　表格

通过如图 9.7 所示代码内容，可以清楚地看到此类标签的应用以及它们的作用。

（5）col 标签的应用

如需对全部列应用样式，col 标签很有用，这样就不需要对各个单元和各行重复应用样式了。代码中除了必须使用的 table、tr、th、td 和样式设置标签外，能清楚明白地表示 col 标签的样式设置与格式效果，如图 9.8 所示。

```
<body>
<table border="2">
  <thead>
    <tr>
      <th>月份</th>
      <th>基金</th>
    </tr>
  </thead>

  <tfoot>
    <tr>
      <td>二月</td>
      <td>10</td>
    </tr>
  </tfoot>

  <tbody>
    <tr>
      <td>三月</td>
      <td>20</td>
    </tr>
    <tr>
      <td>四月</td>
      <td>50</td>
    </tr>
  </tbody>
</table>
</body>
```

图 9.7　代码内容

```
<table width="100%" border="2">
  <col align="right" />
  <col align="left" />
  <col align="right" />
  <tr>
    <th>书号</th>
    <th>书名</th>
    <th>定价</th>
  </tr>
  <tr>
    <td>811208</td>
    <td>网页设计与制作</td>
    <td>28元</td>
  </tr>
</table>
```

图 9.8　代码显示

（6）colgroup 标签的使用

如图 9.9 所示的代码内容同样是一个应用了相应样式的标签。代码中除了必须使用的
table、tr、th、td 和样式设置标签外，能清楚地看到 colgroup 标签的样式设置与格式效果。

```
<table width="100%" border="2">
  <colgroup span="5" align="left"></colgroup>
  <colgroup align="right" style="color:#0000FF;"></colgroup>
  <tr>
    <th>书号</th>
    <th>书名</th>
    <th>定价</th>
  </tr>
  <tr>
    <td>811208</td>
    <td>网页设计与制作</td>
    <td>28元</td>
  </tr>
</table>
```

图 9.9　代码内容

9.1.2　制作一个简单的网页表格

在对表格和组成元素和标签有了一个明确的认识后，接下来就可以动手制作网页中的
表格了。网页表格的制作需要用到相应的标签。关于表格的制作，就是针对标签以及软件
的使用结合起来的相应的操作。下面通过一简单实例来进行具体介绍。

1．效果展示

如图 9.10 所示是一简单的网页表格。共两行三列。分别表示语文、数学、英语成绩的
级别，具体包括 A、B、C 三类。在制作过程中，我们需要设计制作的是一个（2，3）的
表格，同时为表格添加边框以及简单的文字效果。

图 9.10　效果图

2．代码实现

查看效果图的 HTML 代码，可以发现该表格的具体设置以及格式代码，如图 9.11 所

示。这里在完成表格文本内容的基础上，分别设置了行高与列宽格式。具体内容包括有 105、48、111、107、68 这些不同的表格间距。

```
<body>
    <table border>
    <tr><th width="105" height="48">语文</th><th width="111">数学</th><th width="107">英语</th>
    <tr><td height="68">A</td><td>B</td><td>C</td>
    </table>
</body>
```

图 9.11　代码内容

3．添加标题

在日常的表格制作过程中，经常会碰到添加标题的操作。这时，我们就需要为表格进行添加标题的相关操作与设置。在原来已经实现的图 9.11 代码的基础上，又添加了标题行代码内容。具体需要添加的代码可通过查看如图 9.12 所示代码内容来确认。

```
<body>
<h1><strong>                                      成  绩 
表</strong></h1>
<table border>

    <tr><th width="105" height="48">语文</th><th width="111">数学</th><th width="107">英语</th>
    <tr><td height="68">A</td><td>B</td><td>C</td>
</table>
</body>
```

图 9.12　代码内容

在完成了代码实现后，最终可以查看到的效果如图 9.13 所示。该表格在原来的基础上添加了标题内容。

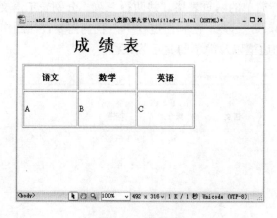

图 9.13　效果图

9.2　单　元　格

一张表格是由若干的单元格组成的。在对表格进行制作过程中，设置表格格式时，只有把每个单元格制作到位了，才能创建出完整的、格式优化的表格。本节通过单元格的拆分、合并操作以及单元格的格式与相关内容的操作，来介绍有关单元格的基本内容。

9.2.1　拆分、合并单元格

如图 9.14 所示，是一可以用表格来实现的"协助文章"和"小组事件"的模块，类似格式在网页浏览时相信大家经常见到。其中，"协助文章"作为标题行，下面分成 3 行具体内容列表；"小组事件"作为标题行，下面分成 4 行 2 列具体内容列表。这时，为了制作方便，我们可以先制作一个含 3 行 1 列单元格的表格，再在此基础上通过拆分单元格实现 4 行 2 列的表格。同样，若是在 4 行 2 列的表格的基础上，可以通过合并单元格的方法实现 3 行 1 列的表格的制作。

1．拆分单元格的方法

网页中的单元格的拆分与合并的实现，可通过 Dreamweaver 软件中的相关功能来进行。当网页制作过程中，表格的制作关系到单元格的拆分操作时，需要对某单元格进行相应的效果实现。下面，具体介绍有关单元格拆分的操作方法以及相关技巧。

（1）建立表格

如果要对单元格进行拆分操作，首先需要有被允许进行此项任务的单元格。这就需要有若干单元格组成的、已经建立完成了的表格。通过快速创建表格的方法，选择"插入"→"表格"命令，在弹出的"表格"对话框中，输入"行数"、"列数"分别为 3，同时根据需要还可以设置表格宽度、边框粗细、单元格边距、单元格间距和标题等相关内容，如图 9.15 所示。

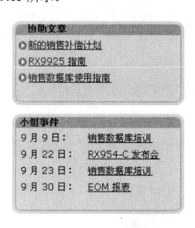

图 9.14　单元格示例

图 9.15　表格制作

在创建的表格中分别为每个单元格输入 1~9 的阿拉伯数字，用于分清单元格的拆分效果，最终得到效果如图 9.16 所示的表格。

（2）拆分单元格

表格创建完成后，接下来可以在已经创建完成的表格的基础上对其进行拆分。在进行拆分操作时，需要了解此次要求拆分的单元格，针对的是行还是列。这里，针对前面已经创建的表格

1	2	3
4	5	6
7	8	9

图 9.16　表格

分别进行拆分操作，具体操作方法如下：

❑　拆分行操作

根据前面创建的表格，单击编号为 9 的单元格。接着，选择"修改"→"表格"→"拆分单元格"命令，在弹出的"拆分单元格"对话框中，选中"行"单选按钮，同时在"行数"框中输入数值 3，最后单击"确定"按钮完成操作，如图 9.17 所示。

拆分操作完成后，可以得到表格的单元格拆分后的相应效果，如图 9.18 所示。

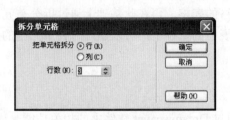

图 9.17　拆分单元格的行

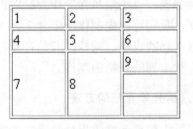

图 9.18　拆分行后的效果

❑　拆分列操作

根据前面创建的表格，单击编号为 9 的单元格。接着，选择"修改"→"表格"→"拆分单元格"命令，在弹出的"拆分单元格"对话框中，选中"列"单选按钮，同时在"列数"框中输入数值 3，最后单击"确定"按钮完成操作，如图 9.19 所示。

拆分操作完成后，可得到表格的单元格拆分后的相应效果，如图 9.20 所示。

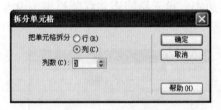

图 9.19　拆分单元格的列

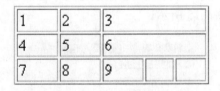

图 9.20　拆分列后的效果

（3）网页应用

在网页制作中，经常会用到此类操作。如图 9.21 所示的网页效果，我们可以通过插入 2 行 3 列的表格后，将第 2 行第 2 列的单元格进行拆分，来实现表格的编排。

图 9.21　拆分单元格

2．合并单元格的方法

单元格有拆分需要，当然也会有合并的要求。关系到单元格的合并操作时，同样需要运用操作方法，对相应的某些单元格进行调整。下面将以一个简单实例，具体地、明确地向大家介绍有关单元格合并的操作方法以及相关内容。

（1）建立表格

创建表格，表格布局分 4 行 4 列，同时在该 16 个单元格中，分别输入 1～16 的阿拉伯数字。在上述操作完成后，得到如图 9.22 所示效果图。

（2）合并单元格

单击选择需要合并的单元格（分别是编号为 15 和 16 的单元格）。接着，选择"修改"→"表格"→"合并单元格"命令，实现单元格的合并操作，得到如图 9.23 所示的表格效果图。

1	2	3	4
5	6	7	8
9	10	11	12
13	14	15	16

图 9.22　建立表格

1	2	3	4
5	6	7	8
9	10	11	12
13	14	1516	

图 9.23　单元格合并后效果

（3）网页应用

在网页制作中，还经常需要用到此类操作。如图 9.24 的网页效果，我们可以通过插入 2 行 3 列的表格后，将第 1 列的单元格进行合并，来实现表格的编排。

图 9.24　合并单元格

9.2.2　单元格操作

单元格的内容，我们可以简单理解为，单元格中的文本内容以及该单元格区域内的其他内容。在对单元格进行设置之前，需要对执行操作的相应区域进行选择。具体包括单个单元格、多个连续单元格、多个非连续单元格、整行、整列以及整个表格。主要有如下内容：

1．选择单个单元格

在已经制作完成的表格中，单击要求被选中的该单元格即可。

2．选择多个连续单元格

在已经制作完成的表格中，单击要求被选中的多个单元格中的其中一个，紧接着按住鼠标左键，进行拖动操作，直到需要选择的单元格都被选中，如图 9.25 所示。

粉色	粉红色	红色	深红色	浅红色
绿色	深绿色	浅绿色	蓝色	深蓝色
浅蓝色	紫色	深紫色	浅紫色	黄色
深黄色	浅黄色	土黄	黑色	白色
灰色	深灰色	浅灰色	深粉色	浅粉色
60	56	54	61	51

316

图 9.25　多个连续单元格

3．选择多个非连续单元格

在已经制作完成的表格中，单击要求被选中的多个单元格中的其中一个，按住 Ctrl 键，依次单击选择需要选中的各个单元格，直到需要选择的单元格都被选中，如图 9.26 所示。

粉色	粉红色	红色	深红色	浅红色
绿色	深绿色	浅绿色	蓝色	深蓝色
浅蓝色	紫色	深紫色	浅紫色	黄色
深黄色	浅黄色	土黄	黑色	白色
灰色	深灰色	浅灰色	深粉色	浅粉色
60	56	54	61	51

316

图 9.26　多个非连续单元格

4．选择整行

在实际的制作过程中，往往会需要选择整行。具体操作是将光标置于该行最左边单元格的左侧边框线，单击该行即可，如图 9.27 所示。

粉色	粉红色	红色	深红色	浅红色
绿色	深绿色	浅绿色	蓝色	深蓝色
浅蓝色	紫色	深紫色	浅紫色	黄色
深黄色	浅黄色	土黄	黑色	白色
灰色	深灰色	浅灰色	深粉色	浅粉色
60	56	54	61	51

316

图 9.27　选择整行

5．选择整列

关于选择整列的方法，与整行的选择方法类似，可以借鉴。具体操作是将光标置于该列最上面一个单元格的顶端的框线，单击该列即可，具体效果如图 9.28 所示。

图 9.28 选择整列

由于网页的内容，单单的整行或者整列往往无法满足需要。如果碰到选择多行或者多列的情况时，可依据前面的选择整行或者整列的方法，选择完成后，接着按住 Ctrl 键，用同样的方法继续选择整行或者整列即可，如图 9.29 所示。

图 9.29 选择不连续多行

6．选择整个表格

选择整个表格比其他的单元格的选择更方便。单击第一个单元格，接着拖动鼠标直到最后一个单元格，即可完成操作。但是在进行此项操作过程中，一定要分清楚，是进行整个表格的内容选择，还是选择表格的外围（四周）的边框，或者是其他。

9.2.3 单元格的格式

在完成文本内容以及其他内容输入单元格后，为了使该单元格中的内容更加地美观，对其进行格式的调整及其设置是非常必要的。在制作过程中，经常需要执行，如单元格行高、列宽的调整等，这里通过具体操作，来介绍其调整方法。

1．效果实现

根据前面已经介绍过的表格的创建方法，设计制作 1 行 5 列的简单表格。同时，对该表格内的单元格的行高、列宽分别进行相应的设置,增加行高以及列宽。最终得到如图9.30所示的单元格效果以及其他效果。

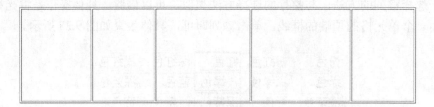

图 9.30　单元格效果

2. 代码比较

根据实现的单元格效果,在 HTML 代码界面下查看其代码的详细内容,可得到如图 9.31(a)所示的效果。将该代码内容与没有进行单元格大小调整的内容如图 9.31(b)进行比较。

```
<table width="679" border="1">
  <tr>
    <td width="118" height="154"> </td>
    <td width="103"> </td>
    <td width="157"> </td>
    <td width="165"> </td>
    <td width="102"> </td>
  </tr>
</table>
```

图 9.31(a)　调整前代码

```
<table width="200" border="1">
  <tr>
    <td> </td>
    <td> </td>
    <td> </td>
    <td> </td>
    <td> </td>
  </tr>
</table>
```

图 9.31(b)　调整后代码

查看这个表格中的源代码,我们看到标签中有 width 和 height 的值,在格式调整后进行了相应的变化。结合相应的内容,可得出以下结论:单元格的大小是用 width 和 height 属性说明,其中的 width 后面跟的是列宽的值,height 后面跟的是行高的值,并且这里的值都是以像素或者百分比为单位的数值。另外,border 表示边框的宽度。

9.3　设置表格的边框

表格中的线条与边框的不同设置,可实现网页中表格的完美效果。网页中因为制作的需要，往往会在实际操作过程中将某些线条去掉，或者不显示某些边框。接下来，针对这一类的操作方法具体介绍它们是如何来实现的。

1．表格的分隔线

在制作表格时，常常会需要进行纵向分隔线、横向分隔线以及纵横分隔线隐藏的操作。查看相应的表格代码就会发现，表格的标签中都有 rules，同时使用了 cols、rows、none 三个参数，当 rules=cols 时，隐藏纵向的分隔线，即表格只显示行的分隔线；当 rules=rows 时，隐藏横向的分隔线，即表格只显示列的分隔线；当 rules=none 时，纵向分隔线和横向分隔线将全部被隐藏，如图 9.32 所示。

2．表格的边框

表格的边框因为实际显示的要求，往往会有以下情况：只显示上边框、只显示下边框、只显示上下边框、只显示左右边框、只显示左边框、只显示右边框、不显示任何边框的情况。表格边框的显示与隐藏是可以用 frame 参数来控制的。它只控制表格的边框图而不影响单元格。具体内容如下：

图 9.32　分隔线

- ❑ 只显示上边框：<table frame=above>；
- ❑ 只显示下边框：<table frame=below>；
- ❑ 只显示上、下边框：<table frame=hsides>；
- ❑ 只显示左、右边框：<table frame=vsides>；
- ❑ 只显示左边框：<table frame=lhs>；
- ❑ 只显示右边框：<table frame=rhs>；
- ❑ 不显示任何边框：<table frame=void>。

3．网页效果

通过显示不同的边框以及分隔线，可以实现网页中不同的页面以及模块显示效果的制作。如图 9.33 所示是一可以通过表格的效果来实现的网页的页面截图。在制作过程中，除了标题行和文字的链接效果，其实就是一简单的分成若干行、列的表格。

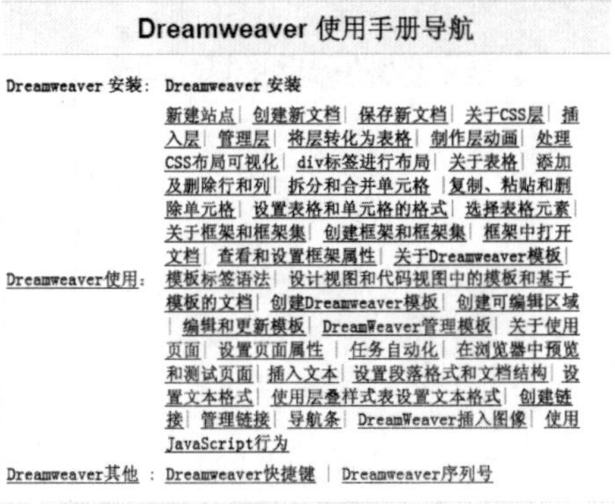

图 9.33　用表格实现的网页效果

9.4　网页表格的基本操作

通过前面的内容，我们对网页表格的一些基本内容有了明确、详细的了解。接下来，就可以通过实际的运用借助表格的各项作用来制作网页表格以及网页了。这里，首先来进行有关网页表格最基本的页面设计操作与实现。例如，网上的价格页是使用表格频率最高的地方，决定表格整体结构的，是其数据类型以及复杂度，那么，我们如何在表格中选择使用垂直的列还是水平行，又或者其他结构呢？

9.4.1　垂直

如图 9.34 所示是一表格的垂直型的网页模块。这里包括有黑底的作为表格标题的 1 行以及包含有文字和按钮图标的 9 行，同时每行文字的下方都有线条。最后，表格分成 3 列来进行编排与显示。关于该效果图的制作可通过如下步骤实现。

	Detail Level	Visits ↓	Pages/Visit	Avg. Time on Site
1.	China	17,476	1.67	00:01:42
2.	United States	236	1.52	00:01:25
3.	Taiwan	149	1.37	00:00:45
4.	Hong Kong	123	1.85	00:01:56
5.	Japan	68	2.09	00:00:43
6.	Australia	44	1.64	00:01:15
7.	United Kingdom	43	1.77	00:02:33
8.	Canada	36	1.36	00:01:15
9.	Singapore	33	1.18	00:00:55
10.	Germany	26	1.42	00:00:57

图 9.34　效果图

1．创建表格

要创建一个 2 行 3 列的表格，具体方法是，在 Dreamweaver 中，选择"插入"→"表格"命令。在弹出的"表格"对话框中选择"行数"为 2，"列数"为 3，单击"确定"按钮，完成表格的创建，如图 9.35 所示。

图 9.35　创建表格

2．背景颜色设置

由于作为表格标题行的背景颜色使用了"黑色"，我们需要对该色彩进行设置操作。具体方法如下：在表格的"属性"选项卡中 CSS 的有关设置选项中设置"背景颜色"一栏为黑色，并选中"标题"复选框，如图 9.36 所示。

图 9.36　表格背景颜色设置

标题行黑色的背景设置完成后，最终可得到如图 9.37 所示的效果。

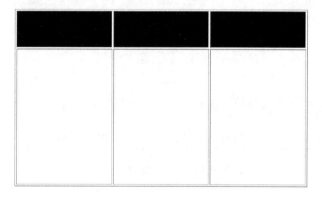

图 9.37　背景设置后的效果

3．文本输入

在上述操作完成后，根据表格中内容的编排分别输入相关的文本内容，如图 9.38 所示。

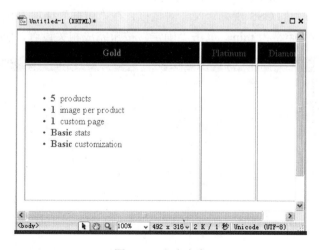

图 9.38　文本内容

因为此处的文本包含有下划线，同时含有项目符号，在进行文本输入前，首先单击"插

入"选项卡下的"项目列表"按钮插入项目符号。同时，在表格"属性"选项卡中的 CSS
类别下单击"编辑规则"按钮，如图 9.39 所示。

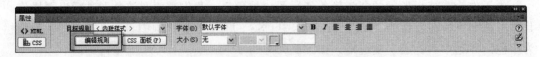

图 9.39　"编辑规则"按钮

打开"tr 的 CSS 规则定义"对话框，在其"类型"选项中选中 underline 复选框，如图
9.40 所示。接着，就可以实现文本的格式化输入与操作。

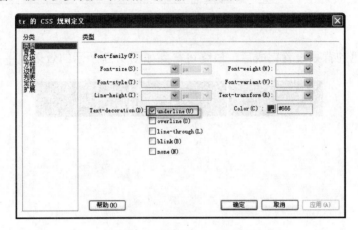

图 9.40　设置文本的下划线

4．表格边框的设置

在前面的操作过程中，我们输入了双线边框的默认效果的表格。因为此处的页面效果
中只显示竖的分 3 栏的中间的分隔线，需要进行边框的线条处理以及边框的显示与不显示
的相关代码设置。边框线条的操作如下：在表格的"属性"选项卡中单击"编辑规则"按
钮，弹出"<内联样式>的 CSS 规则定义"对话框，在"边框"选项下设置"Style"类型为
none，设置"Width"类型为 thin。单击"确定"按钮完成相关设置，如图 9.41 所示。

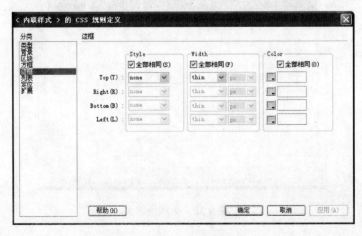

图 9.41　边框设置

9.4.2　水平

水平编排的版面，对于每一项内容的显示均有着明确的标示作用。如图 9.42 所示是一网站的某一块内容。这里，页面内容分别包含有红色图标形状的 4 个分类，分别放置该 4 项内容后面的图以及图形右侧的文本内容。关于它的制作，主要可分成以下几部分内容。

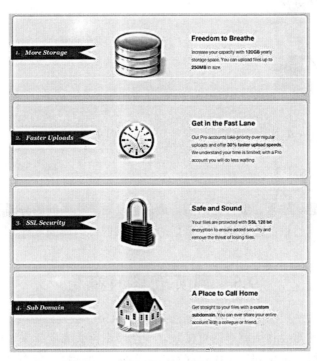

图 9.42　网页效果图

1. 创建表格

根据网页制作的需要以及实际情况，需要创建一个 4 行 3 列的表格。同时设置表格全区域的背景色为"#999"的灰色。接着，分别设置 4 个区域内的背景色为"#CCC"的灰色。

2. 图标制作

使用 Photoshop 制作如图 9.43 所示的图标，分别加上序号 1～4 以及相应的文本内容。然后，在表格中第一列的每一行，分别插入相应的图标。

3. 图片插入

根据需要插入图片，进行素材的准备。接着，分别在表格的第二列的每一行插入柱状图片、时钟图片、锁的图片和房子图片，如图 9.44 所示。

图 9.43　图标

4．文本内容输入

在表格的第三列的每一行表格中分别插入相应的文本内容，同时调整文本的格式，如图 9.45 所示。

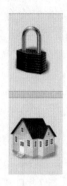

图 9.44　插入图片	图 9.45　文本

5．框线

在表格内容设置、输入、编排完成后，最后需要对表格中间的分隔线进行隐藏设置。同时，设置表格四周边框的线条格式。最后，完成该网页内容的制作。

9.5　网页表格的布局

在网页中表格的重要作用就是网页排版。一个空白网页布置起来比较困难，尤其是一些复杂的页面。此时，如果利用表格将网页分成若干个单元格，每个单元格对应网页中的一个部分，分别对每一部分进行设计与制作，这样可以有效地简化网页设计，也能使得设计出来的页面效果具有条理性，网页也显得更加清晰。下面具体介绍有关网页表格布局的相关内容。

9.5.1　布局应用

布局的扩展模式与标准模式在应用过程中，可以进行切换。这两种模式的具体切换方法是，选择"插入"选项卡，通过单击"布局"选项下的"标准"或"扩展"按钮，即可进行相应的切换，如图 9.46 所示。

Dreamweaver CS5 提供了许多的功能供用户选择。具体包括 Div 标签、AP Div、Spry 菜单栏、Spry 选项卡式面板、Spry 折叠式、Spry 可折叠面板、框架和 IFRAME 等内容。可以分别通过选择菜单栏中的相应命令来进行选择与应用，如图 9.47 所示。

根据网站提供的此类功能，可以为网站的模块或页面设计相应的表格内容了。如图 9.48 所示是关于网页布局应用的截图。

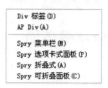

图 9.46 "布局"选项区域　　　　图 9.47 菜单命令

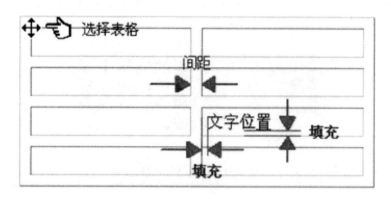

图 9.48 网页布局

9.5.2 绘制表格

表格的功能比较实用，我们可以借助网页制作来绘制表格，同时实现对网页的布局结构的创建和构造。为了有效应用布局，同时使得网页的应用效果更理想，可以借助框架来进行合理的布局和制作。Dreamweaver 中提供了多种框架形式，可以简化制作，如图 9.49 所示。

在实际的网页制作过程中，我们往往会使用绘制表格的方法，而不是使用现成的自动生成表格来进行网页结构图的制作，以便于大家可以分区、分块、分内容地来完成网页的各个部分内容的制作。如图 9.50 所示是一网站的布局结构图。

图 9.49 Dreamweawer 提供的框架

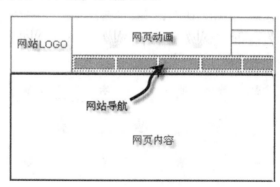

图 9.50 网站布局结构示例

根据网站的各个组成部分（如网站的 LOGO 区域、网页的动画以及网站导航等网页内容）分门别类地进行内容的填补和制作，这样实现的网页结构将分外清晰，内容也会更加吸引浏览者，同时也更有利于网站制作时的分工合作。

9.5.3　单元格和表格布局

大多数网页布局采用带不可见边框的表格。这样，就需要通过调整单元格和表格的分隔线来实现整体页面效果的显示。例如，我们常常会需要用到发布产品的图片，在旁边针对该产品进行具体的一些文字性描述。此时就可以通过单元格的分隔以及表格的布局编排，使在页面中显示的内容更加清楚明了，如图 9.51 所示。

图 9.51　单元格与表格

9.6　简单实用的网页表格特效

在了解了上述关于表格的相关内容后，接下来，将通过一些简单实用的网页表格特效的介绍帮助大家进一步了解和掌握表格的相关制作与应用技巧，最终，实现表格特效的应用与制作融会贯通，并了解表格在网页制作中的应用。

9.6.1　用户信息

网站在开发的过程中，有一些用于相应的注册信息的部分往往需要我们制作，类似的内容相信大家在网站的使用过程中也经常会碰到。如图 9.52 所示是一个网站相关信息的栏目截图。包括"原始密码"、"新的密码"、"重复密码"、"邮箱设置"这 4 部分。另外，此处的表格框线除了看到 4 条虚线以及 4 行文字右侧的 4 个矩形框外，是没有其他线条的。具体的制作方法如下：

图 9.52　栏目效果

1．创建表格

根据效果图，这里需要创建一个 4 行 2 列的表格，同时需要设置表格的背景颜色为黄色。接着，效果设置在光标移动的过程中，相应表格区域的行颜色被替换成粉色的，然后输入表格区域内的相应内容。

2．文本框

此次创建的表格中需要输入密码以及邮箱设置内容的输入效果。在制作过程中，需要为相应的区域进行文本框制作。根据具体的需要制作 4 个文本框区域即可。同时实现文字输入的接收与保存。

3．代码实现

在了解了制作的相应操作前，为帮助大家更具体地了解此表格效果的具体制作实现方法，首先介绍对应代码的制作。如图 9.53 所示的代码内容，是除了格式外的具体表格 <body>、</body>区域内的上述效果图的完整代码内容。可用此 HTML 代码直接来进行表格的制作。

```
<body>
<hr>
<ol id="need">
<li><label class="old_password">原始密码:</label> <input name='' type='password' id='' /></li>
<li><label class="new_password">新的密码:</label> <input name='' type='password' id='' /></li>
<li><label class="rePassword">重复密码:</label> <input name='' type='password' id='' /></li>
<li><label class="email">邮箱设置:</label> <input name='' type='text' id='' /></li>
</ol>
</body>
```

图 9.53　代码实现

9.6.2　表格导航条

使用表格制作网页时，有时它被用于导航条的效果制作。接下来通过一具体实便来为大家介绍此类效果的实现方法。

1．效果实现

如图 9.54 所示是一用表格实现的导航条的截图。这里通过制作 1 行 5 列单元格组成的、采用了表格的"突出"效果的制作方法。视觉上将表格的每一块文本区域用突出的矩形区域来显示。同时，为该 5 个区域内分别输入文本内容。最后将表格的边框线条根据效果图进行处理即可。

| 网站首页 | 新闻导航 | 公司业务 | 视频内容 | 联系我们 |

图 9.54　用表格制作的导航条

2．代码实现

根据上述的操作方法，下面给出它的 HTML 代码的表格的制作与实现部分。这里使用了<bordercolorlight>、<bordercolordark>、<bgcolor>这一颜色类的标签。同时，加上实现表格所需要的相应标签与文本内容，即组成了最终的导航条，代码如图 9.55 所示。

```
<table width="65%" border="1" cellpadding="2" cellspacing="3" bgcolor=#CCCC68>
<tr>
<td bordercolorlight="#808080" bordercolordark="#FFFFFF" bgcolor=#CCCCFF><h4 align="center">网站首页</h4></td>
<td bordercolorlight="#808080" bordercolordark="#FFFFFF" bgcolor=#CCCCFF><h4 align="center">新闻导航</h4></td>
<td bordercolorlight="#808080" bordercolordark="#FFFFFF" bgcolor=#CCCCFF><h4 align="center">公司业务</h4></td>
<td bordercolorlight="#808080" bordercolordark="#FFFFFF" bgcolor=#CCCCFF><h4 align="center">视频内容</h4></td>
<td bordercolorlight="#808080" bordercolordark="#FFFFFF" bgcolor=#CCCCFF><h4 align="center">联系我们</h4></td>
</tr>
</table>
```

图 9.55　代码实现

9.6.3　图片表格

在表格的应用中，有一类方法，是比较值得借鉴的。在网站中也可以经常见到这类效果，即图片表格的使用。因为制作的需要，这类内容往往是用图标作为类似标题的点缀，然后再加上标题类文本的说明，最终组成每一单元格的内容。

1．效果实现

如图 9.56 所示是一通过图片表格的方式制作完成的网页效果。这里将"励志故事"、"童年记忆"、"动漫音画"、"现代摄影"这 4 类文本，分别在 2 行 2 列表格中的每一单元格里进行相应图片的添加。

图 9.56　效果图

2．代码实现

表格、图片加上文本内容，就是这个效果图的组成。根据它的内容，我们可以来对应了解并编写它的 HTML 代码。这里使用了图片的对应<IMG>、<href>以及其他的制作表格所需要的标签，同时也应用了颜色设置的相关处理。具体代码内容如图 9.57 所示。

```
<TABLE borderColor=#ff0000 cellSpacing=10 cellPadding=0 width="50%" bgColor=#080808 border=3>
<TBODY>
<TR>
<TD><A href="连接地址" target=_blank><IMG height=150 src="../图/bql6372009.jpg" width=130 border=0></A>
<P> <A href="连接地址" target=_blank><FONT color=#ff0000 size=4>励志故事</FONT></A></P></TD>
<TD>
<A href="连接地址" target=_blank><IMG height=150 src="../图/129034_2010101713391610sNsR.jpg" width=114 border=0></A>
<P>  <A href="连接地址" target=_blank><FONT color=#ff0000 size=4>童年记忆</FONT></A></P></TD>
<TR>
<TD><A href="连接地址" target=_blank><IMG height=150 src="../图/84953eb14a5ce78337d3cad3.jpg" width=134 border=0></A>
<P> <A href="连接地址" target=_blank><FONT color=#ff0000 size=4>动漫音画</FONT></A></P></TD>
<TD>
<A href="连接地址" target=_blank><IMG height=150 src="../图/U5910P28T3D3363203F346DT20110719101251_small_h.jpg" width=
151 border=0></A>
<P>  <A href="连接地址" target=_blank><FONT color=#ff0000 size=4>现代摄影</FONT></A> </P></TD>
</TR>
</TBODY>
</TABLE>
```

图 9.57　代码实现

9.7　本章小结

本章主要讲解有关表格在网页制作中的应用以及具体的操作方法。重点是进行表格制作时相关标签的处理、格式与方法，需要大家掌握。同时，也介绍了网页中表格的具体应用实例，大家可以根据文中提到的这一块内容进行扩展学习。有关于表格的布局以及相关内容的使用，是比较难掌握的部分，大家可以结合实际应用来了解。最后，关于单元格的相关内容是必须要识记的。在下一章，将为大家介绍有表单的相关内容以及具体的制作方法。

9.8　本章习题

【习题 1】　练习表格的制作。要求：创建如图 9.58 所示的表格。

【习题 2】　练习表格图片的操作。要求：尝试实现如图 9.59 所示的效果。

图 9.58　表格的建立

图 9.59　表格图片

【习题 3】　练习使用参数进行表格边框的显示与隐藏的操作。要求根据参数的不同，显示或隐藏不同的表格边框。

第 10 章 表　　单

表单是一个结构化的文化，其最主要的作用是网站中信息的搜集和反馈，它是浏览者和服务器信息交互的渠道。一个 HTML 表单包含标准内容、标注和控件的特殊元素的部分。控件响应并接受用户输入的文字、选择菜单条目等实现表单的完成和提交。提交的表单可以通过电子邮件发送给别人，也可以发送给程式进行处理。本章将向大家介绍表单的相关内容，包括控件、表单的应用等。

10.1　认识网页表单

一般的，如果网站设计者想要知道网站访问者的信息，就要通过表单。表单网页在网页制作中很常见，也是一个重点。经常这样认为，没有表单网页的网站，进行的只是访问者单方面对话的过程。制作表单时，我们可以将其与表格联系起来，运用表格来规划网页，二者的结合将使网页更加美观。下面，让我们一起来认识网页表单。

10.1.1　标签及其应用

想要认识网页表单，首要的就是先认识用于制作网页表单的相关标签，并且掌握有关网页表单的方法。关于表单的标签，接下来为大家介绍一些在我们制作网页时比较经常用的标签以及具体的应用实例，进而帮助大家认识表单。

1. 关于标签

凡是在屏幕上输出或输入的文字、图形等皆需置于表单上。表单在程序执行时，可任意移动或缩放，又或以按钮的形式置于工作列中。被应用于表单中的各类标签相互作用，最终组成了具有相关功能的表单的应用。表 10-1 所示的各类标签，是在日常制作网页中较常用的一些，这里分别对它们进行介绍。

表 10-1　表单标签

标签	描　　述
\<form\>	定义供用户输入的表单
\<input\>	定义输入域
\<textarea\>	定义文本域（一个多行的输入控件）
\<table\>	定义一个控件的标签
\<fieldset\>	定义域
\<teqend\>	定义域的标题

续表

标签	描 述
<select>	定义一个选择列表
<optqroup>	定义选项组
<option>	定义下拉列表中的选项
<button>	定义一个按钮
<isindex>	已由<input>代替

2. 标签应用

通过不同的标签，可以制作表单中的选项组、按钮、列表等效果。那么它具体是怎么来进行应用的？制作的相关格式又是怎么样的呢？带着这些问题，下面将进行解答，并仔细介绍标签的相关应用内容。

（1）form 标签

它用于定义供用户输入的表单。具体格式内容如下：

```
Form action="表单提交到的 URL"method="POST"target="结果显示的窗口"title="表单名字"
```

例如，如图 10.1 所示是一个 form 标签的简单应用。

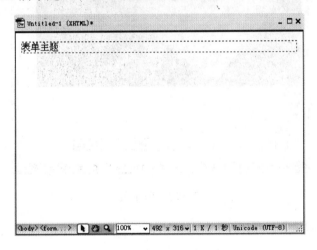

图 10.1 表单应用

通过查看相应的 HTML 代码，可以清晰地看到有关 form 标签的相关内容，如图 10.2 所示。

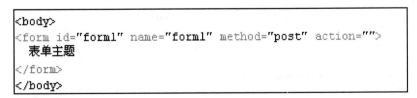

图 10.2 代码格式

（2）input 标签

该标签有如下可选类型：

- ❑ submit：用于创建一个提交按钮。
- ❑ reset：用于创建一个重置按钮。
- ❑ text：用于创建一个文本输入框。
- ❑ checkbox：用于创建一个复选框。
- ❑ radio：用于创建一个单选按钮。
- ❑ hidden：用于创建一个隐藏域。
- ❑ password：用于创建一个密码输入框。
- ❑ button：用于创建一个普通类型的按钮。
- ❑ file：用于创建一个文件上传域。
- ❑ image：用于创建一个图像域。

下面通过一简单实例了解此标签的具体格式及作用。如图 10.3 所示是一应用了 input 标签的相关可选类型的网页截图。

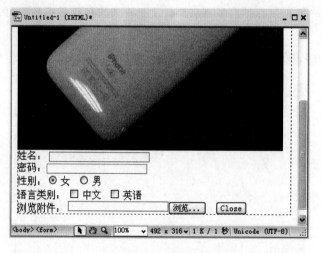

图 10.3　效果图

查看该图的代码内容，可具体了解并认识有关 input 标签的应用格式及内容，如图 10.4 所示。

```
<body>
<form action="表单提交到的URL" method="POST" target="结果显示的窗口"
title="表单名字">
  <input type="image" name="myphoto" src="file:///C|/Documents and Settings/Administrator/桌面/图/3ghydt20090310-2.jpg"
><br>
姓名：<input type="text" name="username"/><br>
密码：<input type="password" name="password"/><br>
性别：<input type="radio" name="sex" value="女" checked="checked">女  
     <input type="radio" name="sex" value="男">男<br>
语言类别：
<input type="checkbox" name="language" value="China"> 中文  
<input type="checkbox" name="language" value="English">英语<br>
浏览附件：
<input type="file" name="myfile">  
<input type="button" value="Close" name="Close">
</form>
</body>
```

图 10.4　代码显示

（3）select 标签

该标签用于创建一个下拉列表框或可复选的列表框，需要与<option>标签一起使用。其中属性：

❑ value：保存列表框的值。

❑ selected：设置列表框默认选择的选项。

具体的语法格式如下：

```
<select name="列表的名字"size="1">
<option value="选项的值1"selected> 列表 1 </option>
<option value="选项的值2"> 列表 2 </option>
```

（4）textarea 标签

该标签用于创建文本域，其中属性：

❑ cols：设置文本框的列数。

❑ rows：设置文本框的行数。

具体的语法格式如下：

```
<textarea cols="列数" rows="行数"> 文本域 </textarea>
```

（5）label 标签

该标签用于快捷键在表单元素之间进行切换以及框选的选中与取消操作的属性设置。具体的语法格式如下：

```
<label for="uname" accesskey="a">用户名：</label>
<input type="text" name="username" id="uname">
```

其中属性：

❑ for：该属性用于指定作用于表单字段元素的快捷键，设置值必须与某个表单字段元素的 ID 值相同。

❑ accesskey：该属性用于设置快捷键，设置的值使用时需同时按下 Alt 键。

10.1.2　网页表单组成

浏览者填表单的方式一般是输入文本、选中单选按钮与复选框以及从下拉框中选择选项等。在这里文本框、单选按钮、复选框等组成了网页表单的相关内容。那怎么制作这些内容呢？如图 10.5 所示是一简单的网页中的表单效果图，此图形象地展示了表单在网页中应用的相关内容。下面通过一些简单的实例来逐步介绍有关表单的各项组成部分。

1．文字和密码

在进行表单制作时，因为是用于用户信息有关的操作，所以制作的表单经常需要包含有文字的输入以及密码的输入。如图 10.6 所示是一包含有文字与密码的网页制作效果。它分别进行了文字、文字输入区域和按钮的相关添加。

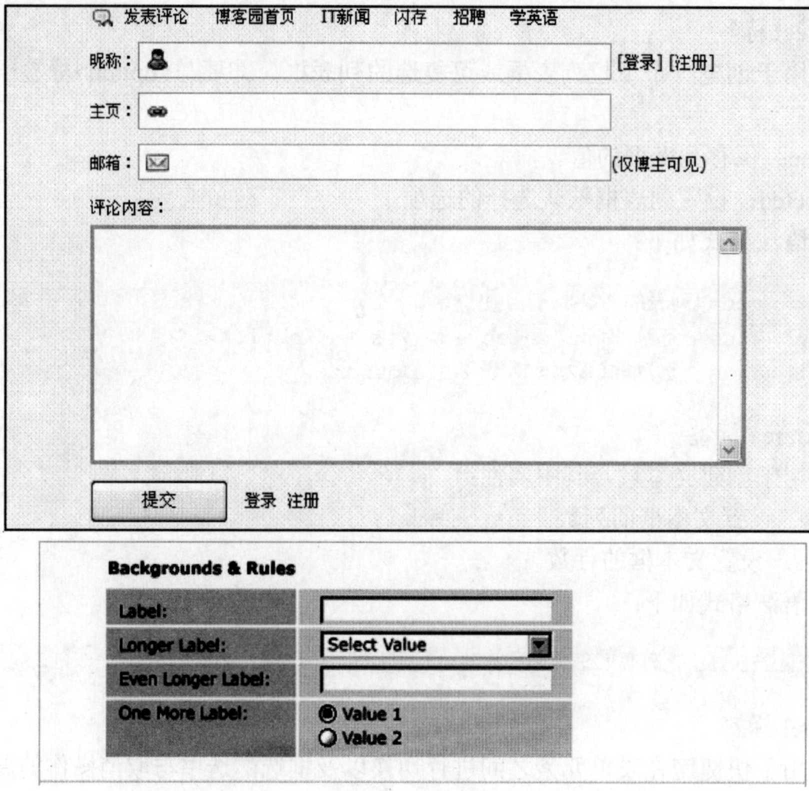

图 10.5　表单组成

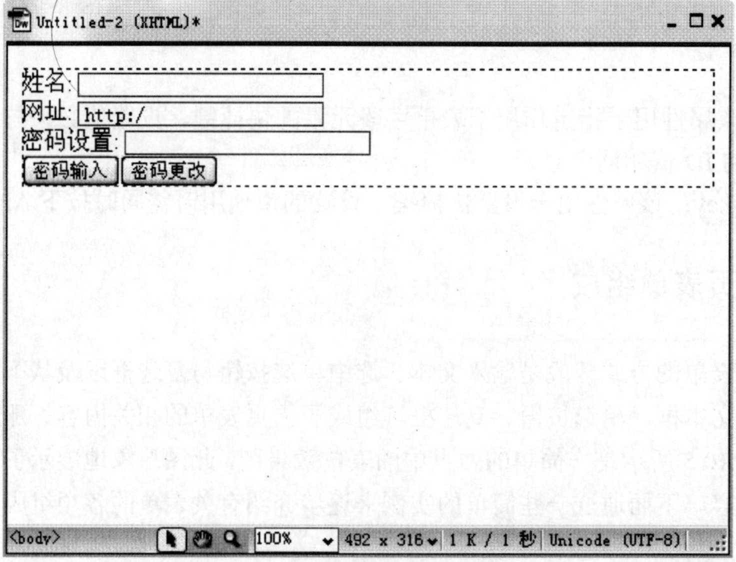

图 10.6　包含文字与密码的网页效果

　　将上述效果图通过 HTML 代码来进行了解，我们可以看到这里分别使用了 4 行的相关输入，即 input 标签的使用方法。有关它们的具体语法格式以及相关内容如图 10.7 所示。另外，它们使用 type 进行类型设置。

```
<body>
<form action=/cgi-bin/post-query method=POST>
姓名:
<input type=text name=姓名><br>
网址:
<input type=text name=网址 value=http://><br>
密码设置:
<input type=password name=密码><br>
<input type=submit value="密码输入"><input type=reset value="密码更改">
</form>
</body>
```

图 10.7　代码

2．单选框和复选框

单选框和复选框分别是两种不同类型的选项框。它们分别用来完成单项选择以及多项选择的相关操作。在进行此类设置时需要注意，不同的选项框所对应的框选图形也是不一样的。如图 10.8 所示就是一复选框效果图。

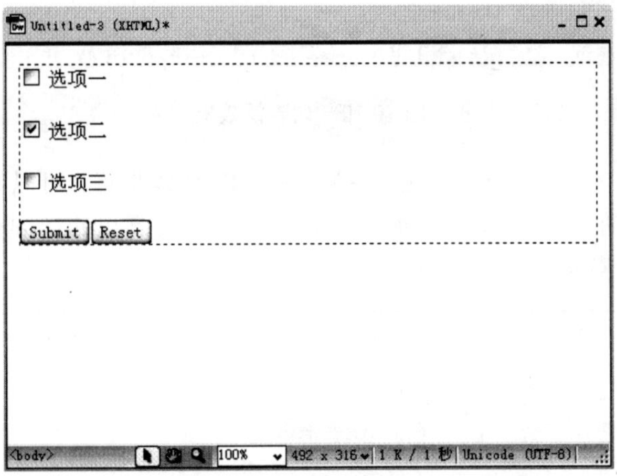

图 10.8　复选框效果

结合图 10.8 的制作效果，可以将其表格内容转换为如图 10.9 所示的 HTML 代码显示的效果。

```
<body>
<form action=/cgi-bin/post-query method=POST>
<input type=checkbox name=x1>
        选项一<p>
<input type=checkbox name=x2 checked>
        选项二<p>
<input type=checkbox name=x3 value=选项>
        选项三<p>
<input type=submit><input type=reset>
</form>
</body>
```

图 10.9　代码实现

3．列表框

关于列表框的制作，主要需设置有关选项以及列表框外形的这两部分内容，并最终实现效果。如图 10.10 所示是一简单的制作完成的列表框效果图。这里分别设置有选项"语文"、"数学"、"英语"以及相应的按钮。

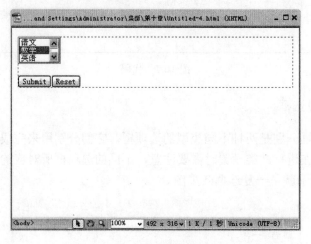

图 10.10　列表框效果

在了解了效果内容后，将该列表框转换为 HTML 代码形式，可以看到其表单的代码部分如图 10.11 所示。在查看 HTML 代码时可以看到，其实真正的选项有 4 项，分别是"语文"、"数学"、"英语"和"计算机"。

```
<form action=/cgi-bin/post-query method=POST>
<select name=课程 size=3>
        <option>语文
        <option selected>数学
        <option value=My_Favorite>英语
        <option>计算机
</select><p>
<input type=submit><input type=reset>
</form>
```

图 10.11　代码

4．文本区域

对于文本区域的相关操作内容，它在网页中的表现形式不单单只有一种。但是用得最多的是如图 10.12 所示的此类效果的文本区域页面。在实现文本区域过程中，自然也少不了按钮。关于按钮的相关操作比较重要，因为文本输入以后都是通过输入功能的按钮进行提交等操作的。

同样地，将上述效果图转换成 HTML 代码的形式，可以发现这里进行了文本区域的大小设置，即"rows"、"cols"的值的相关设置。在实际制作过程中，该属性值需要严格根据版面的版式效果来进行设置。具体代码内容如图 10.13 所示。

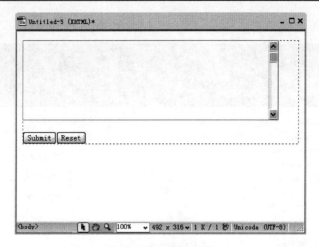

图 10.12　效果图

```
<body>
<form action=/cgi-bin/post-query method=POST>
<textarea name=comment rows=10 cols=60>
</textarea>
<P>
<input type=submit><input type=reset>
</form>
</body>
```

图 10.13　代码

10.2　表单制作

在了解了上一节的表单基础内容之后，接下来就可以开始动手制作表单了。关于它的制作，首先需要从制作方法、操作步骤以及相应的代码等的内容设置来了解。下面分别为大家介绍表单的创建、编辑和提交的相关内容。

10.2.1　创建表单

表单的创建，可以有两种方法，一种是借助相应的向导和模板进行表单的创建，另一种是通过手动的方法进行创建。下面，详细介绍有关表单的创建。

1．使用向导和模板创建表单

表单的创建，借助 Dreamweaver 的相应的表单创建向导和模板，就可以轻松地实现。此功能主要是用系统已有的模板形式，此类模板往往是日常制作过程中经常使用的版式，通过这一类已经设置了格式的板式，最终实现表单的制作。方法如下：

在打开的 Dreamweaver 主页面，单击"新建"选项卡下的"更多"选项，如图 10.14

所示。

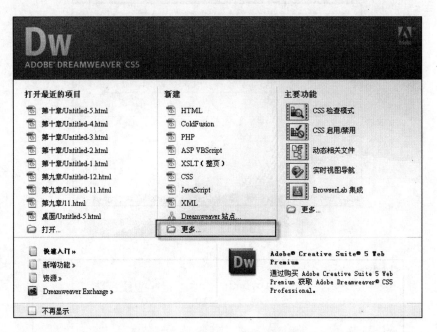

图 10.14　Dreamweaver 主页面

弹出"新建文档"对话框，在其中选择相应的模板选项即可，在弹出的"新建文档"对话框中，"空白页"选项卡下，"页面类型"选择"HTML 模板"，"布局"选择"列固定，左侧栏，标题和脚注"此选项。如图 10.15 所示。

图 10.15　新建文档

最终可得如图 10.16 所示页面效果。

2．手动创建表单

一个表单通常包含有多个对象，如用于输入文本的文本域、用于发送命令的按钮、用于选择的单选按钮或复选框、用于显示列表项的列表框等对象，如图 10.17 所示。为了使得制作的表单网页更个性化，符合自身对网页设计的需求，可通过手动创建表单来实现。其具体操作方法如下：

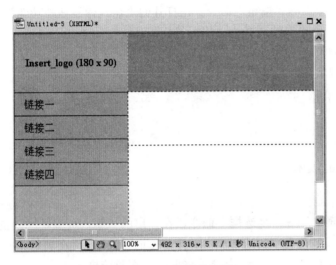

图 10.16　创建的表单效果

图 10.17　表单项

（1）插入文本域

选择"插入"→"表单"→"文本域"命令，在弹出的"输入标签辅助功能属性"对话框中，分别设置"样式"、"位置"的选择为"用标签标记环绕"、"在表单项前"，单击"确定"按钮完成，如图 10.18 所示。

插入文本域的效果实现后，可得如图 10.19 所示的效果。在实际的制作过程中，可以根据表单中文本输入的需要设置该文本域的范围大小。

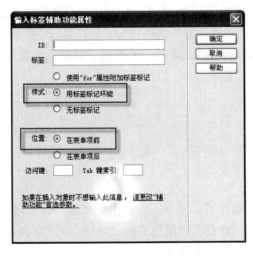

图 10.18　"输入标签辅助功能属性"对话框

图 10.19　文本域

（2）插入文本区域

首先，选择"插入"→"表单"→"文本区域"命令，在弹出的"输入标签辅助功能属性"对话框中分别设置"样式"、"位置"的选择为"用标签标记环绕"和"在表单项前"，单击"确定"按钮完成。

插入的文本区域的效果实现后，可得如图 10.20 所示的效果。文本区域与文本域的区别在于有无可选择的工具。

（3）插入按钮

首先，选择"插入"→"表单"→"按钮"命令，在打开的"输入标签辅助功能属性"对话框中分别设置"样式"、"位置"的选择为"用标签标记环绕"和"在表单项前"，单击"确定"按钮完成，可得如图 10.21 所示的效果。

图 10.20　文本区域　　　　　　　　　　　　　　　　图 10.21　按钮

（4）插入复选框

首先，选择"插入"→"表单"→"复选框"命令，在弹出的"输入标签辅助功能属性"对话框中分别设置"样式"、"位置"的选择为"用标签标记环绕"和"在表单项前"，单击"确定"按钮完成，可得如图 10.22 所示的效果，同时，可在复选框的右侧添加文字。

图 10.22　复选框

（5）插入单选按钮

首先，选择"插入"→"表单"→"单选按钮"命令，在打开的"输入标签辅助功能属性"对话框中分别设置"样式"、"位置"的选择为"用标签标记环绕"和"在表单项前"，单击"确定"按钮完成，可得如图 10.23 所示的效果。同时，也可以在单选按钮的右侧添加文字。

（6）选择（列表/菜单）

首先，选择"插入"→"表单"→"选择（列表/菜单）"命令，在弹出的"输入标签辅助功能属性"对话框中分别设置"样式"、"位置"的选择为"用标签标记环绕"、"在表单项前"，单击"确定"按钮完成，可得如图 10.24 所示的效果。根据文字显示的需要，可进行区域大小的调整以及文字的添加。

图 10.23　单选按钮　　　　图 10.24　选择（列表/菜单）

（7）插入文件域

首先，选择"插入"→"表单"→"文件域"命令，在弹出的"输入标签辅助功能属性"对话框中分别设置"样式"、"位置"的选择为"用标签标记环绕"和"在表单项前"，单击"确定"按钮完成，可得如图 10.25 所示的效果。

（8）插入图像域

首先，选择"插入"→"表单"→"图像域"命令，在弹出的"选择图像源文件"对话框中进行需要添加图像的选择，单击"确定"按钮完成，如图 10.26 所示。

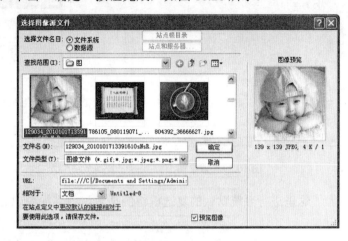

图 10.25　文件域　　　　　　　　　　　　图 10.26　选择图像源文件

得到的效果如图 10.27 所示。

（9）插入单选按钮组

在进行单选按钮制作时，往往需要添加的单选按钮不止一个，此时可以使用单选按钮组，来帮助我们更快捷地进行单选按钮的插入。具体方法是，选择"插入"→"表单"→"单选按钮组"命令，在弹出的"单选按钮组"对话框中分别进行"名称"、"单选按钮"和"布局，使用"相应内容的调整。如图 10.28 所示。

图 10.27　效果图　　　　　　　　　　　　图 10.28　"单选按钮组"对话框

这里进行了系统默认的单选按钮组的插入操作，得到如图 10.29 所示效果。

（10）插入复选框组

同样地，复选框也可以采用复选框组的方式来进行添加。其操作方法是，选择"插入"→"表单"→"复选框组"命令，在弹出的"复选框组"对话框中分别进行"名称"、"复选框"和"布局，使用"选项的相应内容的设置，如图 10.30 所示。

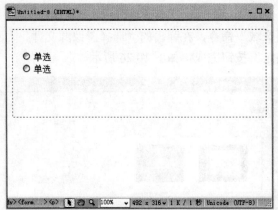

图 10.29　效果图　　　　　　　　　　图 10.30　复选框组对话框

这里进行系统默认的复选框组的插入，得到如图 10.31 所示效果。

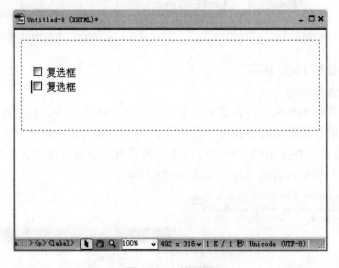

图 10.31　效果图

（11）插入跳转菜单

在进行表单的制作时，由于具体操作以及实现最终效果的需要，往往要求我们插入跳转菜单，此时需要选择"插入"→"表单"→"跳转菜单"命令。接着，在弹出的"插入跳转菜单"对话框中分别对"菜单项"、"文本"、"选择时，转到 URL"、"打开 URL于"、"菜单 ID"、"选项复选框"这些内容进行对应的设置。如图 10.32 所示，单击"确定"按钮完成。

10.2.2　编辑表单

表单在创建并插入到网页后，因为页面编排的需要，会要求制作人员对表单进行相应的编辑操作。如对表单进行修改、背景颜色、光标顺序以及属性等的设置。下面针对表单的设置介绍有关表单的编辑操作。

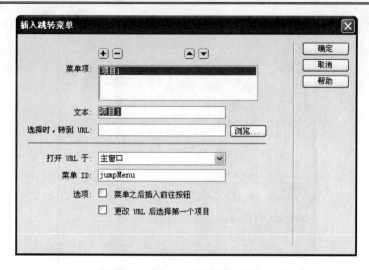

图 10.32　"插入跳转菜单"对话框

1．修改表单

表单的编辑操作非常简单，掌握起来也比较容易如删除表单中不需要的域、更改文本框的宽度等。主要是借助 Dreamweaver 软件来对它们进行简单操作即可。具体的步骤以及方法如下。

（1）删除不需要的域

手动创建的表单，首先选中需要删除的域，按 Delate 键即可实现。

（2）修改文本框的宽度

关于文本框的宽度，在表单创建时，所设置的值不一定符合整个网页的编排。方法一，可通过选中要修改的文本框后拖动光标来实现。方法二，选中文本框，在打开的"属性"选项卡中设置精确的"字符宽度"的值即可，如图 10.33 所示。

图 10.33　修改文本框宽度

2．设置背景颜色

用表格的形式创建的表单，可以通过设置表格的背景颜色，实现表单的背景颜色的设置。关于表格的背景颜色的设置方法，前面章节中已经进行了讲解，这里不再详解。

3．设置光标顺序

表单由文本框、按钮、复选框等组成，为了使填写时光标能顺序切换，在制作过程中，可以根据不同的顺序先后分别进行"访问键"和"Tab 键索引"的设置，最终实现用 Tab 键在各项之间切换。它的设置是，在进行各项内容制作时，在如图 10.34 所示的"输入标签辅助功能属性"对话框中的"Tab 键索引"文本框中输入值即可。

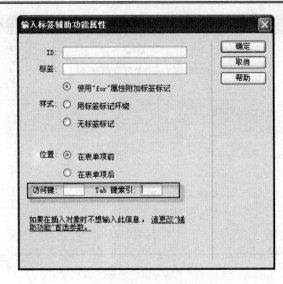

图 10.34　Tab 键索引

4．设置密码域属性

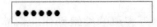

表单的制作过程中，有用于输入密码的文本框。因为密
码保密的需要，所以需要将其值进行隐蔽。例如，用"*"号
或者用黑点来表示密码的显示内容。如图 10.35 所示是一文本域内的密码输入效果的实现。

图 10.35　文本域密码输入效果

具体设置方法是，选择文本域的"属性"选项卡，选中"密码"单选按钮。如图 10.36
所示。

图 10.36　密码域属性设置

10.2.3　表单的提交

既然表单是用来采集用户输入的数据，那么就应该保证用户的数据被准确地提交到预
定的地点，也就是说，我们在表单提交时，应该对用户的数据进行检验，一来可以避免用
户误输数据，二来可以避免用户输入非法的或不合格的数据；检验合格以后，还要保证用
户的数据提交到特定的程序。

1．HTTP是如何提交表单的

<form>标签的属性 enctype 设置以何种编码方式提交表单数据。可选的值有 3 个：

```
application/x-www-FORM-urlencoded:
```

这是默认的编码方式。它只处理表单域里的 value 属性值，采用这种编码方式的表单
会将表单域的值处理成 URL 方式。

```
multipart/FORM-data:
```

这种编码方式会以二进制流的方式来处理表单数据，这种编码方式会把文件域指定的文件内容也封装到请求参数里。

```
text/plain:
```

这种方式当表单的 action 属性值为 mailto:URL 的形式时比较方便，主要用于直接通过表单发送邮件。

2．文件标签

<input type="file" name="myfile">标签用来提交文件。要注意的是，这个标签的 value 值并不是所选择的文件内容，而是这个文件的完整路径名。正如前面所说的，在提交表单时，如果采用默认编码方式，文件的内容是不会被提交的。要提交文件内容要采用 multipart/form-data 编码方式，这需要在服务器端从提交的二进制流中读取文件内容。

10.3　利用 HTML 处理表单

网页制作过程中常用 HTML 来进行相关内容的设计与制作，表单也不例外。这一节，通过简单的表单标签的 HTML 设计，再结合网页制作的实例，详细讲解 HTML 语言在表单处理过程中的语法以及制作方法。

1．输入类型

输入表单中的类型不只一种，包括将文字输入列、单选项、多选项、输出按钮、按钮元件以及输入文字元件等。上述内容分门别类地组合后即构成了表单。掌握了下述用 HTML 处理的表单类型，也就掌握了表单处理。具体方法如下：

（1）文字输入列

如表 10-2 所示是一文字输入列的 HTML 代码以及相关的效果。其中分别使用了标签<p>、<TYPE>、<NAME>和<SIZE>，这里设置"类型"为文本，"尺寸"为 30。此代码运行后实现的效果如表中"显示效果"右侧所示的截图。

表 10-2　文字输入列

HTML 代码	<FORM> 　　<p>姓名： 　　<INPUT TYPE="TEXT" NAME="NAME" SIZE="30"> 　　</p> </FORM>
显示效果	姓名：

（2）单选表单

如表 10-3 所示是一单选形式表单的 HTML 代码以及相关的效果。其中分别使用了标签<INPUT>、<TYPE>、<NAME>和<VALUE>，这里设置"值"分别为"GIRL"和"BOY"。

此代码运行后实现的效果如表中"显示效果"右侧所示的截图。

表 10-3　单选

HTML 代码	\<FORM\> 性别： 女\<INPUT TYPE="RADIO" NAME="SEX" VALUE="GIRL"\> 男\<INPUT TYPE="RADIO" NAME="SEX" VALUE="BOY"\> \</FORM\>
显示效果	性别：女 ○ 男 ○

（3）复选表单

如表 10-4 所示是一复选形式的表单的 HTML 代码以及相关的效果。其中分别使用了标签\<INPUT\>、\<TYPE\>、\<NAME\>和\<VALUE\>，这里设置"值"分别为选项"上网"、"旅游"、"运动"和"学习"。此代码运行后实现的效果如表中"显示效果"右侧所示的截图。

表 10-4　复选

HTML 代码	\<FORM\> 选择项： \<INPUT TYPE="CHECKBOX" NAME="SEX" VALUE="MOVIE"\>上网 \<INPUT TYPE="CHECKBOX" NAME="SEX" VALUE="BOOK"\>旅游 \<INPUT TYPE="CHECKBOX" NAME="SEX" VALUE="MOVIE"\>运动 \<INPUT TYPE="CHECKBOX" NAME="SEX" VALUE="BOOK"\>学习 \</FORM\>
显示效果	选择项：□上网 □旅游 □运动 □学习

（4）输出按钮

如表 10-5 所示是一输出按钮的 HTML 代码以及相关的效果。其中分别使用了标签\<INPUT\>、\<TYPE\>和\<VALUE\>，这里设置"值"分别为"输出按钮"和"复拉按钮"。此代码运行后实现的效果如表中"显示效果"右侧所示的截图。

表 10-5　输出按钮

HTML 代码	\<FORM\> 　　\<input type="SUBMIT" value="输出按钮" /\> 　　\<input type="RESET" value="复位按钮" /\> \</FORM\>
显示效果	输出按钮　复位按钮

（5）按钮元件

如表 10-6 所示是一按钮元件形式表单的 HTML 代码以及相关的效果。其中分别使用了标签\<p\>、\<INPUT\>、\<TYPE\>、\<NAME\>和\<VALUE\>，这里设置"值"为"确认按钮"。此代码运行后实现的效果如表中"显示效果"右侧所示的截图。

表 10-6　按钮元件

HTML 代码	`<FORM>`
	`<p>`单击按钮确认：
	　　　`<INPUT TYPE="BUTTON" NAME="OK" VALUE="确认按钮">`
	`</p>`
	`</FORM>`

显示效果	单击按钮确认：　确认按钮

（6）文字输入元件

如表 10-7 所示是一文字输入元件的 HTML 代码以及相关的效果。其中分别使用了标签`<p>`、`<TEXTAREA>`、`<COLS>`、`<ROWS>`，这里设置"值"分别为"25"和"5"。此代码运行后实现的效果如表中"显示效果"右侧所示的截图。

表 10-7　文字输入元件

HTML 代码	`<FORM>` 　`<p>`请在下框中输入内容：` ` 　　`<TEXTAREA NAME="TALK" COLS="25" ROWS="5"></TEXTAREA>` 　`</p>` `</FORM>`
显示效果	请在下框中输入内容：

2．应用实例

在对表单的输入类型有明确了解之后，接下来通过一具体的网页制作实例来帮助大家更加好地掌握表单的相关操作方法以及 HTML 代码的编写。

（1）HTML 代码

如图 10.37 所示，是一段完整的、关于表单的 HTML 代码。查看代码内容，我们可以发现，表单中使用了标签`<p>`、`<label>`、`<for>`、`<input>`、`<type>`、`<value>`等。同时，分析语句内容，可得此表单分成若干行进行编排。这里要注意的标签是`<tabindex>`，需要掌握。

```
<body>
<form action="/path/to/script" id="thisform" method="post">

 <p><label for="name">姓名</label><br />

 <input type="text" id="name" name="name" tabindex="4" /></p>

 <p><label for="email">Email</label><br />

 <input type="text" id="email" name="email" tabindex="3" /></p>

 <p><input type="checkbox" id="remember" name="remember"  tabindex="2" />

 <label for="remember">记住密码</label></p>

 <p><input type="submit" value="确认" tabindex="1" /></p>

</form>
</body>
```

图 10.37　代码

（2）实现效果

将如图 10.37 所示的代码内容进行实际效果的转换，可得如图 10.38 所示的内容。图中显示内容包括文本内容、文本框、复选框、按钮等内容，由此可得表单的组成内容以及相应制作的具体的实例应用中的效果与代码。

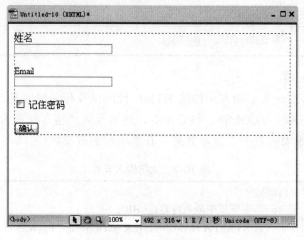

图 10.38　效果图

10.4　本　章　小　结

表单是 Web 用户和 Web 服务器之间进行沟通的桥梁，是网站收集信息的主要途径。本章通过相关实例介绍了网页中表单的处理方法，包括创建表单、编辑表单和表单属性设置等内容。通过本章的学习，读者应能熟练创建表单及各表单对象，如单行文本框、多行文本框、单选按钮、复选框、下拉框、提交按钮和重置按钮等，并能对其属性进行正确的设置。这里的难点在于如何将表单对象合理地应用于表单中。在下一章中将介绍有关网页链接方面的相关内容。

10.5　本　章　习　题

【习题 1】练习表单的制作。要求：尝试实现如图 10.39 所示的内容。

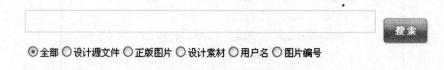

图 10.39　表单的建立

【习题 2】创建表单方法的练习。要求：插入单选按钮组的操作实现，同时保证该按钮效果的美观。

【习题 3】根据已经掌握的方法尝试创建一表单网页。同时，实现如图 10.40 所示的相应效果。

图 10.40　创建表单网页

【习题 4】练习数据检验。要求：在表单提交时进行数据检验的相关事项的执行。

第 11 章　网 页 链 接

超文本具有链接功能，通过它可将各个文件进行层层链接，并具有超链接的特性。这里所讲的网页链接以超链接为主，它可以是另一个网页，也可以是相同网页上的不同位置，还可以是一个图片，一个电子邮件地址，一个文件，甚至是一个应用程序。超链接的应用可以使网络世界更加丰富多彩。超链接是一种对象，它以特殊编码的文本或图形的形式来实现链接。本章将详细介绍有关网页链接的相关内容，同时结合网页制作的实际应用，结合实例的形式帮助大家更好地掌握它们。

11.1　网页链接概述

为了建立起网页之间的联系，我们必须使用超链接。超链接是网页的一部分，是指允许一个网页同其他网页或站点进行相互链接的相关的元素。网页中显示的图片、动画和音视频等文件都独立存储在网络上的某台计算机中，并且每一个文件都有自己的链接地址，通过这个链接地址就可以快速找到文件在网络上的存放位置，这就是网页的链接。

11.1.1　超链接类型

超链接，根据其路径和使用对象不同，分别可以有不同的链接。主要针对链接的路径以及使用对象的区别，进行了内外之分以及对象的区分。在进行类型的分类时，分别根据链接着重点的不同而设置对应的超链接。其类型主要有如下几种：

1. 按路径不同划分

根据不同的链接，它们相应的作用以及内容都是不一样的。按照链接路径的不同，网页中超链接可分为以下 3 种类型：内部链接、锚点链接和外部链接。这些类型链接的具体作用以及相关内容如下：

（1）内部链接

内部链接，是指同一网站域名下的内容页面之间的相互链接。例如，频道、栏址、终极内容页之间的链接，乃至站内关键词之间的 Tag 链接都可以归为内部链接，所以往往将内部链接称为站内链接。合理的内部链接部署策略可以极大地提升网站的 SEO 效果。

❑ 内部链接作用

加快网站收录、优化页面排名、加强 PR 传递、提高客户体验度。

❑ 内部链接优化

网站导航、网站地图的建立、404 错误页面的建立、FAQ 页面的建立、网站的页面页脚、关链接的使用、写总结性文章或者设置专题、使用原文标题、每个网页最多离首页四次单击、尽量使用文字导航、整站的 PR 传递和流动。

（2）锚点链接

除了可以对不同页面或文件进行链接以外，用户还可以对同一网页的不同部分或不同网页的不同部分进行链接。这种链接称为锚点链接。锚点链接必须先定义锚点，然后才能定义链接。锚点链接一般用于比较长的网页，使用内部链接建立页内目录。单击目录跳转到文本的相应位置，最常见的如"回顶部、模块间跳转"等。如图 11.1 所示的截图是锚点链接的两种应用形式。

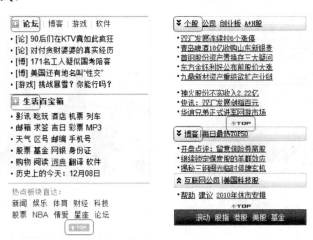

图 11.1　锚点链接

在制作网页时，为了达到跳转到网页固定位置的目的，可以使用锚点链接。锚点链接可以实现下述的链接操作：

❑ 指向同一页面特定部分的超链接
❑ 指向不同页面特定部分的超链接

（3）外部链接

外部链接是针对搜索引擎与其他站点或网站建立的友情链接。同高知名度、访问量大，并且外部链接相对较少的网站建立链接，可以帮助你快速提升网站的知名度和排名。总之，外部链接可以提高网站权威，进而促使排名靠前。

❑ 外部链接作用

面向用户、外部链接可以分享到一部分权重。

❑ 外部链接开拓与实现

到站长类论坛发帖寻找、QQ 群寻找、行业中大站友情链接页面去寻找、专业的链接平台、关键词搜索、链接词互换。

2．按使用对象不同划分

根据不同的链接，它们相应的作用以及内容都是不一样的。按照使用对象的不同，网页中的链接又可以分为文本超链接、图像超链接、E-mail 链接、锚点链接、多媒体文件链接、空链接等。这些类型链接的具体作用以及相关内容如下：

（1）文本超链接

文本超级链接是最常见的超级链接，通过单击文本即可从一个网页跳转到另一个网页。光标经过某些文本时，该超链接即有相应的变化，如出现下划线、文本颜色或字体发生改变等，这就是文本超链接实现的标志。如图 11.2 是一简单的实现文本超链接效果的截图。

（2）图像超链接

一个页面光有文本是无法吸引人的，因此我们必须在文档中加入其他的元素，图像当然是最基本的，图文并茂向来就是衡量某个网页设计是否是一篇好作品的准线。给图像添加链接，使其指向其他的网页或者文档，就是图像超链接。如图 11.3 所示是一简单的实现图像超链接效果的截图。

图 11.2　文本超链接　　　　　图 11.3　图像超链接

（3）邮件链接

电子邮件链接是指当访问者单击该超链接时，系统会启动客户端电子邮件系统（如 Outlook Express），并进入创建新邮件状态，使访问者能方便地撰写电子邮件。邮件的链接以电子邮件作为链接主体，方便浏览者反馈意见。

（4）多媒体文件链接

多媒体文件链接，是指将网页中的内容进行音乐、视频等多媒体内容的链接。除了使用文本外，还使用图形、图像、声音、动画和影视片段等多媒体的链接关系。多媒体之间也是用超链接组织的，而且它们之间的链接也是错综复杂的。

（5）空链接

空链接是一个未指派目标的超级链接。要想对文本设置行为，并且使行为有效，需要为文本建立空链接。建立空链接的目的就是为了应用行为，其他情况下不必建立空链接。同时，这些行为相当于使用 JavaScript 编写的程序或函数。

11.1.2　链接 URL

在一个网站中，有绝对路径、和根目录相对路径以及和文档相对路径 3 种类型的文档路径。在进行链接时，URL 的使用需要考虑到路径的不同，根据路径不同，选择合适的链接 URL。URL 其类型主要有绝对 URL 和相对 URL，下面对其内容进行具体介绍。

1．绝对URL

绝对路径：使用完整的 URL 指向指定网页，是包含服务器协议（对于网页来说通常是 http://或 ftp://）的完全路径。通常连接到 Internet 上其他网页的超链接，必须用绝对 URL。绝对 URL 显示文件的完整路径，包括模式、服务器名称、完整路径和文件名本身。

2．相对URL

相对 URL 本身并不是唯一资源，但浏览器会根据当前页面的绝对 URL 正确理解相对 URL。相对 URL 是指 Internet 上资源相对于当前页面的地址，它包含从当前页面指向目标页面的路径。相对 URL 又分为和根目录相对的路径以及和文档相对的路径。

- ❑ 和根目录相对的路径：是从当前站点的根目录开始的路径。站点上所有可公开的文件都存放在站点的根目录下。
- ❑ 和文档相对的路径：是指和当前文档所在的文件夹相对的路径。

3．合理安排超链接

合理安排超链接在网页的制作中是非常重要的。采用什么结构的链接会直接影响到网页的布局。下述内容可供使用时借鉴：

- ❑ 应避免孤立文件的存在
- ❑ 在网页中避免使用过多的超链接
- ❑ 网页中的超链接不要超过 4 层
- ❑ 页面较长时可以使用书签
- ❑ 设置主页或上一层的链接
- ❑ 对网站排名的影响

11.2 创建超链接

超链接是网页的灵魂，它控制着页面内容的变化。因此，需要为网页创建超链接。链接可以是同一页面内部的链接，也可以是不同页面之间的链接；可以链接到 Web 页，也可以建立图像映射。接下来针对超链接将详细讲述有关添加文本和图像超链接、添加邮件链接、制作书签链接、使用空链接和脚本链接等的相关内容，即超链接的创建。

11.2.1 文本超链接

文本链接是最常见的链接形式之一，在网站中，此类链接被大量地使用。制作网页时，超链接借助超链接标签实现其功能，主要有标签<a>。下面，基于该链接标签的基础上，对文本的超链接，向大家进行一个详细介绍。

1．创建链接

在所有浏览器中，链接的默认外观是：①未被访问的链接带有下划线而且是蓝色的；

②已被访问的链接带有下划线而且是紫色的；③活动链接带有下划线而且是红色的。对于文本的链接有两种类型，一种是指向网站中的一个页面的链接，另一种是指向万维网上的页面的链接。具体创建方法如下：

如图 11.4 所示的页面，是分别进行了指向网站中的一个页面的链接以及指向万维网上的页面的链接的实现效果。这里，分别将链接设置于文本的"文本链接"内容中，观察其显示效果，可以发现该文本内容添加了下划线，同时文本颜色变成了蓝色。

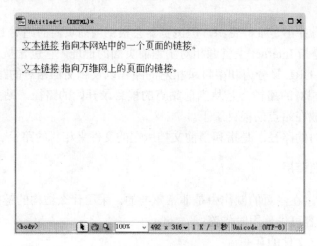

图 11.4　文本链接

根据实现的效果查看该效果图的 HTML 代码内容，得到如图 11.5 所示的网页编码。

```
<body>

<p><a href="/index.html">文本链接</a> 指向本网站中的一个页面的链接。</p>
<p><a href="http://www.baidu.com/">文本链接</a> 指向万维网上的页面的链接。</p>

</body>
```

图 11.5　代码内容

2．标签格式

根据图 11.5 的代码内容，其标签主要是<a>。该标签的格式如下：

```
<a href="file_url"> 链接文字 </a>
```

针对此标签的格式，可以使用表 11-1 相关属性进行添加，并且实现其设置。

表 11-1　标签属性

属性类别	作　用
href	指定链接地址
name	给链接命名
title	给链接提示文字
target	指定链接的目标窗口
accesekey	链接热键

11.2.2　图像超链接

图像链接也是最常见的链接形式之一，在网站中应用较为广泛。在进行图像超链接之前，需要先将图像添加到页面中。其具体方法是选择"插入"→"图像"命令，在弹出的"选择图像源"对话框中选择合适的图像进行添加即可。图像超链接的设置方法不只一种。实现它的方法主要有如下几类：

方法一：菜单实现

为图像建立链接，可以借助 Dreamweaver 菜单中的链接功能，实现其设置。方法是选择"插入"→"超级链接"命令，在弹出的"超级链接"对话框中进行相关项目的设置与输入即可，如图 11.6 所示。

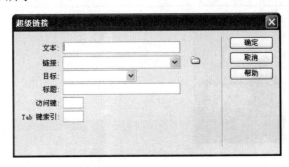

图 11.6　"超级链接"对话框

进行链接设置时，主要是在"超级链接"对话框中对"链接"列表中的相关内容进行添加。因为这里是对图像设置链接，可以单击该项右侧的文件夹图标，在弹出的"选择文件"对话框中设置相应的链接内容，如图 11.7 所示。

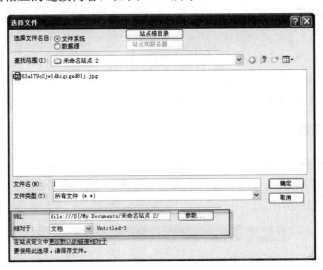

图 11.7　设置路径

方法二：属性实现

为图像添加链接的方法，还可以借助图像本身对其进行设置。进行图像链接，该图像内容会是目标，可以将其作为基准。接着，在该图像的"属性"选项卡的"链接"文本框中输入相应的链接地址即可，如图 11.8 所示。

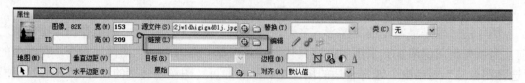

图 11.8　链接设置

以图像为基础的链接设立后，该图像内容将进行相应的显示变化。明显的不同是，设置了图像链接的该图像边框增加了蓝色框线，如图 11.9 所示。

图 11.9　图像链接

11.2.3　邮件链接

在进行链接的添加过程中，电子邮件的链接同文本、图像的链接是有操作上的区别的。具体在于邮件链接的设置方法与文本和图像的链接的设置不一样，因为邮件链接需要链接到目标邮箱。那么邮件链接是如何实现的呢？

1．创建邮件链接

电子邮件创建链接，可以在选中要链接到电子邮件的内容后，选择"插入"→"电子邮件链接"命令，在弹出的"电子邮件链接"对话框中的"电子邮件"文本框中输入邮箱地址即可，如图 11.10 所示。

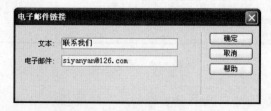

图 11.10　电子邮件链接的创建

在电子邮件链接添加实现后，可以在 Dreamweaver 中查看其 HTML 代码的相关内容，得到如图 11.11 所示的网页编码。仔细分析标签可以发现，邮件链接是通过 mailto 后面跟邮箱地址来实现的，然后，在其后面跟着链接的主体。

```
<body>
<a href="mailto:siyanyan@126.com">联系我们 </a>
</body>
```

图 11.11　代码

2．效果实现

在电子邮件的链接创建完成后，可以查看其邮件的链接在网页中的效果，同时，进行相关链接的测试。当单击设置链接邮箱的内容后，将会出现"新邮件"对话框，主要用于让大家通过邮件来执行相关的邮件联系，如图 11.12 所示。

电子邮件的链接，往往是在网页中输入字数较少的几个文本，将该文本的链接内容设置为链接到邮箱的相关"新邮件"功能。如果不单击链接设置的文本，将不显示邮件发送的界面。如图 11.13 所示是一设置了邮件链接的 Dreamweaver 中的效果图。查看可以发现，显示的效果与文本链接相同。

图 11.12　邮件

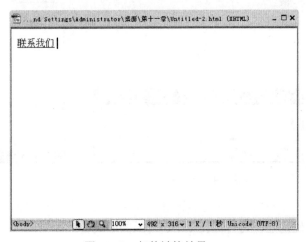

图 11.13　邮件链接效果

11.2.4　书签链接

书签链接，即锚点链接。因为想要进行书签链接，首要就要求我们有创建完成的书签可以被用来进行去实现位置的标注。书签的链接分为两部分，一是建立书签，二是为书签制作链接。它们之间最大的区别在于代码标签的不同。其具体方法如下：

1．建立书签

在一个有较长和较多层次内容的网页中，启用书签功能将会使浏览更加方便。先在网页中定义书签，然后建立书签的超链接。书签有文本书签和默认光标书签。这里先进行书签的定义，在 Dreamweaver 中使用 HTML 的相关代码来实现。具体代码格式是：

```
<a name = "name"> 文字 </a>
```

书签的建立，还可以通过菜单实现。具体方法是选择"插入"→"命名锚记"命令，在弹出"命名锚记"对话框中的"锚记名称"文本框中输入锚记名称，如图 11.14 所示。

2．书签链接

在完成了书签的建立操作后，需要将书签进行链接。根据上述建立的方法，这里有关于链接的代码格式是：

```
<a href = "#name"> 文字 </a>
```

3．应用实例

如图 11.15 所示是建立的书签显示以及书签链接的设置。该效果图可以很清楚地显示书签的作用。

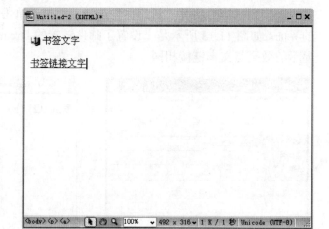

图 11.14 命名锚记   图 11.15 效果图

将图 11.15 的书签进行制作完成并且添加之后，根据效果实现的情况查看其 HTML 代码内容，可得如图 11.16 所示的编码。

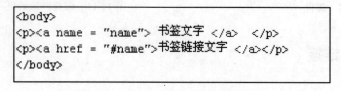

图 11.16 代码

11.2.5 使用空链接和脚本链接

空链接和脚本链接类链接可以帮助在对象上附加行为，或者创建执行 JavaScript 代码的链接。下面详细介绍有关使用空链接和脚本链接的内容。

1．空链接

因为空链接不会跳转到任何地方。设置空链接的方法是：

（1）选择文档窗口中的文本或图像。

（2）在属性面板的"链接"域中输入#号。

（3）按回车键确认。

例如，在网页制作中，"返回首页"按钮的添加可以通过空链接快速创建。

2．脚本链接

用户浏览页面时，在不离开当前页面的情况提供信息可以使用 Javascript 脚本连接，同时在表单的应用中也很有用。其具体的设置方法如下：

（1）选择文档窗口中的文本或图像。

（2）在属性面板的"链接"域中输入"Javascript："，后面接其对应的代码或函数调用的内容。

例如，实现用户单击时执行计算、验证表单或其他处理时，可以用脚本链接。

11.3　超链接在网页中的应用

在经过前面几个部分的操作之后，可制作的网页已经图文并茂了，但是这对于网页来说还不够，为了使网站中的众多网页能够成为一个有机的整体，必须将各个网页通过超链接方式联系起来，这样才能够让浏览者在不同的页面之间跳转。我们已经了解超链接是从一个网页指向一个目标的连接关系。接下来，具体讲述有关超链接在网页中应用的相关内容，包括超链接的编辑、用超链接实现网站中的导航需要等。

11.3.1　超链接编辑

在进行链接时，为了区别的需要，往往会对链接的文本颜色、字体进行编辑。同时，经常在一个网页中使用多种超链接样式。其实对于超链接的编辑主要就是对文本颜色、字体大小以及超链接样式进行的操作。

1．设置不同的文本颜色

在对超链接的编辑中，设置链接文本的颜色，就是其中之一。因为实际页面的色彩搭配，往往需要将链接的系统默认的"蓝色的下划线"和"蓝色的文本"的颜色进行改变。便于更改后的颜色更加合适，并融入整个页面。文本颜色的更改设置方法如下：

（1）建立链接

在 Dreamweaver 编辑区域输入文本"设置不同的文本颜色"，接着选中该需要进行链接设置的内容，在选中区域内右击，然后在弹出的快捷菜单中选择"创建链接"命令。在弹出的"选择文件"对话框中分别进行"文件名"、"URL"的设置，如图 11.17 所示。

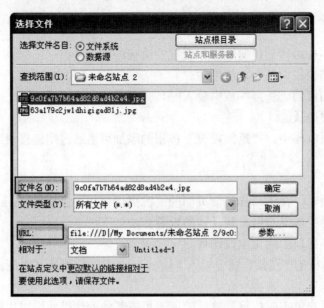

图 11.17　"选择文件"对话框

在链接设置完成后，系统默认的链接的显示状态是蓝色的文本颜色和下划线。在不进行修改的情况下，网页中都是以此类颜色进行展示的，如图 11.18 所示。

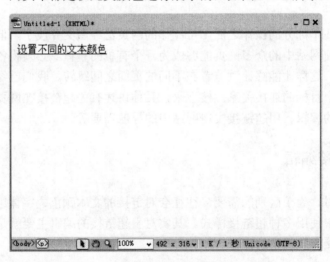

图 11.18　链接效果

在 Dreamweaver 默认的状态下，查看其 HTML 代码的编写形式，可得如下<body>标签内的完整内容。主要是加了链接对象的地址以及文本的内容。具体的详细内容如图 11.19 所示。

```
<body>
<p><a href="file:///D|/My Documents/未命名站点 2/9c0fa7b7b64ad82d8ad4b2e4.jpg">设置不同的文本颜色</a></p>
</body>
```

图 11.19　编码

（2）更改文本颜色

有时会有更改默认效果的需要，所以还需要掌握有关文本颜色更改的技巧。这里以如图 11.20 所示的效果图为例，即将链接效果的文本颜色更改为红色。关于它的设置以及具体的操作方法如下所示：

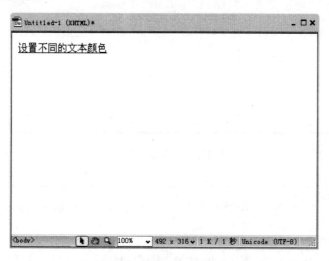

图 11.20　原始链接效果

这里把文本颜色原来的蓝色的效果更改为"#600"的红色。具体设置方法是，选择"修改"→"页面属性"命令。在弹出的"页面属性"对话框中选择"链接（CSS）"选项卡，将"链接颜色"选项下的值设置为相应的效果即可，如图 11.21 所示。

图 11.21　"页面属性"对话框

注意：这里如果使用 HTML 的方式来进行相应的网页制作，可选择"外观（HTML）"选项卡下的"链接"选项下的值，设置为相应的效果即可，如图 11.22 所示。

在进行链接颜色的设置后，查看其对应的 HTML 代码，可得到如图 11.23 所示的内容。

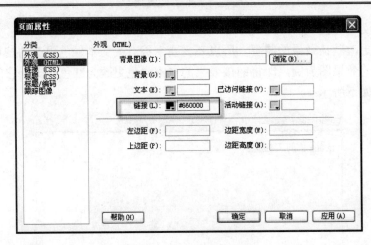

图 11.22　链接颜色设置

```
<body link="#660000">
<a href="file:///D|/My Documents/未命名站点 2/9c0fa7b7b64ad82d8ad4b2e4.jpg">设置不同的文本颜色
</a>
</body>
```

图 11.23　代码内容

（3）其他颜色改变

在链接操作使用过程中，为了区分此链接是已访问的链接又或者是活动链接以及其他的链接操作效果，往往通过不同的链接文本的颜色显示来表示。对于它们的设置可以使用"页面属性"对话框中的相应选项来实现，如图 11.24 所示。

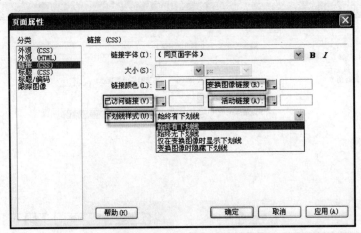

图 11.24　链接效果设置

变换图像链接：如果有关于图像变换的操作，同时需要用不同的颜色来进行设置以表示其链接操作，可以在相应的"变换图像链接"选项下的文本框中输入颜色值实现。

已访问链接：如果链接的页面已经进行了打开访问操作，在该链接文本中会进行与未访问的链接文本以不同颜色的显示。这里可以在"已访问链接"选项下的文本框中输入相应的颜色值来执行。

活动链接：如果链接的页面有活动链接的文本颜色设置更改的需要，可以在"活动链接"选项下的文本框中输入相应的颜色值即可。

下划线样式：如果链接文本中的下划线默认效果有更改的需要，可以通过选择"下划线样式"列表框中的相应的选项就能实现。系统共有 4 种类型供选择，分别是：

- ❑ 始终有下划线
- ❑ 始终无下划线
- ❑ 仅在变换图像时显示下划线
- ❑ 变换图像时隐藏下划线

2．更改链接字体

Dreamweaver 中，系统提供的字体往往不能满足网页制作过程中的实际需要。这里可以通过对链接的字体进行更改设置的方法来实现具体想要的效果。可以为链接更换字体，也可以改变字体的大小等。下面通过简单实例进行有关链接字体的介绍。

（1）建立链接

在 Dreamweaver 编辑区中，输入文本内容"更改链接字体"，并且将其选中。接着，右击该区域，在弹出的快捷菜单中选择"创建链接"命令。在弹出的"选择文件"对话框中，选择链接的对象，单击"确定"完成。得到如图 11.25 所示的链接的系统默认的字体效果。

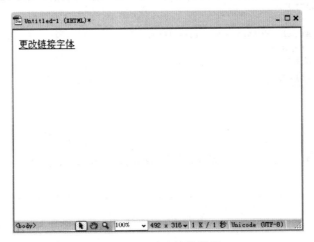

图 11.25 默认链接效果

根据建立完成的链接效果查看其对应的 HTML 代码，可得如图 11.26 所示的内容。

```
<body>
<a href="file:///D|/My Documents/未命名站点 2/63al79c2jwldhigigad8lj.jpg">更改链接字体
</a>
</body>
```

图 11.26 代码显示

（2）更改操作

这里对相关链接的文字显示格式进行了设置，分别包括链接字体、大小、倾斜和加粗设置。其具体的设置完成后的效果如图 11.27 所示。

该链接文字的效果设置如下：

选择"修改"→"页面属性"命令，在弹出的"页面属性"对话框中"链接（CSS）"选项卡中的"链接字体"中选择链接的字体，在"大小"中选择链接字体的大小，同时单击选中"加粗"、"倾斜"按钮，如图 11.28 所示。

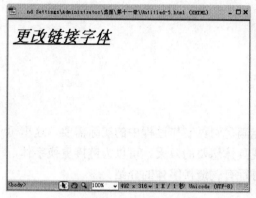

图 11.27　链接

图 11.28　设置链接属性

在上述的链接字体设置完成后，查看相应的 HTML 代码以及 CSS 的格式设置，可得到如图 11.29 所示的内容。

```
<style type="text/css">
a {
    font-family: Arial, Helvetica, sans-serif;
    font-size: xx-large;
    font-weight: bold;
    font-style: italic;
}
</style>
</head>

<body>
<a href="file:///D|/My Documents/未命名站点 2/63al79c2jwldhigigad8lj.jpg">更改链接字体
</a>
</body>
```

图 11.29　代码显示

3．在一个网页中运用多种超链接样式

除了上述的需要更改链接的文本颜色以及文本字体，我们经常会发现一个网页中被运用了多种的超链接样式。例如，广告条中，因为广告条大小的限制，那些关于具体产品的信息以及相关内容，往往会通过图片的链接，将其与具体的产品信息的页面挂勾。

如图 11.30 所示的样例图片，在进行整个广告条界面制作的前提下。功能方面，我们在"立刻团购"按钮下可以设置一链接到团购相应的界面的网页的效果。同时在"拉手网"该文字区域可以设置链接，使其链接至拉手网该网站。最后，将该页面的"金汉斯"链接到该餐饮网站的主页。从而在实现整个广告条界面美观的同时，使其功能更强大。

图 11.30　广告条

4．关于编辑链接效果

为了使得链接编辑的效果更加完美，需要从以下几点来进行考虑：

（1）避免孤立文件的存在

（2）在网页中避免使用过多的超链接

（3）网页中的超链接不要超过 4 层

（4）页面较长时可以使用书签

（5）设置主页或上一层的链接

11.3.2　网站导航内容的制作

一个网页通过首页的相关导航条中的选项，可以链接到其他的页面，这是链接作用的最完美的表现。通过为导航条中的各个按钮，设置链接的效果，最终实现网页中各个页面的跳转，使其变得连贯。关于导航，顾名思义，是指起引导作用的那部分内容。例如网站中的导航条、导航菜单等都属于导航内容。同时，导航可根据具体情况分为主导航、副导航、二级导航、三级导航等。例如，网站的导航条中，为了将当前页面与其他页面进行区别，导航上当前页的色彩等和其他栏目是不一样的。那么，它是怎么实现的呢？

1．界面制作

菜单的基本实现和一般的 CSS 菜单没多大区别，假设这里菜单有 5 个栏目，分别是：首页、新闻动态、图片、视频和联系我们。每页给一个对应的 ID，分别是：Y1、Y2、Y3、Y4 和 Y5。根据这些内容，对具体的代码设置分别如下：

（1）CSS 格式代码片段

代码具体如图 11.31 所示。

```
<style  type="text/css">
a{
#首页 #nav li#y1 a,
#新闻动态 #nav li#y2 a,
#图片 #nav li#y3 a,
#视频 #nav li#y4 a,
#联系我们 #nav li#y5 a {
        color: #CCF;
        background: #DC4E1B url(navbg.gif) no-repeat;}
}
</style>
```

图 11.31　代码内容

（2）HTML 代码片段

代码具体如图 11.32 所示。

```
<body>
<ul id="nav">
<li id="y1"><a href="index.html">首页</a></li>
<li id="y2"><a href="about.html">新闻动态</a></li>
<li id="y3"><a href="products.html">图片</a></li>
<li id="y4"><a href="services.html">视频</a></li>
<li id="y5"><a href="contact.html">联系我们</a></li>
</ul>
</body>
```

图 11.32　代码内容

2．功能实现

根据上述两部分的代码片段我们可以了解，这里的关于"当前页"的显示功能的实现
是通过 CSS 设置相应的格式，HTML 进行主要的内容设置，最终实现整个导航菜单界面的
制作。运行上述代码，可得如图 11.33 所示的效果。

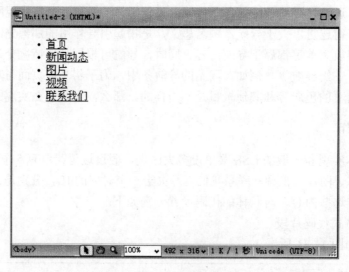

图 11.33　导航菜单界面效果

11.4　本 章 小 结

本章具体通过链接的各项效果的实现，来分别介绍其实现的操作方法，主要针对文本
的链接、链接格式设置以及导航内容的执行，进行了具体的介绍。重点需要掌握有关链接
的各类操作与设置的方法及其应用。难点在于如果实现导航功能，以及尽善尽美地制作导
航的各项应用的效果。当然，掌握这些是远远还不够的，需要大家在实际的制作过程中不
断地进行探索与积累。在下一章节的相关内容中，将为大家具体地介绍有关网页中的框架

这一部分内容。

11.5　本章习题

【习题 1】练习锚点链接的操作。要求：实现如图 11.34 所示的效果内容。

图 11.34　锚点链接

【习题 2】通过如下所示代码内容，实现相应网页的图片链接。具体如下：

```
<body>
<a href="http://www.baidu.com/" title="baidu">
<img src="http://www.baidu.com/img/logo.gif" />
</a>
<a href="http://www.google.com/" title="google">
<img src="http://www.google.com/intl/en_ALL/images/logo.gif" />
</a>
</body>
```

【习题 3】要求操作练习使用脚本链接的设置的实现。

【习题 4】要求操作练习实现文本链接的方法。最终，完成如图 11.35 所示的效果。

图 11.35　文本链接

第 12 章 框 架

被经常用于页面设计的方式，就是网页中的框架。它把网页在一个浏览器窗口下分割成几个不同的区域，实现在一个浏览器窗口中显示多个 HTML 页面。同时，可以方便地实现导航作用，使结构清晰，并解决各个框架的干扰问题，使得网站的风格变得一致。

在实际的网页制作过程中，往往会将一个网站中页面相同的部分单独制作成一个页面，使其成为框架的一个子框架，为整个网站所公用。本章将针对网页中框架的相关内容以及其具体的制作与应用进行详细地讲述，主要包括以下几点：

- ❑ 框架的相关概念
- ❑ 框架的类别
- ❑ 框架的特点
- ❑ 框架的应用
- ❑ 框架的编辑

12.1 认识框架网页

所谓网页框架，是指用来分隔网页的窗格。通过使用框架，你可以在同一个浏览器窗口中显示不只一个页面。每份 HTML 文档称为一个框架，并且每个框架都独立于其他的框架。接下来的内容将带领大家认识框架网页。

12.1.1 框架网页特点

网页的精彩与否离不开网页的布局。使用框架组织页面的优点在于可以在一个窗口浏览到几个不同的页面，避免了来回翻页的麻烦。框架技术经常被用于实现页面文档的导航。下面具体介绍有关框架网页的特点。

1. 使用框架网页优点

在网页中使用框架，具有如下优点：①可方便访问者的浏览，它使得浏览器不需要为每个页面重新加载与导航相关的内容。②在因为内容太大、窗口中的范围无法完整显示时，每个框架具有独立的滚动条，便于访问者浏览与操作。

2. 使用框架网页缺点

在网页中使用框架，具有如下缺点：①可能难以实现不同框架中各元素的精确图形对齐。②对导航进行测试，需要花较长时间。③在没有提供服务器代码可让访问者用来加载特定页面的带框架版本时，访问者将难以将特定页面设为书签，因为带有框架的页面的 URL 不会显示在浏览器中。

3．关于框架网页

在了解了有关框架网页的优、缺点之后，接着为大家介绍有关于其具体的架构。在设计框架时，往往会有将上方固定、下方固定、垂直拆分、左侧固定、右侧固定和水平拆分等相应的编排架构的类型与模板，具体如图 12.1 所示。

在 Dreamweaver CS5 中，系统提供了如图 12.2 所示的默认的框架模板。在实际的网页制作过程中，可以通过它们快速达到制作网页的目的。

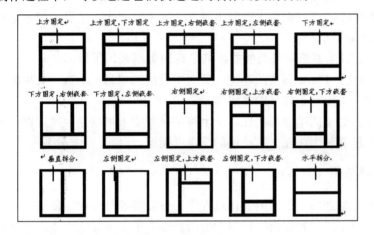

图 12.1　网页框架

图 12.2　框架

12.1.2　框架网页种类

根据框架分布的不同以及各框架作用的不同，可以将框架网页划分成多种不同类型。常用的框架结构有：左侧框架、右侧框架、顶部框架、底部框架、上方和下方框架以及各种嵌套框架结构。具体内容如下：

1．网页布局类型

网页布局大致可分为"国"字型、拐角型、标题正文型、左右框架型、上下框架型、综合框架型、封面型、Flash 型和变化型。

（1）"国"字型：又称"同"字型，是一些大型网站所喜欢的类型，即最上面是网站的标题以及横幅广告条，接下来就是网站的主要内容，左右分列一些小条内容，中间是主要部分，与左右一起罗列到底，最下面是网站的一些基本信息、联系方式、版权声明等。这种结构是我们在网上见到最多的一种结构类型。

（2）拐角型：这种结构与上一种其实只是形式上的区别，其实是很相近的，上面是标题及广告横幅，接下来的左侧是一窄列链接等，右列是很宽的正文，下面也是一些网站的辅助信息。在这种类型中，一种很常见的类型是最上面是标题及广告，左侧是导航链接。

（3）标题正文型：这种类型即最上面是标题或类似的一些东西，下面是正文，如一些文章页面或注册页面等就是这种类。

（4）左右框架型：这是一种分为左右两页的框架结构，一般左面是导航链接，有时最上面会有一个小的标题或标志，右面是正文。我们见到的大部分大型论坛都是这种结构，有一些企业网站也喜欢采用。这种类型结构非常清晰，一目了然。

（5）上下框架型：与上面类似，区别仅仅在于是一种上下分为两页的框架。

（6）综合框架型：是上述两种结构的结合，属于相对复杂的一种框架结构，较为常见的是类似于"拐角型"结构的，只是采用了框架结构。

（7）封面型：这种类型基本上是出现在一些网站的首页，大部分为一些精美的平面设计结合一些小的动画，放上几个简单的链接或者仅是一个"进入"的链接甚至直接在首页的图片上做链接而没有任何提示。这种类型大部分出现在企业网站和个人主页，如果处理得好，会给人带来赏心悦目的感觉。

（8）Flash 型：其实这与封面型结构是类似的，只是这种类型采用了目前非常流行的 Flash，与封面型不同的是，由于 Flash 强大的功能，页面所表达的信息更丰富，其视觉效果及听觉效果如果处理得当，绝不亚于传统的多媒体。

（9）变化型：即上面几种类型的结合与变化，一个网站在视觉上可以是很接近拐角型的，但所实现的功能的实质是那种上、左、右结构的综合框架型。

2．网页布局类型的选择应用

在了解网页布局的相关类型之后，实际的制作过程中，可以参照具体的需要进行相应类型的选择与应用。那么我们在应用时如何进行类型的选择呢？主要可以从下述内容进行考虑。

例如，如果内容非常多，就要考虑用"国字型"或拐角型；而如果内容不算太多而一些说明性的东西比较多，则可以考虑标题正文型；那几种框架结构的一个共同特点就是浏览方便，速度快，但结构变化不灵活；而如果是一个企业网站想展示一下企业形象或个人主页想展示个人风采，封面性是首选；Flash 型更灵活一些，好的 Flash 大大丰富了网页，但是它不能表达过多的文字信息。最后，还没有提到的就是变化型了，因为，只有不断的变化才会提高和丰富我们的网页！

12.1.3　框架网页的组成

框架网页不但是页面布局的解决方案，也是避免重复劳动的一种方法。通常把一个网站中页面相同的部分单独制作成一个页面，作为框架结构的一个子框架的内容为整个网站所公用。在框架网页中，每个框架包括高度、宽度、滚动条和边框以及指定框架与网页正文之间距离的框架内边距。

1．框架结构

一个框架结构由两部分网页文件构成，分别是框架和框架集。关于此类的框架结构，其具体的相关内容主要有：

❑ 框架 Frame：框架是浏览器窗口中的一个区域，它可以显示与浏览器窗口的其余部分中所显示内容无关的网页文件。每一窗框由一个<FRAME>标记所标示。

❑ 框架集 Frameset：框架集也是一个网页文件，它将一个窗口通过行和列的方式分割成多个框架，框架的多少根据具体有多少网页来决定，每个框架中要显示的就是不同的网页文件。标记<FRAMESET>用来划分框窗，<FRAME>必须在<FRAMESET>范围中使用。

选择 Dreamweaver 中的"修改"→"框架集"→"拆分左框架"命令，又或者选择"修改"→"框架集"→"拆分右框架"命令，如图 12.3 所示，即可进行左右框架的创建与拆分。

最终，得到如图 12.4 所示效果图。

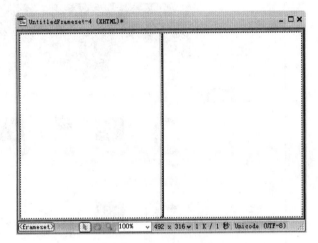

图 12.3 拆分框架　　　　　　　　　图 12.4 左右框架

选择"修改"→"框架集"→"拆分上框架"命令，又或者选择"修改"→"框架集"→"拆分下框架"命令，即可进行上下框架的创建与拆分，其效果如图 12.5 所示。

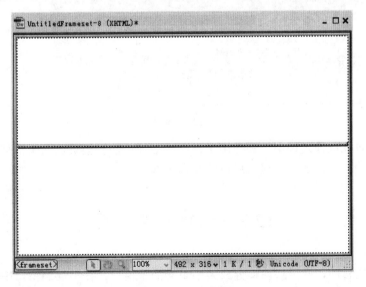

图 12.5 上下框架

2．框架应用

在了解了框架以及框架集的相关内容之后，接下来针对框架以及框架集的相关内容，着重将其在网页制作过程中的应用进行介绍。如图 12.6 所示是由不同类型的框架构成的网页，主要包括 top 框架、left 框架、main 框架、bottom 框架。不同的框架构成了框架集，同时也组成一个漂亮、完整、视觉良好的网页。

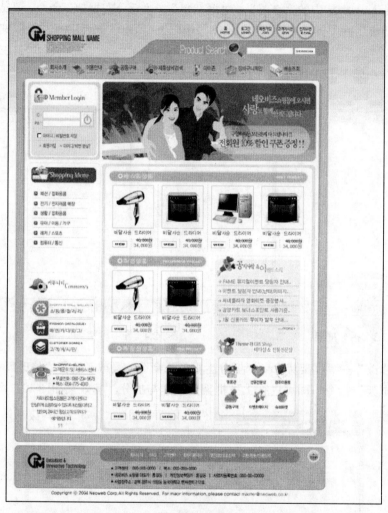

图 12.6 框架

很多的网页在制作过程中，都应用了框架。最简单的框架页由两个框架构成，其中，一个显示站点的栏目，另一个显示栏目的具体内容。

12.2 创建框架网页

建立框架的目的，在于将窗口分成大小不同的子窗口，在不同的窗口中可显示不同的文档内容。框架结构的网页经常被用于聊天室、论坛等。除了表格，框架也是一种实现网页布局的方式。运用框架可以实现导航性非常好的页面结构。这里具体向大家讲述有关框架网页创建的相关内容。

12.2.1　框架网页的创建

框架网页可根据不同的框架类型分别进行创建。这里具体针对左侧框架、右侧框架、顶部框架、底部框架、下方和嵌套的左侧框架、下方和嵌套的右侧框架、左侧和嵌套的下方框架、右侧和嵌套的下方框架、上方和下方框架、左侧和嵌套的顶部框架、右侧和嵌套的上方框架、顶部和嵌套的左侧框架、上方和嵌套的右侧框架这些框架结构，介绍它们在网页制作过程中的应用实例。

1．左侧框架

所谓左侧框架，是指以固定大小的左框架垂直分割选中的框架或框架组。通过选择Dreamweaver 中的"插入"→"HTML"→"框架"→"左对齐"命令，进行左侧框架的插入。在弹出的"框架标签辅助功能属性"对话框中设置框架标题，如图 12.7 所示。

插入框架后，可以使用光标在编辑界面中拖动以调整框架结构，其他类型的框架亦是如此，如图 12.8 所示。

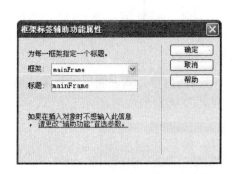
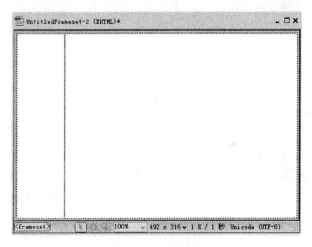

图 12.7　设置框架标题　　　　　图 12.8　左侧框架

在进行制作网页的过程中，根据左侧框架的页面特点，往往将左侧的侧重位置用来编辑相应的导航内容，页面框架的右侧用于放置相对于左侧导航的具体内容，或者是详细的相关信息源。如图 12.9 所示是一应用左侧框架的网页。

2．右侧框架

所谓右侧框架，是指以固定大小的右框架垂直分割选中的框架或框架组。选择Dreamweaver 中的"插入"→"HTML"→"框架"→"右对齐"命令，进行右侧框架的插入。在弹出的"框架标签辅助功能属性"对话框中设置框架标题。右侧框架页面插入完成后，得到如图 12.10 所示的效果。

图 12.9　左侧框架应用

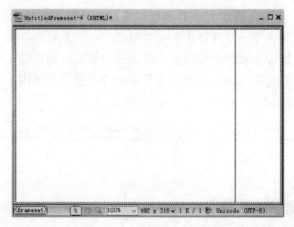

图 12.10　创建右侧框架

　　此类框架经常用于制作个人空间、论坛的个人主页等页面内容，其左侧用于放置详细信息，右侧用于放置主要内容。如图 12.11 所示是一右侧框架类型的应用。

图 12.11　右侧框架应用

3．顶部框架

　　所谓顶部框架，是指以固定大小的上框架水平分割选中的框架或框架组。选择 Dreamweaver 中的"插入"→"HTML"→"框架"→"对齐上缘"命令，进行顶部框架的插入。在弹出的"框架标签辅助功能属性"对话框中设置框架标题。顶部框架页面插入完成后，得到如图 12.12 所示的效果。

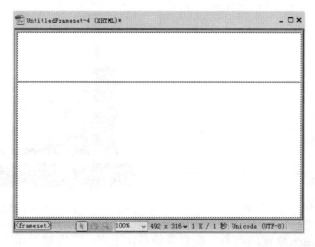

图 12.12　创建顶部框架

　　此类型的框架经常被用于网页中的编排，其顶部用来添加导航的相关内容，下方是关于该主页的链接以及其他的相应信息。如图 12.13 所示是应用此类框架的网页。

图 12.13　顶部框架应用

4．底部框架

　　所谓底部框架，是指以固定大小的下框架水平分割选中的框架或框架组。选择 Dreamweaver 中的"插入"→"HTML"→"框架"→"对齐下缘"命令，进行底部框架

的插入。在弹出的"框架标签辅助功能属性"对话框中设置框架标题。底部框架页面插入
完成后，得到如图 12.14 所示的效果。

　　底部框架在制作网页时，可以有不同的应用。例如，在底部的区域放置相应网页的版
权信息等内容；上方主要用于放置图片以及导航内容。如图 12.15 所示是针对此类方法的
网站的应用。

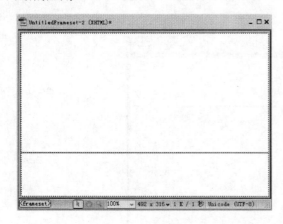

图 12.14　底部框架　　　　　　　　　　　图 12.15　底部框架应用

　　底部框架也被用来放置广告条，或者导航条在下方、上方放置相应的网站图片或其他
的相关信息等。如图 12.16 所示是此类页面版式的网页之一。

图 12.16　底部框架应用

5．下方和嵌套的左侧框架

　　所谓下方和嵌套的左侧框架，是指含固定大小的下框架和左嵌套框架的框架组。选择
Dreamweaver 中的"插入"→"HTML"→"框架"→"下方及左侧嵌套"命令，进行对
应形式的框架的插入。在打开的"框架标签辅助功能属性"对话框中设置框架标题。框架
页面插入完成后，得到如图 12.17 所示的效果。

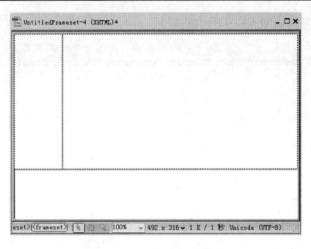

图 12.17　下方及左侧嵌套

　　此类框架是在前几类框架的基础上增加的嵌套效果，用于网页中相应的区域划分。如图 12.18 所示的页面是针对其的具体应用。

图 12.18　框架应用

6．下方和嵌套的右侧框架

　　所谓下方和嵌套的右侧框架，是指含固定大小的下框架和右嵌套框架的框架组。选择 Dreamweaver 中的"插入"→"HTML"→"框架"→"下方及右侧嵌套"命令，进行对应形式的框架的插入。在打开的"框架标签辅助功能属性"对话框中设置框架标题。框架页面插入完成后，得到如图 12.19 所示的效果。

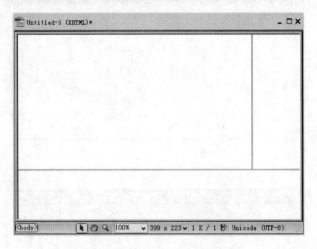

图 12.19　下方及右侧嵌套

　　此类框架是在前几类框架的基础上增加的嵌套效果，用于网页中相应的区域划分。如图 12.20 所示的页面是针对其的具体应用。

图 12.20　框架应用

7．左侧和嵌套的下方框架

　　所谓左侧和嵌套的下方框架，是指含固定大小的左框架和下嵌套框架的框架组。选择 Dreamweaver 中的"插入"→"HTML"→"框架"→"左侧及下方嵌套"命令，进行对应形式的框架的插入。在弹出的"框架标签辅助功能属性"对话框中设置框架标题。框架页面插入完成后，得到如图 12.21 所示的效果。

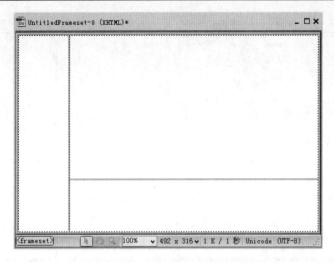

图 12.21　左侧及下方嵌套

左侧及下方嵌套框架，就是将页面分成 3 部分。其中第一列作为主列，用来放相应的导航内容。第二列分成大小不等的两行。大的行用于放入针对主列的导航的详细内容。小行进行调整缩小后往往被用来添加有关版权的信息内容。如图 12.22 所示就是此类框架的一个应用。

图 12.22　框架应用

8．右侧和嵌套的下方框架

所谓右侧和嵌套的下方框架，是指含固定大小的右框架和下嵌套框架的框架组。选择 Dreamweaver 中的"插入"→"HTML"→"框架"→"右侧及下方嵌套"命令，进行对应形式的框架的插入。在打开的"框架标签辅助功能属性"对话框中设置框架标题。框架页面插入完成后，得到如图 12.23 所示的效果。

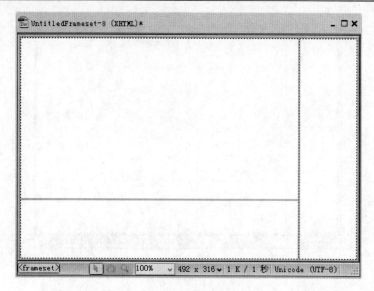

图 12.23　右侧及下方嵌套

在右侧及下方嵌套的框架下，网页经常按照图 12.23 所示进行分割，最终得到一个完整的页面内容。如图 12.24 所示是右侧及下方嵌套效果应用后的网页。

图 12.24　框架应用

9．上方和下方框架

所谓上方和下方框架，是指含固定大小的上框架和下框架的框架组。选择 Dreamweaver 中的"插入"→"HTML"→"框架"→"上方及下方"命令，进行对应形式的框架的插入。在打开的"框架标签辅助功能属性"对话框中设置框架标题。框架页面插入完成后，得到如图 12.25 所示的效果。

其实，上方和下方框架就是在基于中间的基础上，分别在其上方和下方划分出相应大小的区域。最终通过页面的编辑实现效果。如图 12.26 所示是一此类应用的网页页面。

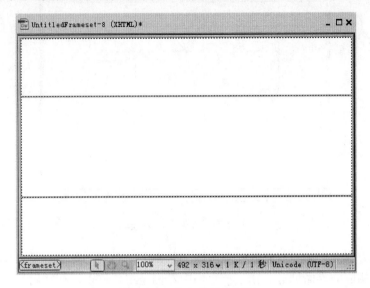

图 12.25　上方和下方框架

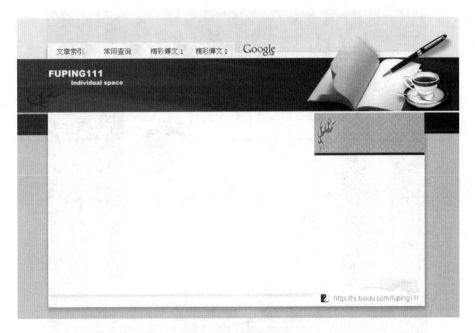

图 12.26　框架应用

10．左侧和嵌套的顶部框架

所谓左侧和嵌套的顶部框架，是指含固定大小的左框架和上嵌套框架的框架组。选择 Dreamweaver 中的"插入"→"HTML"→"框架"→"左侧及上方嵌套"命令，进行对应形式的框架的插入。在打开的"框架标签辅助功能属性"对话框中设置框架标题。框架页面插入完成后，得到如图 12.27 所示的效果。

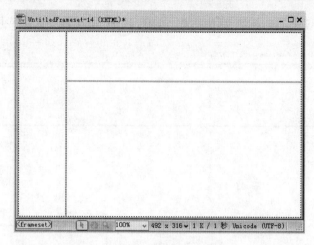

图 12.27　左侧及上方嵌套

　　左侧及上方嵌套框架，就是在左右分隔的基础上，对其上方进行了添加嵌套的相应效果，最终实现相应的界面划分。由于该页面中左侧是主要位置，往往用于放置相应的导航内容。如图 12.28 所示是此类框架应用的网页。

图 12.28　框架应用

11．右侧和嵌套的上方框架

　　所谓右侧和嵌套的上方框架，是指含固定大小的右框架和上嵌套框架的框架组。选择 Dreamweaver 中的"插入"→"HTML"→"框架"→"右侧及上方嵌套"命令，进行对应形式的框架的插入。在打开的"框架标签辅助功能属性"对话框中设置框架标题。框架页面插入完成后，得到如图 12.29 所示的效果。

　　右侧及上方嵌套框架，就是在左右分隔的基础上对其上方进行了添加嵌套的相应效果，最终实现相应的界面划分。由于该页面中右侧是主要位置，往往被用来放置相应的导航内容。如图 12.30 所示是此类框架应用的网页。

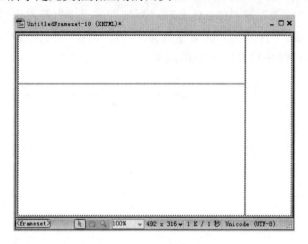

图 12.29　右侧及上方嵌套

图 12.30　框架应用

12．顶部和嵌套的左侧框架

所谓顶部和嵌套的左侧框架，是指含固定大小的上框架和左嵌套框架的框架组。选择 Dreamweaver 中的"插入"→"HTML"→"框架"→"上方及左侧嵌套"命令，进行对应形式的框架的插入。在打开的"框架标签辅助功能属性"对话框中设置框架标题。框架页面插入完成后，得到如图 12.31 所示的效果。

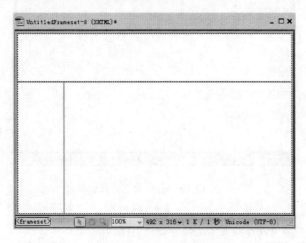

图 12.31　上方及左侧嵌套

此类框架是比较常用的格式之一，其顶部用于放置广告条等内容，左侧用于导航内容制作，右侧则添加相应栏目的具体信息。如图 12.32 所示是此类框架应用的网页。

图 12.32　框架应用

13．上方和嵌套的右侧框架

所谓上方和嵌套的右侧框架，是指含固定大小的上框架和右嵌套框架的框架组。选择 Dreamweaver 中的"插入"→"HTML"→"框架"→"上方及右侧嵌套"命令，进行对应形式的框架的插入。在打开的"框架标签辅助功能属性"对话框中设置框架标题。框架页面插入完成后，得到如图 12.33 所示的效果。

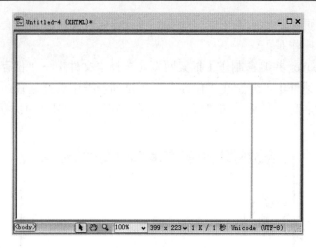

图 12.33　上方及右侧嵌套

关于此类框架的相关应用，可以借鉴如图 12.34 所示的内容来进行了解。在该框架的顶部同样用来放置广告条等重要内容，右侧可以放置导航内容，左侧放置关于导航内容的详细信息，这是一个经常被使用的框架。

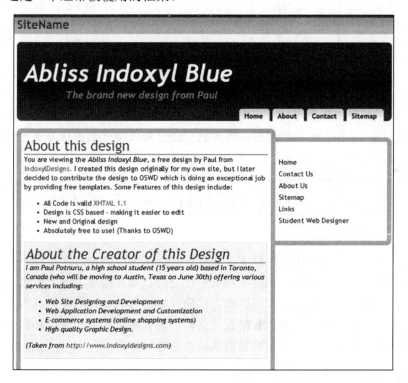

图 12.34　框架应用

12.2.2　框架网页的保存

框架网页制作完成后，需要将使用的框架以及制作完成的网页进行保存。保存时，需要将整个框架集网页和其中的每个框架网页分别进行保存操作。系统会用虚线框提示正在保存的部分。具体操作是：

打开 Dreamweaver 并编辑制作了框架网页。选择"文件"→"保存全部"命令。在弹出的"另存为"对话框中，分别在"保存在"下拉列表框中选择路径，在"文件名"下拉列表框中输入文件名称，最后单击"保存"按钮，实现框架网页的保存操作，如图 12.35 所示。

图 12.35 "另存为"对话框

其中，如果想要将框架进行单独保存，可以选择"文件"→"框架另存为"命令。同时，也可以运用"文件"→"框架另存为模板"命令实现将框架保存为系统模板，以便于以后制作时应用。

12.3　编辑框架网页

在掌握了框架网页的应用后，接下来需要对应用了框架的网页进行编辑以及相应的操作设置。关于框架网页的编辑，需要从网页是否空白页以及框架的嵌入方式这两方面来着手进行对待。下面就针对此内容详细讲解它们的具体操作。编辑框架网页与编辑普通的网页相同，也可以在框架网页中添加和格式化文本、设置网页的背景颜色和背景图片、在网页中插入图片和添加组件，还可以调整框架的大小等。

1. 在框架网页中添加和格式化文本

在框架网页中添加和格式化文本与在普通的网页中添加和格式化文本相同。

2. 拆分框架

在框架网页中不但可以调整框架的大小，还可以设置网页中显示的框架的多少。在框架网页中可以任意地拆分框架。

（1）拖动边框拆分框架

将光标放在要拆分的框架边框上，按住 Ctrl 健，同时按住鼠标左键拖动框架边框，拖出一段距离后放开鼠标左键和 Ctrl 键，出现一个框架。

（2）将框架平均分成两行或两列

将光标放在要拆分的框架边框内，选择"框架"→"拆分框架"命令弹出"拆分框架"对话框。选择"拆分为行"或"拆分为列"，单击"确定"按钮。

3．删除框架

（1）将光标放在要删除的框架中。

（2）选择"框架"→"删除框架"命令。

🔔注意：从框架网页中删除框架时，该框架中显示的网页也会被删除，但是框架网页中其余的内容并没有被删除。若框架网页仅含有一个框架，就不能删除该框架。

12.4　设置框架属性

框架属性确定框架集内各个框架的名称、源文件、边距、滚动、边框和能否调整大小。框架集属性控制框架大小和框架之间边框的颜色和宽度。每个框架和框架集都有自己的属性检查器，使用属性检查器可以设置框架和框架集的属性。接下来介绍的内容就是有关框架属性的。

1．设置框架的大小

通常调整框架大小的方法有两种，即通过拖动框架的边框或指定想要的确切设置来调整框架的大小。

（1）拖动框架的边框调整框架大小

将光标放在要调整的框架边框上，当光标变为"2"形状时，按住鼠标左键，并向下拖动。

（2）精确设置框架大小

单击框架，将光标置于框架内并右击，在弹出的快捷菜单中选择"框架属性"命令，弹出"框架属性"对话框；在"框架大小"选项组中设置框架大小为固定像素数后，再指定框架的宽度和行高，单击"确定"按钮。

2．为框架网页设置背景颜色和背景图片

（1）设置框架网页的背景颜色

① 将光标放在要设置背景颜色的框架中；

② 单击鼠标右键，在弹出的快捷菜单中选择"网页属性"命令，弹出"网页属性"对话框；

③ 单击"背景"标签，打开"背景"选项卡；

④ 单击"背景"右侧的按钮，从弹出的颜色面板中选择背景颜色；

⑤ 单击"确定"按钮。

（2）设置框架网页的背景图片

设置框架网页的背景图片与设置框架网页的背景颜色类似。

3．设置框架网页属性

设置框架的属性包括设置边框的隐藏或显示、设置框架的边距和间距以及设置框架中滚动条的显示和隐藏。

（1）显示和隐藏框架边框

可以根据所需的网页外观来选择显示或隐藏框架网页的框架周围的边框。显示和隐藏边框的操作步骤如下：

① 将光标放在任意一个框架中；

② 单击鼠标右键，在弹出的快捷菜单中选择"框架属性"命令，弹出"框架属性"对话框；单击"框架网页"按钮，弹出"网页属性"对话框；

③ 选中或取消选中"显示边框"复选框，就显示和隐藏框架边框；

④ 单击"确定"按钮，回到"框架属性"对话框；

⑤ 单击"确定"按钮。

（2）显示和隐藏框架滚动条

在"框架属性"对话框中，从"显示滚动条"的下拉列表中选择"显示"或"不显示"或者"需要时显示"。

4．边框效果

（1）框架边框的设置

border 属性可以用于设置边框的宽度，其值为像素数。

（2）框架滚动条的设置

使用 FRAME 标记符的 scrolling 属性可以控制是否在框架内加入滚动条，其值可以取为 yes、no、auto。

（3）设置边框的不可移动属性

使用 FRAME 标记符的 noresize 属性，该属性不需要任何取值，即：<FRAME noresize >

（4）设置框架空白

FRAME 标记符的 framespacing 属性可以控制框架边框与数据之间的距离，这个属性的取值都是像素数。

5．指定超链接的目标框架

控制超链接的目标文件在哪一个框架内显示的方法是在 A 标记符内使用 target 属性，格式为：

```
<a href="目标文件" target="目标框架名">超链接内容</ a>
```

12.5　本　章　小　结

　　本章详细讲述了有关框架的相关内容，主要从框架的特点、类型和组成出发，来帮助大家认识框架网页。然后就是本章的重点内容——关于框架网页创建的相关内容介绍。有关于框架网页的编辑以及框架属性设置这方面的内容是此章节的难点所在，大家需要进行了解并掌握。对于框架网页，它在超链接时的功能以及相关内容，也是需要清楚明白的。在下一章，将为大家介绍的是有关于网页制作中模板与库的应用以及相关的内容。

12.6　本　章　习　题

　　【习题 1】创建框架页面。要求：左侧框架，同时设置框架的宽度和高度。设置的数值，符合网页后续制作时内容添加的实际需求。
　　【习题 2】拆分框架页面。要求：将框架页在原来上、下两部分的基础上，改变为上、中、下 3 部分的形式。
　　【习题 3】框架的应用。要求：实现如图 12.36 所示的网页的制作。

图 12.36　框架的制作

第13章 模板与库

库和模板都是功能强大的网页更新维护工具。模板其实就是用来创建网页的基础文档。构建一个网站时，使用模板来创建网页文档，可以使站点的结构和网页外观保持一致。库是保存和管理整个站点中重复使用或频繁更新的页面元素的一个文件夹。

通过本章的学习，掌握使用模板创建和更新网页的一般方法以及使用库项目更新网页的一般方法。库侧重于网页重用元素的管理，模板虽也能管理重用页面元素，但更侧重于保持网页布局的一致性。在实际应用时，需要进行灵活的选择。下面具体为大家介绍的内容有：

- ❑ 模板的创建与应用
- ❑ 库的创建与应用
- ❑ 模板的设置与更新
- ❑ 库的基本操作
- ❑ 模板与库在网页制作中的应用

13.1 模 板

在位于网站的很多页面中，普遍存在着一些固定不变的内容，如标识图像和导航条等。在制作网页时，每次都重复实现它，不但工作量会很大，而且还会增加出错的机率。此时，如果我们使用模板的相应功能，就能很好地解决这类麻烦。模板的功能是把网页布局和内容分离，在布局设计制作完成后，将其存储即可。本节详细为大家介绍此类功能的实现方法，即模板的相应内容。

13.1.1 认识网页模板

网页模板是创建其他网页文档的基础，作为基础文档，可以指定哪些网页元素要长期保留并且不能进行编辑操作，也可以指定哪些网页元素可以进行编辑与修改操作。在实际操作过程中，往往是把站标、导航栏、栏目标题、版权信息等页面元素设置为不可编辑的，把每日要更新的内容设置为可编辑的。网页模板就是已经做好的网页框架。

其实，模板它也不是一成不变的，即使是在已经使用一个模板创建了一些网页文档之后，也还可以对该模板进行修改。在更新使用该模板创建的文档时，那些文档中的锁定区就会被更新，并与模板的修改保持一致。

　　由于模板使用者可能对代码不精通，或者其他原因，往往会忽略或遗漏了对模板进行优化。加上有些模板制作者并不是很熟悉网站优化，有些代码难免达不到最佳效果。所谓高手过招，根基是很重要的，网站模板可以说是你"内功"根基的重要部分。所以千万别小看了网站模板优化这条必经之路。如图 13.1 所示是一个简单的网页模板。

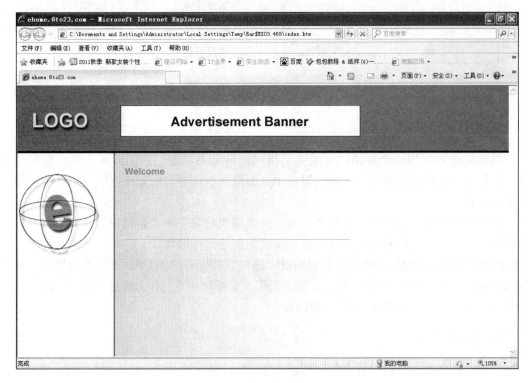

图 13.1　网页模板

13.1.2　模板的创建

　　网页模板的创建，根据制作者所应用的软件不同，其方法也有所不同。这里为大家介绍有关于 Dreamweaver 软件模板的创建方法，以及其在网页制作过程中有关于模板的相应内容，以帮助大家掌握网页模板的创建方法。

　　打开 Dreamweaver，选择"插入"→"模板对象"→"创建模板"命令，在弹出的"另存模板"对话框中，在"站点"下接列表框中选择相应的站点；在"现存的模板"区域添加的是存为模板的相应内容；在"描述"文本框中可以输入相应的对于此模板的文字描述；在"另存为"文本框中输入相应的模板名称，操作完成后，单击"保存"按钮完成模板的保存，如图 13.2 所示。

　　在模板进行创建的过程中，还可以根据需要对模板中的相应内容进行设置。例如，创建嵌套模板、设置可编辑区域、设置可选区域、设置重复区域、设置可编辑的可选区域以及重复表格这些内容，它们分别也可以使用选择"插入"→"模板对象"操作进行实现，如图 13.3 所示。关于它们的具体操作下面分别进行具体介绍。

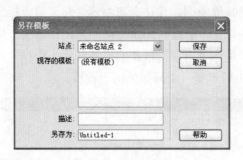

图 13.2　另存模板

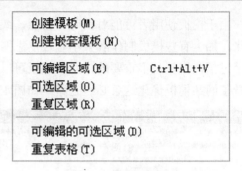

图 13.3　模板选项

1．创建嵌套模板

创建模板和制作一个普通的页面完全相同，只是不需要把页面的所有部分都制作完成，仅仅需要制作出导航条、标题栏等各个页面的共有部分，而把中间区域用页面的具体内容来填充。

创建嵌套模板的方法是，选择"插入"→"模板对象"→"创建嵌套模板"命令。然后根据需要参照系统的相应提示进行嵌套模板的创建操作即可。

除了从空白 HTML 文档开始创建模板，还可以把现有的 HTML 文档存为模板。其具体的方法是，将已经建好的 HTML 文档，选择"文件"→"另存为模板"命令，根据相应的提示，最终完成将 HTML 文档存为模板。

2．可编辑区域

在创建的模板中可以设置某些区域，使其具备可编辑的功能。具体的方法是，选择"插入"→"模板对象"→"可编辑区域"命令，在弹出的 Dreamweaver 提示信息"Dreamweaver 会自动将此文档转换为模板"，单击"确定"按钮，如图 13.4 所示。

然后，在接着弹出的"新建可编辑区域"对话框中的"名称"文本框设置名称，这里选择系统默认的，即不改变它，单击"确定"按钮完成可编辑区域的新建，如图 13.5 所示。

图 13.4　提示信息

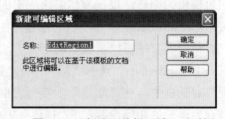

图 13.5　"新建可编辑区域"对话框

模板有固定区域和可编辑区域之分，模板文件本身的任何内容都是可编辑的。当 Dreamweaver 中相应的可编辑区域插入后，可得到如图 13.6 所示的效果图。

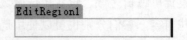

图 13.6　新建的可编辑区域

3．可选区域

关于可选区域，就是创建完成的该区域范围内可实现选择的功能。对于可选区域的新建，有"基本的"和"高级的"两种情况，类型不同，相应地会有所变化。例如，在高级模式下，可以设置"参数"和"表达式"。它们的操作方法如下：

（1）基本

选择"插入"→"模板对象"→"可选区域"命令，在弹出的"创建可选区域"对话框中，选择"基本"选项卡，再在"名称"文本框输入相应的名称设置，单击"确定"按钮即可完成，如图 13.7 所示。

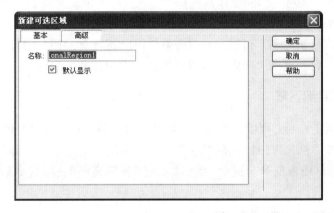

图 13.7　基本可选区域

（2）高级

选择"插入"→"模板对象"→"可选区域"命令，在弹出的"创建可选区域"对话框中选择"高级"选项卡，再选中"使用参数"单选按钮，右侧的下拉列表框可进行相应的参数选择。在"输入表达式"单选按钮下方的文本框中可输入相应的表达式。单击"确定"按钮即可完成，如图 13.8 所示。

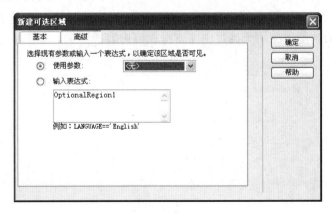

图 13.8　高级可选区域

完成了上述新建可选区域的操作后，在 Dreamweaver 软件的编辑区将会出现如图 13.9 所示的效果。进行相应的简单调整、将文本框中的内容去除、同时扩大其区域后，可得如

图 13.10 所示的效果。

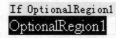

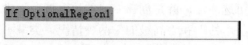

图 13.9　可选区域　　　　　　　　　　　图 13.10　可选区域编辑

4．重复区域

重复区域是指当一个网页表格更新数据时（一般指数据库数据）可以替换原表格对应数据的一种"特殊"表格。它的操作是选择"插入"→"模板对象"→"重复区域"命令。由于该区域的特殊性，在系统默认条件下该元素是不可见的。其提示信息如图 13.11 所示。

如果要使得该元素可见，可以通过"查看"→"可视化助理"操作，查看"不可见元素"选项被选中，同时单击"确定"按钮设置该元素为打开的即可。

5．可编辑的可选区域

它是可选区域的一种，可以设置显示或隐藏所选区域，并且可以编辑该区域中的内容。它的操作是，选择"插入"→"模板对象"→"可编辑的可选区域"命令。在打开的"新建可选区域"对话框中根据系统提示，单击"确定"按钮完成创建。完成后，得到如图 13.12 所示的效果。

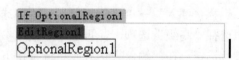

图 13.11　提示信息　　　　　　　　　图 13.12　可编辑的可选区域

在 Dreamweaver 编辑区内创建了相应的可编辑可选区域之后，对其进行相应的效果设置。同时，此类的功能可应用于网页中文本框相应内容的添加，如图 13.13 所示。

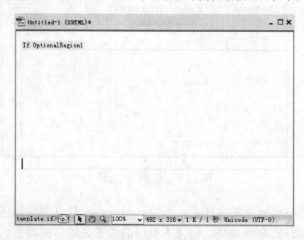

图 13.13　效果图

6. 重复表格

可以使用重复表格创建包含重复行的表格格式的可编辑区域。可以定义表格属性并设置哪些表格单元格可编辑。具体操作是，选择"插入"→"模板对象"→"重复表格"命令。在弹出的"插入重复表格"对话框中设置行数、列数、边框值分别为 3。同时，重复表格行的"起始行"和"结束行"分别为 1，单击"确定"按钮完成，如图 13.14 所示。

完成上述操作创建重复表格后，最终可得如图 13.15 所示的效果图。

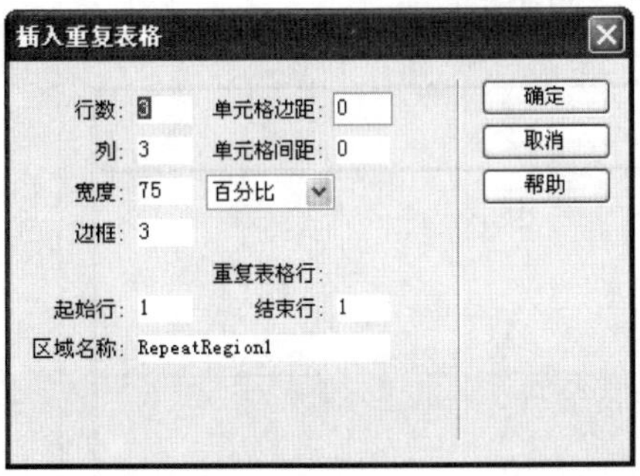

图 13.14　"插入重复表格"对话框 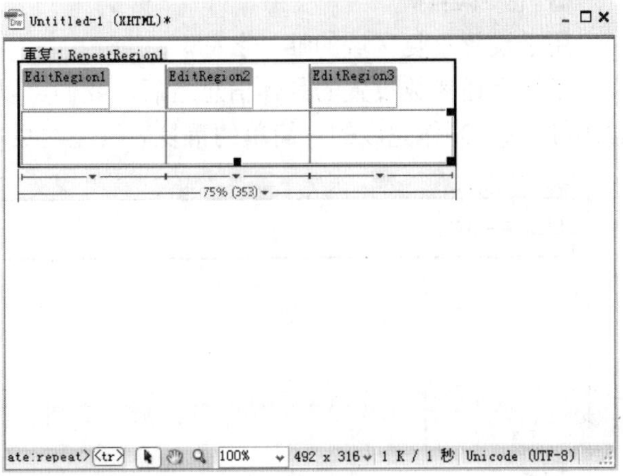　　　　图 13.15　重复表格效果

在插入了重复表格后，由于制作过程中的实际需要，可以对其相应的属性值进行设置与更改。具体内容如下：

❑ 行数

决定表格中的行数。

❑ 列数

决定表格中的列数。

❑ 单元格边距

决定单元格内容与单元格边框之间的像素数。

❑ 单元格间距

决定相邻的表格单元格之间的像素数。

如果没有为单元格边距和单元格间距明确赋值，则多数浏览器按照单元格边距设为 1、单元格间距设为 2 来显示表格。若要确保浏览器显示表格时不显示边距或间距，可将"单元格边距"和"单元格间距"设置为 0。

❑ 宽度

以像素为单位或按占浏览器窗口宽度的百分比指定表格的宽度。

❑ 边框

指定表格边框的宽度（以像素为单位）。

如果没有为边框明确赋值，则多数浏览器按边框设为 1 来显示表格。若要确保浏览器显示的表格没有边框，可将"边框"设置为 0。若要在边框设置为 0 时查看单元格和表格边框，可选择"查看"→"可视化助理"→"表格边框"进行查看。

　　❑　重复表格的行

指定表格中的哪些行包括在重复区域中。

　　❑　起始行

将输入的行号设置为要包括在重复区域中的第一行。

　　❑　结束行

将输入的行号设置为要包括在重复区域中的最后一行。

　　❑　区域名称

用于设置重复区域的唯一名称。

　　了解上述参数设置的具体信息之后，我们可以根据相应属性进行实际的制作了。如图 13.16 所示是制作完成的一简单的重复表格在网页中的应用实例。

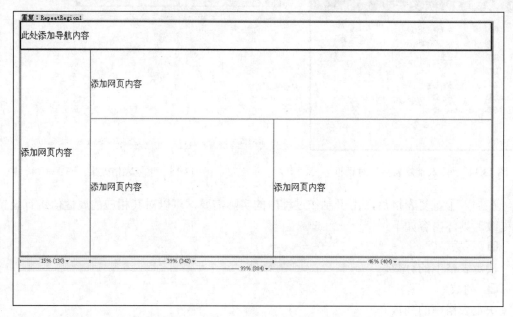

图 13.16　应用实例

13.1.3　模板的设置

　　模板的设置，对于不同的形式，其设置方法是一样的。例如，设置模板中表格为可编辑区域，这是一个实际制作过程中需要经常用到的模板应用方法。这里通过一个具体的实例详细介绍有关于它的设置方法。

1．插入表格

　　选择"插入"→"表格"命令，根据系统的相应提示创建所需要的表格。因为此表格是用于以后的模板中的一部分，所以需要进行相应的参数设置。具体方法是，选择"编辑"→"首选参数"命令，在弹出的"首选参数"对话框中，对"不可见元素"选项卡下的各类选项根据需要与否进行相应的选中与取消选中操作，单击"确定"按钮完成设置，如图

13.17 所示。

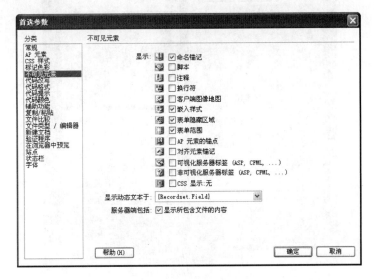

图 13.17　首选参数设置

2. 设置可编辑区域

在表格区域创建以及其他操作完成后，即可完成作为模板的表格，接下来需要为其设置可编辑区域，因为一个页面往往包含有除此之外的其他内容，具体方法是，选中表格区域，选择"插入"→"模板对象"→"可编辑区域"命令。根据系统的提示一步步实现即可。

13.1.4　模板的应用

模板的创建相信对大家而言已不是问题，难点在于如何完美实现模板的应用。接下来，通过几方面的情况详细介绍有关模板的应用技巧，帮助大家掌握并了解什么才是模板的应用，如何才是实现的要点以及相关内容。

1. 网页模板化

网页设计被先天因素制约着，那就是，硬件制造商设计的鼠标只加了前后滚动的滚轮，由此使得我们的页面一般是长条状的。这时，在浏览器右侧给我们设置一个滚动条就勉强解决这个问题，但页面的大小还得跟着主流显示器的分辨率而确定。后来我们学聪明了，于是决定只做 1280px 以内的页面。

接着，我们需要建立清楚的视觉层次，把页面划分为明确定义的区域，把一些可以固定的模块都进行模板化处理，对于有延续性的设计，这样只要进行一次模块设计，后期可以不用经过设计环节，节约了大量设计、制作、开发资源，也能够让我们感觉到页面干净整洁，条理清晰。

节省下来的时间，可以更多地花在非模板区，以使页面变得更加精彩，并且多争取"几秒"用户的时间。如图 13.18 所示是一简单网页实例。

图 13.18　网页模板

2．视觉规范化

上学之初，我们就接触了《小学生行为规范》，它告诉我们要爱祖国爱人民。同样地，设计也有相应的规范，大型企业品牌都有自己的一套 VI 系统，因为规范能够帮助我们解决一些原则问题，门户级页面尤其注重此类内容。它规范页面的统一，如网页设计里的间距，小到几个像素都在此范围内。如果做得好，就好比我们的仪表大方清爽，容易获得青睐，如图 13.19 所示是一简单网页实例。

图 13.19　视觉规范

3．保有自己的风格

　　具有自己的风格真的非常重要。用 Photoshop 进行图形编辑，它的强大功能相信大家都已经了解。这里要告诉大家的是，它其中一些自定义保存的部分往往不太受关注，批处理、action、预设管理器都是有利的"武器"。当你发现一个好的样式、色彩或者配色，可以将其保存下来，这很可能会为以后工作提供巨大便利。如果找不到合适的样式，可以寻找一套样式，然后在它的基础上进行修改即可。如图 13.20 所示是一简单网页实例。

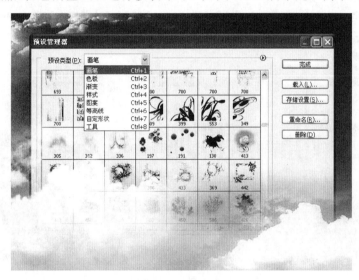

图 13.20　预设管理器

4．善用填充图

　　网站中的活动海报，是经常使用的设计内容。这时，需要为其添加填充图，以给人丰富的视觉冲击力，从而体现其视觉感受。填充图就是以一个单一的小元素平铺成一个大的画面，设计填充图是一件有趣的事情，就几个像素的摆放能影响整个画面的效果，连续的图形会给人真实的材质感，让画面不再单调，使用恰当会让网页立体化，提升用户的视觉感受，这也是服装巨头们乐此不彼的手段，大家不妨试试，相信你会有意想不到的收获！如图 13.21 所示是一简单网页实例。

图 13.21　填充图的应用

5．立体效果的应用

相信大家都听过这样一句话，"平面要不平那才有意思"！千万别会错意，这可不是要你玩哈哈镜，只是需要你玩一下视错觉游戏！想做立体的东西，怎么能少了制作它的软件呢？这里向大家介绍 Illustrator，它有滤镜功能，能实现 3D 效果，也可进行任意的拖拽、透视角度、光源等。立体设计使画面丰富，让人浮想联翩。如图 13.22 所示是一简单网页实例。

图 13.22　立体效果

13.1.5　模板的更新

模板创建好以后并非一成不变，我们可以根据实际需要，随时修改模板以满足新的设计要求。当我们修改一个模板时，Dreamweaver 会提示我们是否更新应用该模板的网页。模板的更新可分为对当前文档的更新和对整个站点的更新，具体内容如下。

（1）对当前文档的更新

在模板修改完成后，用当前模板的最新版本来更新当前文档，其操作方法是选择"修改"→"模板"→"更新当前页"命令，即可实现。

（2）对整个站点的更新

要用模板的最新版本更新整个站点或应用特定模板的所有文档，其操作方法是选择"修改"→"模板"→"更新页面"命令，在弹出的"更新页面"对话框中分别设置"查看"的站点选择和"更新"的模板复选框，单击"开始"按钮实现最终的站点内容的更新，如图13.23 所示。

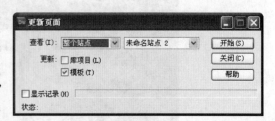

图 13.23　更新页面

13.1.6　模板的优化

因为 SEOer 对代码的掌握不够熟练，网站模板的优化往往被轻易地忽略了；在重内容、重外链的大趋势下，网站模板往往被弃之不顾，这么做都是非常不可取的。这样，被别人新建的网站所赶超也就不足为奇了。说了这么多，只想告诉大家，网站模板的优化真的很重要的。那么这该怎么做呢？可以通过下述几点来掌握。

1．网站模板相似度

因为对网站建设不太熟悉，常常就会选择在网上下载模板使用，又或者是一些简单的网站建设，因为任何一个搜索引擎都是反对镜像网站的，也就是反对相似度太高的网站，这样的网站很难得到搜索引擎的重视。

2．栏目不规范

网站模板栏目跟网站结构是息息相关的，越是复杂的网站，其中的栏目越是容易出现问题。

（1）栏目不应该过多，栏目冗余有可能会出现头重脚轻的现象，而且出现大量的导出链接，使结构得不到均衡，甚至出现大量的站内相似页面。

（2）模板栏目设置不应该过少，栏目可能会使网站的结构层次过深，保证不了蜘蛛对网站内页的抓取。

3．CSS优化

（1）现在很多网站模板都是采用 DIV+CSS 模式，代码精简所带来的直接好处是能使搜索引擎蜘蛛在最短的时间内爬完整个页面，由于能实现其高效爬行，就会受到蜘蛛喜欢，这样对收录数量有一定好处。

（2）随着搜索引擎的进步，CSS 中 class、ID 的命名也会在计算在内，这个在百度的快照中可以看到这点。所以在 CSS 中要注意书写良好的 class 命名。

（3）随着 DIV 和 JS 结合的使用取代了 flash 和大量苦涩的特效，不但保持了网页的美观，还大大增加了网站的可读性。

4．标签优化

编写良好的标签，可对网站的内容展示起到画龙点睛的作用。除了熟悉的 title 标题标签，description 描述标签，还有网站模板的 h1 标签，alt 标签，加粗标签 B 都要有很好的安排。因为在百度统计建议中，alt 标签的评分是有相当一部分分数的。网站 SEO 标签书写要简单恰当，切忌关键词堆砌太多。

13.2　库

库是一些网页元素的集合文件，它可以方便地实现用户对网页局部进行更新操作。库的内容可以包括文本、图像等所有网页元素，可以在站点中的其他页面上被重复使用。库与模板的作用和使用方法类似，本节将详细介绍有关库的相应内容。

13.2.1　创建库项目

库文件夹由 Dreamweaver 在站点根目录中自动创建。它主要用于保存需要重复使用或需要经常更新的页面元素（如图像、文本或其他对象）。将页面元素存入库中，这就是所谓的库项目（库元素）。这里通过库项目的创建来帮助大家掌握库的相关操作方法。

（1）创建

创建库项目的具体方法是，用光标选取需要作为库项目的内容，选择"修改"→"库"→"增加对象到库"命令。最后输入新的库项目名称，就可以实现库项目的创建了。增加实现后，可以在"资源"面板中看到相应增加的变化。如图 13.24 所示是其中的一条资源内容。

注意：库可以包含 HTML 文档 BODY 标记可以包含的任何元素，如文本、表格、表单、图像、导航栏、Java 小程序、插件和 ActiveX 控件等。Dreamweaver 保存的只是对被链接项目（如图像）的引用。原始文件必须保留在指定的位置，这样才能保证库项目的正确引用。

图 13.24　"资源"选项卡

（2）添加

执行上述步骤后，库项目已经创建完成。接下来介绍的是有关于如何应用该内容，即将库项目添加到正在建的网页中。把库项目添加到页面时，实际内容以及对项目的引用就会被插入到文档中。其具体方法如下：

将光标置于需要添加库项目的相应位置，选择"窗口"→"资源"命令，在打开的"资源"面板中单击"库"按钮，然后选中需要添加的库项目，单击"插入"按钮（或者从库类别拖曳一个项目到文档窗口）实现操作，如图 13.25 所示。

图 13.25　库项目添加

13.2.2 库项目的编辑与更新

库项目一旦创建，就需要我们进入相应的编辑操作。因为任何的制作不可能一蹴而就，好的设计、好的作品往往都是经过反复的斟酌、思量才变得完美的。所谓编辑操作，其实就是对相应的创建的库项目进行修改。

如图 13.26 所示，是一已经制作完成的库项目。

图 13.26 库项目

选择"窗口"→"库"命令，在"资源"面板中单击"库"按钮，即可对库项目进行编辑。在正式开始进行编辑时，单击"资源"面板中的"编辑"按钮即可，然后可以根据需要对相应的库项目进行变动，如图 13.27 所示。

图 13.27 库项目编辑

这里为该页面添加了有关文字的库元素，最终可得到如图 13.28 所示的效果。

图 13.28　添加文字后的效果

在设计网页时可以把库项目拖放到文档中，这时，Dreamweaver 会在文档中插入该库项目的 HTML 源代码的一个备份，并创建一个对外部库项目的引用。库项目的更新同样有两种情况，一种是使用该项目的文档，另一种是更新页面。其具体操作方法如下：

（1）使用该项目的文档

此类型的更新方法是，修改之后选择更新所有使用该项目的文档。

（2）更新页面

此类型的更新方法是，在库项目实现后有选择地不更新。在后面的操作过程中，如果需要用此库项目，因为它与其仍然保持关联，故选择"修改"→"库"→"更新页面"命令即可实现。

13.3　模板与库在网页中的应用

前面几节分别向大家介绍了有关模板与库的相关内容以及其对应的操作与设置方法。在下面的内容中，着重来介绍模板与库在网页的实际制作过程中的应用，让大家通过一些简单实例更深入认识有关模板与库。

1．模板在网页中的应用

根据前面的图 13.1 的模板，这里参照其已经设计实现的模板来制作一相对整体的网站页面。首先在模板的基础上，在线条的上方添加了相关的文字内容，如图 13.29 所示。其实就是，在原有模板的基础上，进行文本内容的制作。分别制作第一行为标题行，接下来的 3 行为正文内容，底下的联系方式设置为"段落 4"格式。完成了设置以及格式编排后，最终就可以得到如图 13.30 所示的效果图。

图 13.29　添加文本

图 13.30　网页效果

2．模板应用技巧

（1）定义可编辑区域时要注意，可以定义整个表格或单个单元格为可编辑区域，但不能一次定义几个单元格。层和层中的内容是彼此独立的，定义层为可编辑区域时，在应用模板创建网页文档时可改变层的位置；定义层的内容为可编辑区域时，允许改变层的内容。如果将层的内容设为可编辑区域，而后来又想将其位置设为可编辑，那么，需要先取消对层的内容的可编辑定义，然后再将层设置为可编辑区域。

（2）编辑模板时，模板中的所有可编辑区域都列于"修改"→"模板"的子菜单下，使用该列表可以方便地选取并编辑可编辑区域。

（3）基于模板的文档不能完全支持 CSS 样式、时间轴、行为，如果要在基于模板的文档中使用这些项目，必须将它们添加到文档所使用的模板文件中。如果要在模板文件中将样式表设置为可编辑的，且不想在每次修改样式表后都更新页面，可以使用外部样式表。

（4）如果确实需要对使用模板创建的网页中的锁定区域和可编辑区域都进行修改，必须先将页面和模板分离开。方法是：打开要分离的文档，然后选择"修改"→"模板"→"从模板中分离"命令。一旦页面被分离出来，就可以像没有应用模板一样编辑它，但当模板被更新时页面将再也不能被更新。

（5）如果要在模板文件中创建链接，请在属性检查器中使用文件夹图标或指向文件图标来创建，不要直接输入要链接的文件名称，否则链接可能会出现问题。

3．库在网页中的应用

区别于模板的库，在图 13.29 的基础上，我们可以将该模板中的 Banner 进行更换。如果有条件，你也可以将 LOGO 更新成与图形相符的内容。这里具体进行网站 Banner 通过库更换的操作实例的讲解。具体方法如下：

首先，制作网站页面中的 Banner 的内容，如图 13.31 所示，然后将其保存，最后使其成为一个库项目。因为需要最终添加到模板中，在制作此内容时，尺寸一定要与模板中的相应大小一致。

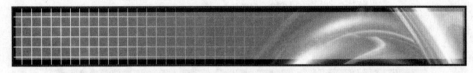

图 13.31　库项目

在库项目创建完成后，通过添加的方法将其置于当前制作的页面中。最终得到如图 13.32 所示的相关效果。

图 13.32　网页效果

4．库应用技巧

❑ 通常，添加到页面中的库项目是不能编辑的。如果确实需要编辑，必须先将文档中的库项目和库中的库项目的联系切断。

❑ 在创建新的库项目时，Dreamweaver 自动把新的库项目命名为"无标题"，并保持在可修改状态，如需修改应及时修改。如果在取消了选择之后再修改，在创建新项目的当前文档中容易发生链接错误。

❑ Dreamweaver 在每个站点根目录下的 Library 文件夹中存放库项目。每个站点都有自己的库，可以使用资源面板弹出菜单上的"拷贝到站点"命令将一个站点的库项目复制到另一个站点。但要注意，如果库项目包含链接，该链接在新站点中可能会出现链接错误。如果库项目中包含图像，这些图像不会被复制到新站点中。

❑ 库项目不能包含时间轴和样式表，因此用这些元素创建库项目将发生错误。

❑ 请不要移动库文件夹（Library），这将会导致库项目引用错误。

13.4　本章小结

通过本章的学习，希望大家能掌握使用模板创建和更新网页以及使用库项目的一般方法，进而达到熟练运用模板设计网页的目的。重点在于掌握根据模板新建网页，掌握更新模板和自动更新网页的方法以及网页中新建库元素和插入库元素的方法。本章的难点在于创建模板的方法，学会定义可编辑区域，以及理解模板与库在功能与使用上的区别。在接下来的一章，将重点为大家介绍有关图形图像应用的高阶操作方法。

13.5　本章习题

【习题 1】练习模板的应用。要求：将如图 13.33 所示内容保存为模板的形式。

图 13.33　模板的创建

【习题 2】练习库的应用。要求：将如图 13.34 所示内容保存为库文件。

【习题 3】练习模板与库在网页中的应用。要求：实现如图 13.35 所示的效果。

图 13.34　库的创建　　　　　图 13.35　网页的设计

第 14 章　网页中图形图像的高级应用

图形和图像都是图片。图形注重"形"，是一个一个由线构成的几何图形，也许是曲线又或者是直线做出的图片，它属于矢量图，通常以.bmp 扩展名进行命名，指由 CPU 运算生成的几何图形或几何图形集合。图像可以是一幅画，它注重"色彩"，属于位图，通过以.jpeg、.tiff 为扩展名进行命名，指已经由软硬件处理过的图形。本章针对图形图像具体进行有关内容的探讨。

14.1　矢　量　图　形

计算机中显示的图形可以分为位图和矢量图两类。矢量图无论放大、缩小或旋转等都不会失真，一般体积较小。正因为矢量图的这些特点，越来越多的网站在制作网页时选择使用矢量图作为页面图片。Adobe 公司的 Illustrator、Corel 公司的 CorelDRAW 是众多矢量图形设计软件中的佼佼者。这一节通过矢量图的制作过程来介绍有关矢量工具。

14.1.1　认识矢量图形

因为矢量图放大后图像效果不会失真，所以在 Flash 制作等一些要求高保真的场合时，矢量图被人们广泛地应用。同时，矢量图还具有占用空间小的特点，同样的条件下由于网页制作的需求，人们更多地会选择它。并且，此类图形还不受分辨率的限制。矢量图以几何图形居多，图形可以无限放大，不变色、不模糊。常用于图案、标志、VI、文字等设计。常用软件有：CorelDraw、Illustrator、Freehand、XARA 等。

1．什么是矢量图形

关于矢量图形，首先需要知道的就是怎么样的图形是矢量图形，它要如何才算是呢？下面就来为大家揭晓。

矢量图形又常被称作面向对象图形或绘图图形。矢量文件中的图形元素称为对象。每个对象都是一个自成一体的实体，它具有颜色、形状、轮廓、大小和屏幕位置等属性。多次移动和改变它的属性，并不会影响图例中的其他对象。如图 14.1 所示是一矢量图形的应用实例。

编辑矢量图形时，修改的是描述其形状的线条和曲线的属性。矢量图形与分辨率无关，因此在对图形进行移动、调整大小、更改形状或更改颜色等操作时，不会改变其外观品质。

图 14.1 矢量图示例

2．分辨率与"我"何干

在处理位图时，我们知道需要重点考虑分辨率这一因素，但是矢量图会告诉你，分辨率与"我"何干？操作位图时，分辨率既会影响最后输出的质量也会影响文件的大小。但是，在矢量图这里，分辨率是没办法影响它的。

3．开放路径对象和封闭路径对象

对象可以有一条封闭路径或者一条开放路径。开放路径对象的两个端点是不相交的。封闭路径对象就是那种两个端点相连构成连续路径的对象。开放路径对象既可能是直线，也可能是曲线，封闭路径对象包括圆、正方形、网格、自然笔线、多边形和星形等。封闭路径对象是可以填充的，而开放路径对象则不能填充。

14.1.2　制作矢量图形

在 Flash 动画中，经常通过矢量图形来进行相应的动态图效果的实现。在对矢量图形有了初步认识之后，接下来让我们一起来学习有关绘制与填充。对于矢量图形，经常需要使用 Fireworks 软件来制作。它的处理主要包括有以下内容：

1. 矢量路径

这里提到的矢量路径共有 3 类，分别是直线、曲线、自由路径。有关它们的创建方法，下面进行详细讲述。具体内容包括：

（1）直线的创建方法

创建直线的方法是，单击工具箱的"线条工具"，根据线条的效果需要在"属性"面板中设置笔触的相关属性值，在线条的起始位置按下鼠标左键不放并拖至直线终点处，松开鼠标左键，在画布上画出直线。拖动鼠标的同时按住 Shift 键时可以画出水平、垂直或与水平、垂直方向呈 45°角的直线。

（2）曲线的创建方法

创建曲线的方法是，单击工具箱的"钢笔工具"，在"属性"面板中分别设置"笔触"和"填充"的相关属性值，接着单击画布上的不同位置，绘制由线段组成的直线路径。这里，当单击时不松开继续拖动操作，就能将路径绘制成曲线。

❑ 弯曲度调整：通过两条控制线可调整曲线弯曲度的值的设定。

❑ 中止绘制开放路径：在结束点双击鼠标。

❑ 中止绘制封闭路径：将光标移至起始点上，光标变为一个小圆圈，单击起始点。

（3）自由路径的创建方法

创建自由路径的方法是，单击"钢笔工具"弹出菜单的"矢量路径"工具，弹出属性面板，设置"笔触"的相关属性值。通过拖动鼠标加以绘制。如果拖动的同时按住 Shift 键，能够实现将路径绘制为水平或垂直线。释放鼠标以结束路径。若要闭合路径，则将指针返回到路径起始点，然后释放鼠标。

在网页制作过程中，可以将上述几种方法融合、交互应用，最终实现矢量图形的创建。如图 14.2 所示是一些关于直线工具、钢笔工具、笔刷工具应用后创建的矢量图形效果。

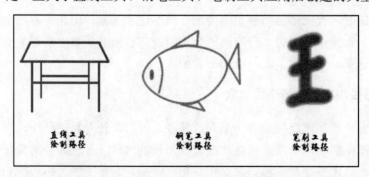

图 14.2　综合应用各种方法创建的矢量图形

2．矢量形状

矢量形状包括矩形、椭圆、多边形、星形以及其他特定的几何形状。在 Fireworks 中主要提供有如图 14.3 所示的相应关于形状的功能。在下面的内容中将详细为大家介绍有关此方面的操作及创建方法。

（1）矩形的创建方法

创建矩形的方法是，单击工具箱中的"矩形工具"，在属性面板中设置"笔触"和"填充"的相关属性值，在绘制位置的左上角单击，接着拖动进行创建，直至其范围到矩形所需要的大小位置。

- Shift 键：将 Shift 键按住与鼠标拖动操作，可实现正方形的绘制。
- Alt 键：将 Alt 键按住与鼠标拖动操作，可绘制光标起始点为中心点的矩形。
- Shift+Alt 键：将 Shift 和 Alt 键同时按住与鼠标拖动操作，可绘制以光标起始点为中心点的正方形。

图 14.3　菜单

（2）椭圆形的创建方法

创建椭圆形的方法是，在弹出的矩形工具菜单中单击"椭圆工具"，在属性面板中设置"笔触"和"填充"的相关属性值。在绘制位置的左上角单击并拖动鼠标进行创建，直至其范围到椭圆形所需要的大小位置。

- Shift 键：将 Shift 键按住与鼠标拖动操作，可进行圆形的绘制。
- Alt 键：将 Alt 键按住与鼠标拖动操作，可绘制光标起始点为中心点的椭圆形。
- Shift+Alt 键：将 Shift 和 Alt 键同时按住与鼠标拖动操作，可绘制光标起始点为中心点的圆形。

（3）多边形的创建方法

创建多边形的方法是，在弹出的矩形工具菜单中单击"多边形工具"。可以绘制从三角形到具有 360 条边的任意正多边形。在属性面板中使用"边"的相应参数值来设置多边形边的数量，如图 14.4 所示。在画布上要绘制的位置单击，拖动鼠标直至所需要的大小，松开鼠标即可。

图 14.4　用"属性"面板创建多边形

（4）星形的创建方法

创建星形的方法是，在弹出的矩形工具菜单中单击"多边形工具"。在"属性"面板中将"形状"的相应参数值设置为"星形"。在"边"文本框中输入星形顶点的数目。选择"自动"或在"角度"文本框中输入一个值，进行角的度数设置，如图 14.5 所示。在画布上要绘制星形的位置单击，拖动鼠标直至所需要的大小，松开鼠标即可。

图 14.5 用"属性"面板创建星形

（5）特定形状的创建方法

创建特定形状的方法是，在弹出的矩形工具菜单中选择需要的自动形状工具。在画布上拖动鼠标绘制形状。大多数"自动形状"控制点都带有工具提示，描述它们会如何影响自动形状。拖动控制点可以改变形状的某个特定变形属性。

无论是矩形、椭圆、多边形、星形或者其他形状，通过编辑 Fireworks 制作的图形后，最终都将成为网页中一簇美丽的点缀。如图 14.6 所示是针对上述矢量形状应用的效果。

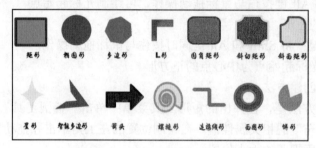

图 14.6 应用矢量形状后的效果

3. 自动形状

创建自动形状的方法是，选择"窗口"→"自动形状"命令，在弹出的如图 14.7 所示的"自动形状"面板中进行相应图形的拖动选择，即可实现。

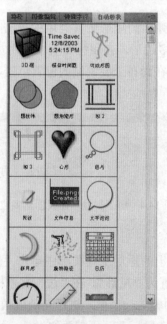

图 14.7 "自动形状"面板

如图 14.8 所示是应用"自动形状"面板实现的、可用于网页制作的部分矢量图形的效果图。

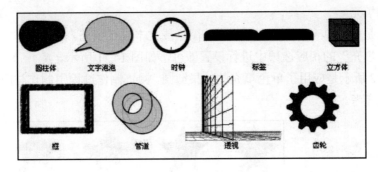

图 14.8　应用"自动形状"面板生成的效果

4．使用笔触

笔触可以应用到矢量路径、矢量图形或文本上。通过设置笔触属性，可以使下一个绘制的矢量对象具有新的笔触属性。具体操作方法是，在画布上选择一个矢量图形，单击"属性"面板中笔触的相应选项进行设置即可。如图 14.9 所示，是矩形矢量图相应的笔触属性，包括边缘、纹理、圆度等。

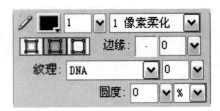

图 14.9　笔触的各种属性

如图 14.10 所示是一针对笔触的相应属性效果应用后的矢量图。通过笔触分别实现了实线、3D、彩色蜡笔、轮廓和荧光等下述效果。

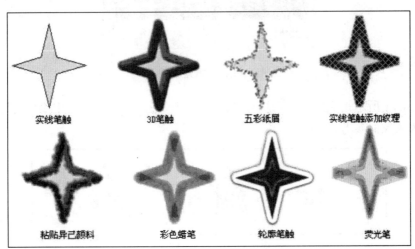

图 14.10　笔触效果

5．使用填充

在 Fireworks 内置了 4 种标准填充方式：单色填充、抖动填充（Web 仿色填充）、图案填充和渐变填充。可以改变填充的各种属性，包括颜色、边缘、纹理和透明度。因为不同标准的填充方式略有区别，所以在进行属性面板的设置操作时，除了基本操作外，还需要根据不同的方式进行相应的变动。下面针对这些进行具体介绍。

（1）单色填充

单色填充是使用单一颜色对矢量路径、图形或文本进行填充。具体操作方法是，在"属性"面板中"填充"的相应选项中进行设置即可，如图 14.11 所示。

如图 14.12 所示是应用了单色填充的效果截图。网页制作过程中制作与应用矢量图时，可作为大家的参考。

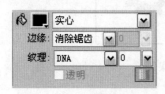

图 14.11　设置单色填充

图 14.12　单色填充效果

（2）抖动填充

Fireworks 提供了 Web 仿色填充，即混合两种 Web 可靠颜色来模拟一种非可靠的 Web 颜色。关于抖动填充的具体操作方法是，选择要填充的对象，在填充面板的类别下拉列表中选择"网页抖动"，设置颜色。如果想设置透明效果，可选中"透明"复选框，如图 14.13 所示。

图 14.13　填充颜色

如图 14.14 所示是应用了抖动填充的效果截图，在网页制作过程中制作与应用矢量图时，可作为大家的参考。

图 14.14　抖动填充效果

（3）渐变填充

渐变填充是使用两种或两种以上的颜色按照一定的组合规律来填充对象。关于渐变填充的操作方法是，选择要填充的对象，在填充面板的类别下拉列表中选择填充的方案。在 Fireworks 中为大家提供了如图 14.15 所示的共 12 种方案。

　　这里选择"波纹"的填充方案，单击"填充颜色"按钮，在弹出的"编辑渐变"窗口进行相应的效果的设置，如图 14.16 所示。

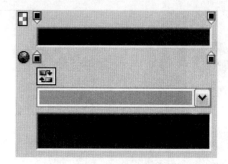

图 14.15　填充方案　　　　　　　　图 14.16　编辑渐变

　　如图 14.17 所示是应用了渐变填充的效果截图，在网页制作过程中制作与应用矢量图时，可作为大家的参考。

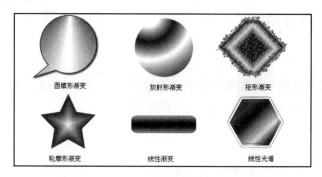

图 14.17　渐变填充

（4）图案填充

　　图案填充是使用图案位图重复拼接来填充对象。关于图案填充的操作方法是，选择要填充的对象，在填充面板的类别下拉列表中选择"图案填充"。系统提供的图案有限，可以通过"其他"这一选项，在弹出的"定位文件"对话框中，选择想要添加的图片作为填充的方案，如图 14.18 所示。

图 14.18　定位图片文件

如图 14.19 所示是应用了图案填充的效果截图，在网页制作过程中制作与应用矢量图时，可作为大家的参考。

图 14.19　图案填充

14.1.3　矢量工具应用

矢量工具用于制作矢量图，有此类作用的工具不只一种，如前面已经提到的 Fireworks 软件。"贝塞尔工具"是所有绘图类软件中最重要的工具之一。下面针对几类常用的矢量工具软件进行讲解，以帮助大家掌握它们的功能以及相关内容。

1. Fireworks

Fireworks 是一款在制作网页时用于图形图像的编辑与制作的软件。该软件可以加速 Web 设计与开发，是一款创建与优化 Web 图像和快速构建网站与 Web 界面原型的理想工具。本书中针对它的应用与操作方法将分别进行详细介绍，这里不再进行讲述。

2. Photoshop

Photoshop 是图像处理软件之一，集图像扫描、编辑修改、图像制作、广告创意、图像输入与输出于一体的图形图像处理软件，深受广大平面设计人员和计算机美术爱好者的喜爱。本书中针对它的应用与操作方法将分别进行详细介绍，这里不再进行讲述。

3. CorelDRAW

"贝塞尔"是 CorelDRAW 中的称谓，在 Photoshop、Illustrator、InDesign 等软件中，称之为"钢笔工具"，虽然名称不一样，但作用是一致的。为帮助大家掌握贝塞尔工具的应用，这里以 CorelDRAW 的操作为例，对其进行简单分析。

（1）绘制线段

先在屏幕某个位置单击以指定起始点，然后将光标移向目标位置，单击指定第一条线段的终止点（在绘制多段线时，此终止点同时也为下一线段的起始点），然后继续将光标移向下一个目标位置处单击，完成第二条线段的绘制；以此类推，光标不断地在新的位置单击，就不断地产生新的线段，如图 14.20 所示。

（2）封闭的对象效果

在目标位置处单击以指定起始点，然后移动光标在目标位置处单击，即绘制出一条线段；保持工具不变，继续将光标移向目标位置处单击，最后移向起始点位置处，在起始点上单击完成闭合操作。如图 14.21 所示是一封闭对象示例图。

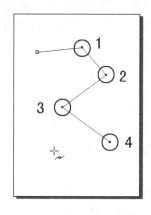
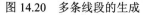

图 14.20　多条线段的生成　　　　图 14.21　创建封闭对象的示例

（3）绘制曲线

"贝塞尔曲线"由节点连接而成的线段组成的直线或曲线，每个节点都有控制点，允许修改线条的形状。贝塞尔曲线由一个或多个直线段或曲线段组成。在曲线段上，每个选中的节点显示一条或两条方向线，方向线以方向点结束。方向线和方向点的位置决定曲线段的大小和形状，移动这些因素将改变曲线的形状。

贝塞尔曲线可以是闭合的，没有起点或终点（如圆），也可以是开放的，有明显的终点（如波浪线）。利用"贝塞尔工具"配合"形状工具"，可以创造任意复杂程度的图形对象，如图 14.22 所示。

图 14.22　"贝塞尔工具"配合"形状工具"创建的图形示例

14.1.4　矢量图与位图

前面我们已经对矢量图有所了解，那么什么是位图呢？它们的区别在哪里呢？位图图形由排列成网格的称为像素的点组成。图像由网格中每个像素的位置和颜色值决定。编辑位图图形时，修改的是像素，位图图形与分辨率有关，放大位图图形会使图像的边缘呈锯齿状。下面为大家详细介绍有关矢量图与位图的不同。

1．位图像素、分辨率

当放大位图时，可以看见赖以构成整个图像的无数单个方块。扩大位图尺寸的效果是增多单个像素，从而使线条和形状显得参差不齐。然而，如果从稍远的位置观看它，位图图像的颜色和形状又显得是连续的。由于位图图像是以排列的像素集合体形式创建的，所以不能单独操作（如移动）局部位图。

分辨率是一个笼统的术语，它指一个图像文件中包含的细节和信息的大小，以及输入、输出或显示设备能够产生的细节程度。操作位图时，分辨率既会影响最后输出的质量，也会影响文件的大小。处理位图需要三思而后行，因为为图像选择的分辨率通常在整个过程中都伴随着文件。

2．矢量图优、缺点

优点：① 文件小；② 图像元素对象可编辑；③ 图像放大或缩小不影响图像的分辨率；④ 图像的分辨率不依赖于输出设备。

缺点：① 重画图像困难；② 逼真度低，要画出自然度高的图像需要很多的技巧。

关于位图、矢量图的相关内容，需要大家在日常的使用中不断去体会它的不同与共同。细节决定成败，在图像中往往小小的一笔一画就足以定性整个页面的成功与否。如图 14.23 所示是一位图与矢量图的相应效果。

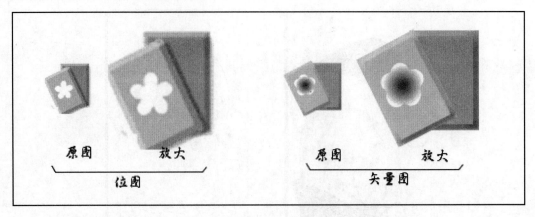

图 14.23　位图、矢量图

3．矢量图与位图的转换

在了解了矢量图和位图之后，接下来具体为大家介绍相关的转换方法。因为矢量图形是使用数学方法，按照点、线、面的方式形成的，在缩放时不会产生失真效果；位图图像则是使用物理方法，按照点阵的方式绘制、由像素的点阵组成的，图像在缩放和旋转变形时会产生失真现象。由此，为了应用滤镜功能和位图的颜色遮罩功能，需要把矢量图用 CorelDRAW 转化为位图。其方法如下：

（1）选择

打开矢量图形文件，用工具箱的"挑选工具"选中矢量图形。

（2）执行操作

选择"位图"→"转换为位图"命令，在弹出的"转换为位图"对话框中进行相应的参数设置与选择。

（3）分辨率与颜色模式的选择

在"转换为位图"对话框中的"分辨率下拉框"可进行相应的分辨率的参数设置。在"颜色下拉框"中可进行相应的颜色模式的选择。

14.2　Fireworks 图形图像处理

Fireworks 是一款在网页制作中，被广泛用来处理图形图像的软件。针对它在网页页面中的突出作用，本节将具体通过几个实例的制作方法以及相应的内容，帮助大家更好地掌握它的具体的内容与操作应用。

14.2.1　动态元件的制作与应用

借助 Fireworks，可以帮助实现"图形"、"按钮"和"动画"3 种元件的创建。这里实现的效果，都是通过把元件从文档库里面直接拖出来进行的，这类元件统称为静态元件。那什么是动态元件？该如何制作它呢？下面来为大家揭晓。

1．什么是动态元件

若想要改变按钮的文字、长、宽以及光标移动、按下等属性，可以在"元件定义"面板进行设置。因为该元件在库里面只存在一个，所以称其为动态元件。如图 14.24 所示的截图就是关于元件的效果图。

2．动态元件的制作与应用

在了解了动态元件之后，接下来为大家介绍有关它的制作与应用的方法。关于这部分的内容，这里通过一简单的操作实例，来帮助揭开它的"面纱"。

（1）绘制图形

如图 14.25 所示是绘制完成的关于光标的 4 种状态，包括正常状态、移入状态、按下状态和禁用状态。这些在 Fireworks 中用平常的方法将样子绘制出来就可以了。

（2）编辑

统一按钮背景图坐标，使它们重叠在一起。然后将其转换为图形类元件。最后，为元件插入文本内容，并对每张状态图进行命名，如图 14.26 所示。

图 14.24　元件　　　　　　　　　图 14.25　绘图

（3）保存

选中已经创建完成的元件，单击右上角的菜单按钮，选择"Save to Common Library（保存到公用库）"命令，在弹出的对话框中选择路径，完成保存，如图 14.27 所示。

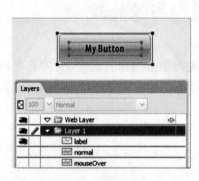

图 14.26　编辑元件　　　　　　　　　　　　图 14.27　保存

（4）脚本

选择"命令"→"创建元件脚本"命令，在弹出的"创建元件脚本"对话框中打开前面已经保存的文件，设置元件的动态属性，单击"保存"按钮完成。

（5）应用

新建一个文档，在公用库的自定义目录中将自制的动态元件拖进画布，再选择 Window→Symbol Properties 命令设置相应的内容。最终即可将不同状态、不同标签文字的按钮在场景上进行创建了，如图 14.28 所示。

图 14.28　场景

14.2.2　制作水波 gif 动画

在很多的动图中都应用了动态的效果（如水波）。那么要怎么才能实现它呢？在接下来的内容中将一一来为大家进行解答。如图 14.29 所示是一用 Fireworks 制作的水波动画。这里通过此实例图的制作与实现方法的介绍来讲述有关水波动画的相关内容。

图 14.29　水波动画

1．导入图片

将素材图片导入，同时在层面板创建新的图层文件夹，设置其属性为"所有帧共享"，将图片粘贴到此文件夹，如图 14.30 所示。

图 14.30　素材图片

2．编辑

将图片转换成动态符号。在符号编辑区，按住 Alt 键，复制该图片。用工具进行相应的调整，实现后返回到场景界面。此时，会出现含有很长的波浪图的动态符号，水平拖动图片上出现的红色原点，但是不要出现超出场景外的现象。

3．色彩模式调整

上述操作完成后，接着进行色彩模式调整，在透明度选项上指定该图的透明度为 50%。

4．帧的设置

最后，需要执行帧的设置。具体操作是，在"帧"面板中设置帧的播放速度，调节到 15 帧左右就可以了。到这时，此 gif 动画也就制作完成了。最后，我们只要将其保存就可以了。

14.3　Photoshop 图形图像处理

Photoshop 的图形图像处理的强大功能，相信大家都有所耳闻。在这一节中，具体针对它的相关图形图像制作、编辑等操作内容进行一系列的介绍。主要通过几个应用实例来进行详细叙述，这些内容在今后的网页制作图形图像处理时都对我们有所帮助。

14.3.1　使用画笔——笔尖形状

在 Photoshop 中，画笔是使用最多的功能之一，笔尖形状正是其中的一项。通过设置"画笔笔尖形状"项目，可以设置画笔笔尖的样式、直径、硬度，还可以设置画笔的翻转、角度、圆度和间距等。下面就为大家来介绍其功能。

关于画笔的相关属性设置，可以在"画笔"面板中实现。在打开后，关于"画笔笔尖形状"、"大小"、"角度"、"圆度"、"硬度"、"间距"和"画笔"都可以在此面板中执行相应的选项，具体内容如图 14.31 所示。

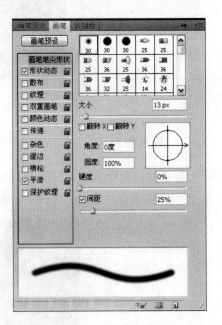

1. 设置

Photoshop 的画笔面板中提供了各项参数的设置功能，下面介绍具体的操作方法。在该软件中打开需要执行操作的素材图片，如图 14.32 所示。

图 14.31　"画笔"面板

接着，在 Photoshop 中进行相应参数调整。针对本图大小和间距的相应参数进行改变。具体的操作界面如图 14.33 所示。

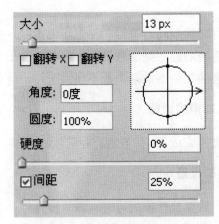

图 14.32　打开素材图　　　　　图 14.33　设置参数

间距选项用于控制绘图中两个画笔笔迹之间的距离，间距数值越小，笔尖间距越小，反之则越大。如果进行间距改变，在进行相应的调整后，间距不同时，点与点之间的距离不一样。在值达到一定程度时，二者的区别是非常大的，如图 14.34 所示。

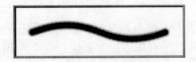 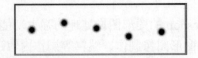

图 14.34　不同间距的不同效果

2．绘制

所需要的参数调整完成后，可以使用笔尖形状来绘制相应的点。使用设置好的画笔，就可以在图层上进行绘制操作了。最终可得到如图 14.35 所示的效果。

图 14.35　效果图

14.3.2　投影和内阴影

为图层后面添加阴影，就是 Photoshop 中经常使用的投影效果的实现方法之一。在图片的技术处理时，投影和内阴影是较普遍的效果。在此段内容中，将要讲解的就是关于此类操作的相关的应用。具体内容如下：

1．投影

物体由于光的折射，成像时往往会有阴影。当然，在图片编辑时最应注意的是，环境漫反射光线形成的那一部分。将其反映到图片，因为具体情况的限制，实际制作过程中经常通过"投影"技术来实现。投影的到位与否，直接决定着图像效果的好与坏。这里通过一简单实例来介绍有关 Photoshop 中投影的实现。

在 Photoshop 中对图像进行投影效果的处理，具体操作方法是，通过选择工具将其选中，然后选择"图层"→"图层样式"→"投影"命令，在弹出的"图层样式"对话框中，针对投影的相应参数进行设置，即可实现不同的投影效果，如图 14.36 所示。

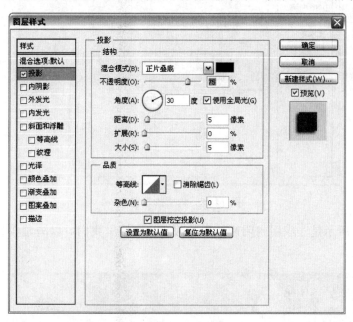

图 14.36　投影设置项

如图 14.37 所示是一应用了投影效果的截图，在这里我们可以看到清楚设置投影的效果。

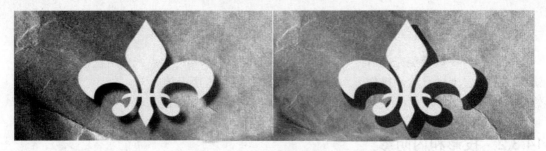

图 14.37　为图片应用投影的前后效果对比

2．内阴影

同表示对象边缘向外扩散阴影的投影不同，内阴影指的是物体边缘轮廓向内向物体上面投射。即反映物体表明呈现"凹陷"时产生的光影变化。在接下来的内容中，将要为大家介绍的就是关于内阴影的相关的内容。

在 Photoshop 中对图像进行内阴影效果的处理，具体操作方法是，通过选择工具将其选中，然后选择"图层"→"图层样式"→"内阴影"命令。在弹出的"图层样式"对话框中，针对其相应的参数进行设置，即可实现不同的内阴影，如图 14.38 所示。

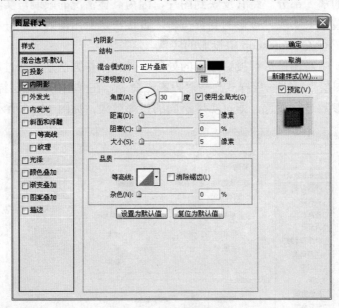

图 14.38　内阴影设置项

如图 14.39 所示是一应用内阴影效果的截图，在这里我们可以清楚看到它们设置后的效果。

图 14.39　设置内阴影前后效果对比

14.3.3　蒙版工作原理

在 Photoshop 中，蒙版就像是特定的遮罩，控制着图层或图层组中的不同区域如何隐藏和显示。简单的说，蒙版就是控制照片不同区域曝光的传统暗房技术。蒙版有快速蒙版、图层蒙版、矢量蒙版以及剪贴蒙版之分。下面，从蒙版的工作原理、蒙版的类型、蒙版的使用方法与技巧等内容为出发点，详细介绍这 4 类蒙版的操作。

1．快速蒙版

快速蒙版模式可以将任何选区作为蒙版进行编辑，而无需使用"通道"面板，在查看图像时也可如此。将选区作为蒙版来编辑的优点是几乎可以使用任何 Photoshop 工具或滤镜修改蒙版。但是，所有的蒙版编辑是在图像窗口中完成的。使用快速蒙版的方法是，单击"工具栏"中的"以快速蒙版模式编辑"按钮，如图 14.40 所示。

2．图层蒙版

图 14.40　"快速蒙版"对应的按钮

图层蒙版可以理解为在当前图层上面覆盖一层玻璃片，这种玻璃片有透明的、半透明的、完全不透明的。应用图层蒙版，可以将两个毫不相干的图像天衣无缝地融合在一起。关于图层蒙版的应用下面通过一简单实例来具体介绍。

如图 14.41 是一简单的图片，这里应用图层蒙版对它进行处理后，将会有另一番不同的效果。

进行图层蒙版应用的方法是，选择需要操作的对象后，再选择"图层"→"图层蒙版"→"应用"命令。在如图 14.42 所示的面板中，可进行相应蒙版的设置。

图 14.41　原始的图片素材

图 14.42　"蒙版"面板

在进行上述图层蒙版的应用以及相应的效果处理后，可得到如图 14.43 所示的效果。

3．矢量蒙版

矢量蒙版与图层蒙版效果类似，但是终究还是有所区别的。它们的区别在于"矢量蒙版"上用路径工具，"图层蒙版"上用画笔。关于矢量蒙版的具体操作方法如下：在弹出的"蒙版"面板中，直接单击"选择矢量蒙版"按钮，如图 14.44 所示。

另一方法是，选择"图层"→"矢量蒙版"→"启用"命令，再在面板中进行具体的设置即可。

图 14.43　"图层蒙版"的应用效果　　　　图 14.44　"选择矢量蒙版"按钮

4．剪贴蒙版

剪贴蒙板是由多个图层组成的群体组织，最下面的一个图层叫做基底图层（简称基层），位于其上的图层叫做顶层。基层只能有一个，顶层可以有若干个。从广义的角度讲，剪贴蒙板是指包括基层和所有顶层在内的图层群体，PS 的帮助文件中就是基于这样的理解。从狭义的角度讲，剪贴蒙板单指其中的基层。

使用剪贴蒙版的操作方法是，选择要实现剪贴蒙版效果的内容，创建图层。接着选择"图层"→"创建剪贴蒙版"命令，即可实现效果。它与普通的图层蒙版区别在于：

❑ 从形式上看，普通的图层蒙板只作用于一个图层，给人的感觉好像是在图层上面进行遮挡一样。但剪贴蒙板却是对一组图层进行影响，而且是位于被影响图层的最下面。

❑ 普通的图层蒙板本身不是被作用的对象，而剪贴蒙板本身却是被作用的对象。

❑ 普通的图层蒙板仅仅是影响作用对象的不透明度，而剪贴蒙板除了影响所有顶层的不透明度外，其自身的混合模式及图层样式都将对顶层产生直接影响。

14.4　标尺、参考线和网格

标尺、参考线和网格是 Photoshop 软件系统中的辅助工具，它们可以帮助我们在绘制和移动相关内容的过程中，更精确地对该制作和移动内容进行定位与对齐。如果合理地、有效地使用标尺、参考线和网格，将大大提高网页的档次。下面将分别对标尺、参考线和网格的相关内容进行具体介绍。

14.4.1　标尺

Photoshop 中标尺的主要作用就是度量当前图像的尺寸，同时对图像进行辅助定位，使图像的编辑更加准确。操作时选择"视图→标尺"命令，即可在当前文件的页面中显示标尺，如图 14.45 所示。如果要将文件中的标尺隐藏，可再次选择"视图"→"标尺"命令即可。如图 14.46 所示是没有显示标尺的 Photoshop 的编辑界面，标尺应用于界面后，操作将十分便捷。

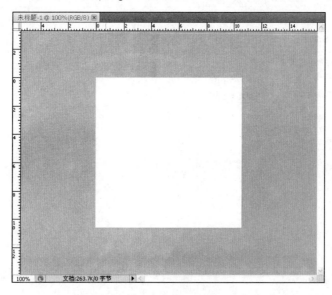

图 14.45　标尺应用

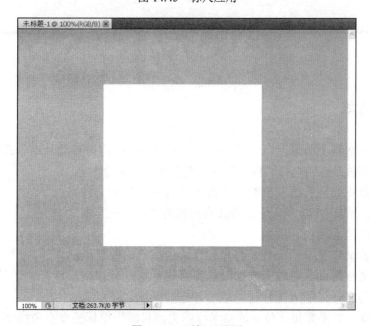

图 14.46　无标尺界面

在进行了标尺的显示与隐藏方法的介绍后，大家还需要掌握它的设置方法。标尺的刻度合理与否，将直接影响到界面中图像的设计。其具体操作方法是选择"编辑"→"首选项"→"单位与标尺"命令，弹出"首选项"对话框，在"单位与标尺"选项下的"单位"与"列尺寸"的文本框与下拉列表框中即可进行相应的参数值设置，如图 14.47 所示。标尺的单位、参考线的颜色、样式都是可以在这里设置的。

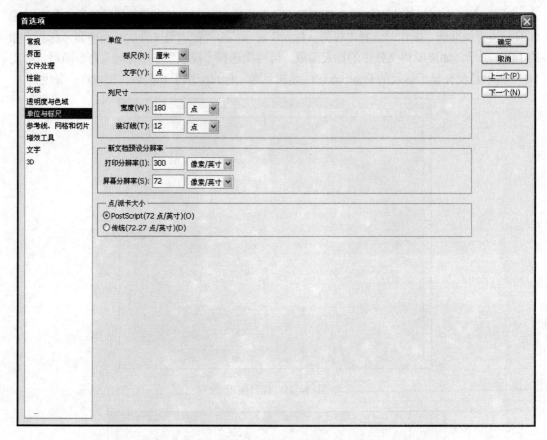

图 14.47　标尺

14.4.2　参考线

参考线是浮在整个图像窗口中但不被打印的直线。用户可移动、删除或锁定参考线。它的具体实现方法是：当选择"视图"→"新参考线"命令时，在弹出的对话框中设置各选项参数，就可以精确地在当前文件中新建参考线。如图 14.48 所示。参考线有两种方式，一种是水平取向，另一种是垂直取向。

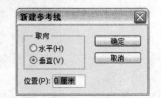

另外，当前文件显示标尺时，将光标移动到标尺的任意位置单击并向画面中拖动，可以为画面添加参考线。将光标移动到参考线上，当光标显示为图标时，单击并拖动鼠标，可以改

图 14.48　参考线的选择

变参考线的位置。如果想将文件中的参考线隐去，只需用鼠标拖曳参考线到图像外即可。

如图 14.49 所示是一建立了参考线的效果界面。

图 14.49　建立了参考线的效果

在参考线创建后，同样可对其参数进行相应设置。具体方法是选择"编辑"→"首选项"→"参考线、网格和切片"命令，在弹出的"首选项"对话框的"参考线、网格和切片"选项卡中，可对相应的参考线的样式和颜色进行设置，如更改参考线的线条样式和线条颜色等。具体操作界面如图 14.50 所示。

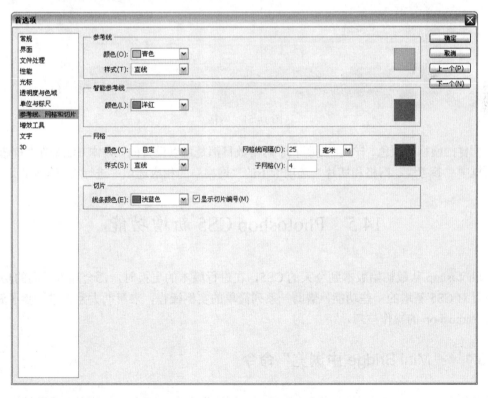

图 14.50　"参考线、网格和切片"选项卡

14.4.3　网格

网格在默认情况下显示为非打印的直线，也可显示为网点。网格是由显示在文件中的一系列相互交叉的直线所构成。选择"视图"→"显示"→"网格"命令，即可在当前打开的文件页面中显示网格，如图 14.51 所示。如果想将文件中的网格隐去，可再次选择"视图"→"显示"→"网格"命令即可实现。

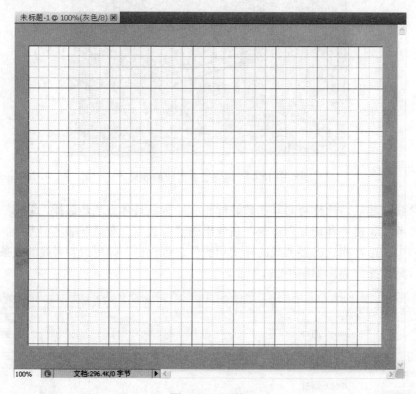

图 14.51　网格

同样的网格的颜色、样式、间距和子网格数目都是可以设置的。具体方法是在"首选项"对话框中"参考线、网格和切片"选项卡下的"网格"的相应选项中进行相应调整即可。

14.5　Photoshop CS5 新增功能

Photoshop 从最初始版本到今天的 CS5，在进行版本的更换时，都会加入不同的功能。这里针对 CS5 新增的一些功能，借助一系列简单的实例操作，来帮助大家更进一步了解和学习 Photoshop 的操作技巧。

14.5.1　"Mini Bridge 中浏览"命令

使用 Photoshop CS5 中的"Mini Bridge 中浏览"命令，可以方便地在工作环境中访问资源。具体操作方法是：

选择"文件"→"在 Mini Bridge 中浏览"命令打开 Mini Bridge 面板，根据相应的按钮功能，即可应用这些新增功能，如图 14.52 所示。

14.5.2　"选择性粘贴"命令

使用"选择性粘贴"中的"原位粘贴"、"贴入"和"外部粘贴"命令，可以根据需要在复制图像的原位置粘贴图像，或者有所选择地粘贴复制图像的某一部分。合理使用此方法，可以帮助我们在实际制作过程中节省时间，提高操作效率。

图 14.52　Mini Bridge

14.5.3　"操控变形"命令

使用新增的"操控变形"命令，可以在一张图像上建立网格，然后使用"图钉"固定特定的位置后，拖动需要变形的部位。例如，轻松伸直一个弯曲角度不舒服的手臂。其具体操作方法如下：

打开需要编辑的图像，选择"编辑"→"操控变形"命令，这时在图像上出现网格，然后通过调整网格上的点就可进行相应的变形了。如图 14.53 是原图执行了"操控变形"命令后出现的网格效果。

进行了相应调整后，该图像的人物发生了变形，大家可以清楚地看到人物的肢体变得直了。这就是此功能可以轻松实现的一个编辑内容。如图 14.54 所示。

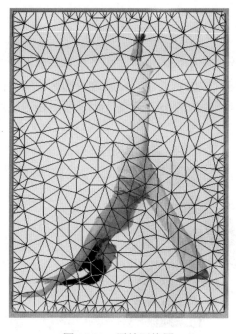

图 14.53　原始网格图

14.54　执行"操控变形"后的效果

14.5.4　"合并到 HDR Pro"命令

使用"合并到 HDR Pro"命令，可以创建写实的或超现实的"HDR"图像。借助自动消除叠影以及对色调映射，可更好地调整控制图像，以获得更好的效果，甚至可使单次曝光的照片获得"HDR"图像的外观。具体应用的操作方法如下：

启动 Photoshop CS5，选择"文件"→"自动"→"合并到 HDR Pro"命令，在弹出的对话框中单击"浏览"按钮，选择相应的文件，最后单击"确定"按钮完成。这里要合并的图像大小必须是一致的，否则将无法实现，具体如图 14.55 所示。

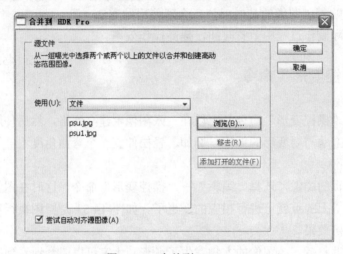

图 14.55　合并到 HDR Pro

14.5.5　精确地完成复杂选择

使用"魔棒"工具，轻击鼠标就可以选择一个图像中的特定区域或者是复杂的图像元素，再单击"调整边缘"命令，可以消除选区边缘周围的背景色，自动改变选区边缘并改进蒙版，使选择的图像更加精确，甚至精确到细微的毛发部分。如图 14.56 所示是通过此功能实现的毛发处理前后的效果对比图。

图 14.56　精确选择选区示例

14.5.6　内容感知型填充

使用"内容识别"填充，可以删除任何图像细节或对象。这一突破性的技术与光照、色调及噪声相结合，使删除的图像内容看上去似乎本来就不存在。因为图像素材的局限，删除图像内容操作是经常要用到的，合理运用该方法能够大大提升图像的档次。

例如，在实际制作过程中，我们经常会将某一物体（如花瓶）替换成另一实际需要的物体（如小狗），此时相信大家一定会觉得 Photoshop 真的很强大。

14.6　本章小结

本章从图形图像的处理方法出发，针对一些在网页制作过程中较复杂的应用内容进行了介绍。具体包括 Photoshop CS5 版本中新增的内容，这是掌握起来比较困难的内容。对于 Fireworks 中的相应功能也是需要大家重点掌握的，因为制作网页我们单单通过一种软件是无法达到和实现最完美的制作与处理效果的。除了上述内容，文中提到的矢量图这一部分内容大家一定要熟记，这是图形图像在网页中比较重要的一类。在下一章将为大家介绍一些较复杂的关于动画的制作与应用技术。

14.7　本章习题

【习题 1】　练习使用矢量工具。要求：创建如图 14.57 所示内容。

图 14.57　矢量工具的使用

【习题 2】　掌握矢量图填充方法的应用。要求：实现如图 14.58 所示的内容。

【习题 3】　练习矢量图的处理。要求将如图 14.59 所示的图形中的头发颜色改变成"黑色"。

【习题 4】练习矢量工具的应用，要求熟练掌握其所有的操作方法。

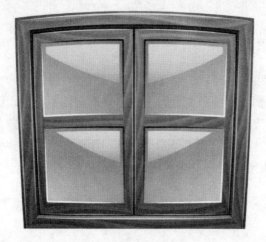

图 14.58 矢量图填充

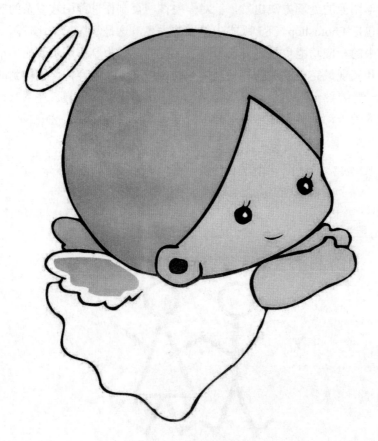

图 14.59 矢量图的处理

第15章　网页中动画的高级应用

动画的范围很广，包括从低成本的翻动的书页到超级复杂的、很长的迪斯尼电影。卡通片、泰坦尼克的下沉都用到动画特技。每一种类型的动画都有它的难处——预算和时间消耗、技术限制等。但是它们中的任何一种接受的挑战都无法和网页动画相比。

在网页中动画必不可少，而且被大量地使用着，这就要求我们在学习网页制作过程中重点掌握的其中一块内容就是动画。动画的制作及相关内容在前面的章节中已经有所涉及，这里针对动画的一些较复杂内容的制作方法和应用进行介绍。

15.1　复杂元件

保持一个开放的思想，同时为了实现你的思想不断地探索新的方式，这是对于动画制作的善于创新的要求。对于可视化你要做的东西，试验不同的角度和方式，尝试不同方式的组合，这就要求你事先作好计划。然后，就是查看下载大小和渲染速度，并了解你的观众。这些是动画制作的要点，在上述内容的基础上，我们可以更深层次地进行动画制作了。

15.1.1　复杂元件的制作

制作应用于网页中的动画，往往需要有构成动画的元件。元件制作的成功与否直接关系到动画效果的好坏，因此对于它的制作非常重要。其实，元件有时是很简单就能实现的，比如由圆、线和色彩等一些元素组成。但是，如果想将它创建得成功，就需要费思量了，元素可以构成简单的元件，也可以构成复杂的。同样是元件，复杂程度同样决定着动画的动态应用效果。如图 15.1 所示分别是关于元件的截图。

图 15.1　元件

对于简单的元件制作前面的章节中已经有所涉及，这里针对一些较复杂的元件，通过具体实例来向大家介绍它的实现与操作方法。

1．Deco工具简单应用

Flash 制作有关的动画，需要先制作元件，元件的制作方法不只一种，可以借助它的工具，结合属性来实现的。首先，这里介绍的是 Deco 工具以及它的相关应用。如图 15.2 所示，是一实现的模仿星空的效果截图。

图 15.2　动画效果示例

（1）藤蔓式填充效果

Deco 工具被经常用来制作一些复杂形状的元件。它主要有如下效果：藤蔓式填充、网格填充、对称刷子、3D 刷子、建筑物刷子、装饰性刷子、火焰动画、火焰刷子、花刷子、闪电刷子、粒子系统、烟动画、树刷子等。关于藤蔓式填充效果的操作方法具体如下：

（A）工具

打开 Flash 后，单击打开工具面板，再单击 Deco 工具按钮，如图 15.3 所示。

图 15.3　Deco 工具按钮

（B）绘制效果

Deco 工具按钮选择完成后，还需要对该工具的绘制效果进行设置。具体方法是，在"属性"面板的"绘制效果"选项卡的下拉列表框中选择"藤蔓式填充"选项，同时进行"树叶"与"花"的相应选项中内容的设置。如图 15.4 所示。

（C）高级选项

在实现了"控制效果"的选择后，接下来针对该选择的内容进行"高级选项"的相应参数设置。具体包括藤蔓式填充的分支角度、图案缩放、段长度、动画图案以及帧步骤相应参数的选择，如图 15.5 所示。

在完成上述（A）、（B）、（C）的设置后，接下来可以在舞台绘制图案，单击相应位置即可实现，效果如图 15.6 所示。

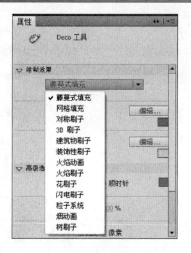

图 15.4　藤蔓式填充

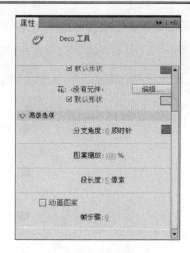

图 15.5　高级选项

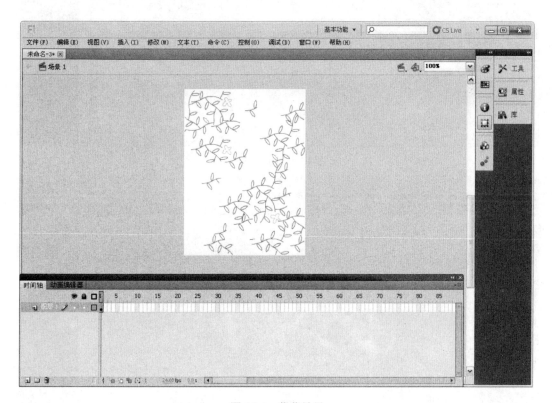

图 15.6　藤蔓效果

（2）网格填充效果

在工具面板中，同样使用 Deco 工具。接着，对该工具"属性"面板中的相应内容进行设置。选择"绘制效果"为网格填充，分别对其中的平铺选项进行颜色调整，并对"高级选项"进行变更，如图 15.7 是应用网格填充实现的绘制效果。

（3）对称刷子效果

对称刷子效果，它的实现方法是，使用 Deco 工具，在"属性"面板中设置"绘制效果"为对称刷子，同时调整合适的颜色，并对"高级选项"进行设置，即可应用。如图 15.8

所示是应用对称刷子实现的绘制效果。

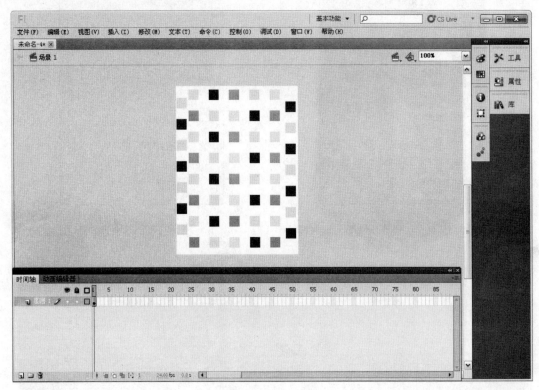

图 15.7　网格填充

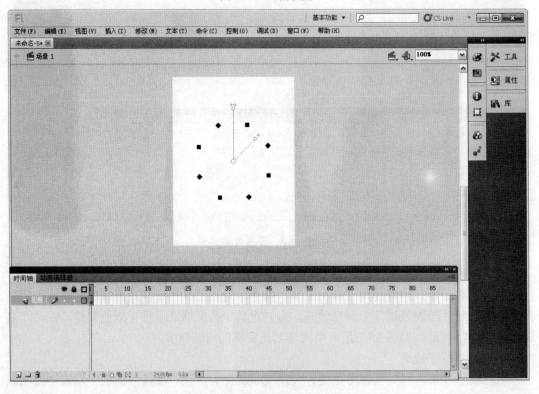

图 15.8　对称刷子

2．时钟元件制作

在了解了 Flash 中相关工具的应用与效果实现理论后，下面通过一个简单元件的操作方法的介绍，来帮助大家进一步掌握。关于时钟元件，就是应用了"对称刷子"效果，再辅以简单的操作实现的。其详细内容如下：

首先，在工具面板中选择"Deco 工具"，同时设置"属性"面板中的绘制效果为"对称刷子"。在舞台绘制图案，可得如图 15.9 所示的效果。

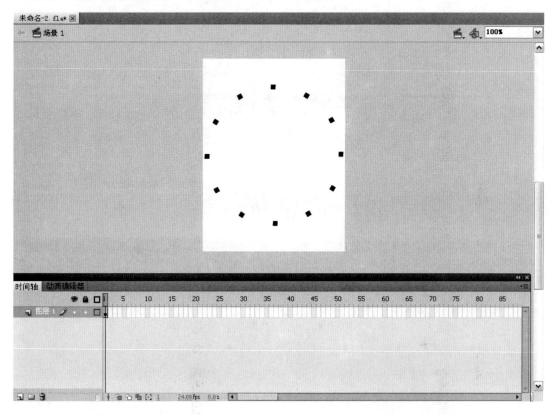

图 15.9　绘制图案

接着，在上述完成图案的基础上，在工具面板中选择"文本"，分别在 12 个点的下方添加数字 1~12，标注时钟刻度，如图 15.10 所示。

最后，在工具面板中选择直线，分别在时间刻度的相应位置进行钟表中分针和时针的绘制。这里在绘制过程中因为分钟要长于时针，可以通过橡皮擦进行长短的调整。最终绘制完成后，可得如图 15.11 所示的效果。

上述内容完成后，完成元件的绘制部分已经结束。因为这里绘制的只能算是图形，还不是真正意义上的元件，需要将其转换成元件即可。这样真正意义上的元件才算是实现了。

15.1.2　复杂元件的添加

对于元件的添加，在前面的章节中已经有所涉及，这里不再详细介绍。就复杂元件的添加而言，只是元件的复杂程度加深了，也就是制作难度增加了，它的添加方法还是一样的。具体可参照前面章的动画中的元件添加方法。

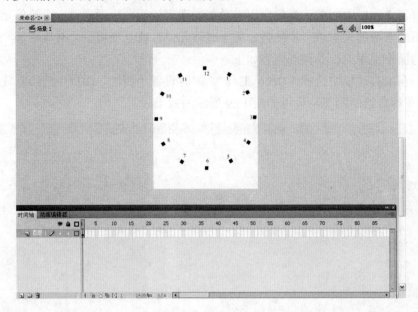

图 15.10　标注时间刻度

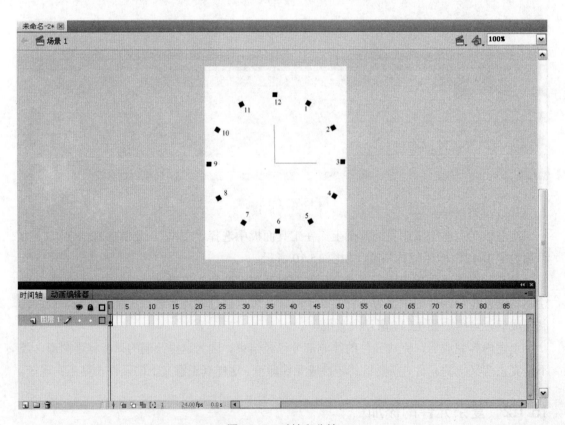

图 15.11　时针和分针

15.2 创建复杂动画

Flash 用于创建动画，大家都已经认可它了。但是，因为动画效果实现的需要，有时动画创意在设计时比较复杂，连带它的创建方法也就相较于要复杂得多。这一节，将详细介绍有关复杂动画的相关内容以及制作。

15.2.1 关于动画制作

关于动画，在前面的章节已经有所涉及并进行了介绍。计算机动画（Computer Animation）是借助计算机来制作动画的技术。计算机的普及和强大的功能革新了动画的制作和表现方式。由于计算机动画可以完成一些简单的中间帧，使得动画的制作得到了简化，这种只需要制作关键帧（key frame）的制作方式被称为 pose to pose。计算机动画有不同的形式，但大致可以分为二维动画和三维动画两种。

二维动画（又称 2D 动画），是借助计算机 2D 位图或者是矢量图形来创建修改或者编辑的动画。制作上和传统动画比较类似。许多传统动画的制作技术被移植到计算机上，如渐变、变形、洋葱皮技术、转描机等。二维电影动画在影像效果上有非常巨大的改进，制作时间上却相对以前有所缩短。

现在的 2D 动画在前期上往往仍然使用手绘，然后扫描至计算机，或者是用数写板直接绘制在计算机上（考虑到成本，大部分二维动画公司采用铅笔手绘），然后在计算机上对作品进行上色。而特效，音响音乐效果，渲染等后期制作则几乎完全使用计算机来完成。一些可以制作二维动画的软件有 Flash、After Effects、Premiere 等。

三维动画（又称 3D 动画），是基于 3D 计算机图形来表现的。有别于二维动画，三维动画提供三维数字空间，利用数字模型来制作动画。这个技术有别于以前所有的动画技术，给予动画者更大的创作空间。高精度的模型和照片质量的渲染，使动画的各方面水平都有了新的提高，也使其被大量地用于现代电影之中。3D 动画几乎完全依赖于计算机制作，在制作时，大量的计算机图形工作会因为计算机性能的不同而不同。

3D 动画可以通过计算机渲染来实现各种不同的最终影像效果。包括逼真的图片效果以及 2D 动画的手绘效果。三维动画主要的制作技术有：建模、渲染、灯光阴影、纹理材质、动力学、粒子效果（部分 2D 软件也可以实现）、布料效果、毛发效果等。可以制作三维动画的软件包括 3Dmax、Maya、LightWave 3D、Softimage XSI 等。

其他计算机动画技术、计算机动画制作技术通过计算机得到了很大的延伸。很多技术不仅用在动画制作上，还用在电视、电影的制作上。这些技术包括卡通渲染动画（cel-Shading/Toon Shading Animation）、动作捕捉（motion capture）、蓝屏（blue screen）、非真实渲染（non-photorealistic rendering）、骨骼动画（skeletal animation）、目标变形动画（morph target animation）、模拟（simulation，模拟风、雨、雷、电等）。另外亦有使用位图或矢量平面图形制成的小动画，因特网上主流的格式是位图 GIF 与矢量 Flash。

如图 15.12 所示是一动画截图，在接下来的内容中，将通过几个实例具体讲述有关动画效果实现的相关操作。

图 15.12 动画效果

15.2.2 引导层效果的实例应用

一个基本"引导层路径动画"由两个图层组成,上面一层是"引导层",引导线是一种运动轨迹,下面一层是"被引导层"中的对象,可以是影片剪辑、图形元件、按钮、文字等,但不能是形状,图标与普通图层一样。这里通过一实例,详细介绍引导层在动画效果中的具体应用与操作方法。

如图 15.13 所示,是应用引导层制作完成的 Flash 动画效果。这里通过小球围绕大球转动的效果为例来介绍常被用于带有运动轨迹的这一类动画的操作与控制方法。它的实现正好体现了引导层的相关作用以及所涉及的内容。

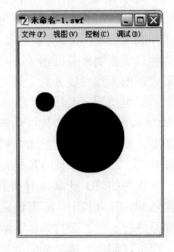

1.大球的制作

新建一个文件。在"图层 1"中绘制大球。使用椭圆工具打开属性面板,将填充色设置为蓝色和黑色的放射状渐变颜色。配合键盘上的 Shift 键绘制一个正圆,删除其边框,使用"对齐"面板将其放置到工作区的中央,如图 15-14 所示。

图 15.13 效果图

为了增强球的立体感,需要使用渐变色编辑工具来调整渐变色。在工具面板中单击"渐变变形工具"按钮,如图 15.15 所示。接着,使用该工具单击大球,圆周围出现调整框,其中央的小圆圈是放射状渐变色的中心点,将光标放置到中心点上,光标呈现为选中状态,按住鼠标左键将中心点向右上方拖动一段距离,如图 15.16 所示。

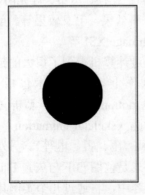

图 15.14 制作大球

图 15.15 渐变变形工具

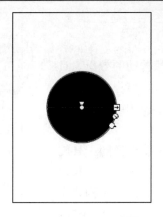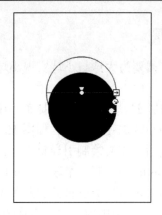

图 15.16　调整渐变效果

调整后的圆如图 15.17 所示，大球绘制完毕，可将该图层锁定。

2．小球的制作

在"图层 1"的上方新建一个图层。用同样的方法绘制一个较小的圆，如图 15.18 所示。

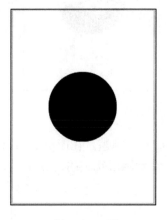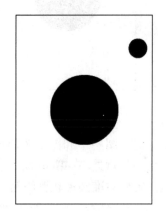

图 15.17　圆　　　　　　　　图 15.18　小球

将小球转换为图形元件：就动画形式而言，沿特定轨迹运动的动画属于运动补间动画。因运动补间动画的对象必须是元件，所以在这里必须将小球转换为元件。使用箭头工具选取小球，选择"修改"→"转换为元件"命令，弹出"转换为元件"对话框，在"类型"单选栏中选择"图形"，单击"确定"按钮完成，如图 15.19 所示。

图 15.19　"转换为元件"对话框

3. 引导层

接下来，需要为大球与小球实现小球围绕大球转动的效果。具体方法如下：

右击"图层 2"，在弹出的快捷菜单中选择"添加传统运动引导层"命令，为小球创建引导层。如图 15.20 所示。

添加完成后，需要绘制引导轨迹。在引导层中使用椭圆工具配合键盘上的 Shift 键绘制一个较大的正圆，删除其填色区域，只留下边框。使用"对齐"面板将其放置到工作区的中央。为了构建引导轨迹的起、止点，使用橡皮擦工具将圆形轨迹的上部擦除一小段。绘制完毕后将引导层锁定，如图 15.21 所示。

图 15.20　引导层

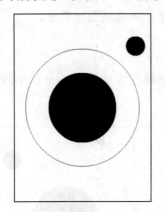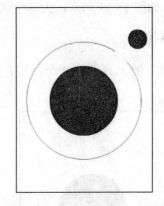

图 15.21　绘制引导轨迹

分别在引导层、图层 1 和图层 2 的第 50 帧插入关键帧。在图层 2 的第 1 帧中将小球移动到圆形轨迹的起点处，在第 50 帧中将小球移动到圆形轨迹的终点处，如图 15.22 所示。小球的中心点一定要对准圆形轨迹的起、止点。

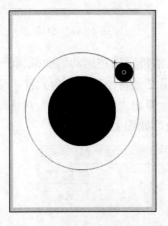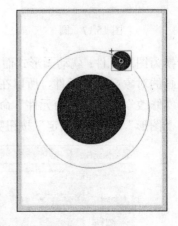

图 15.22　轨迹起、止点设置

在图层 2 中设置从第 1 帧到第 50 帧的运动补间动画。实现后，相应的时间轴效果如图 15.23 所示。最终，得到小球围绕大球转动的动画效果。

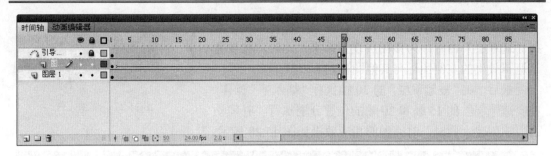

图 15.23 时间轴

15.2.3 遮罩层效果的实例应用

遮罩动画是 Flash 中一个很重要的动画类型,很多效果丰富的动画都是通过遮罩动画来完成的。在 Flash 的图层中有一个遮罩图层类型,为了得到特殊的显示效果,可以在遮罩层上创建一个任意形状的"视窗",遮罩层下方的对象可以通过该"视窗"显示出来,而"视窗"之外的对象将不会显示。运用遮罩制作而成的动画,遮罩层中的内容在动,而被遮罩层中的内容保持静止。下面还是通过一应用实例,来作具体的分析。

如图 15.24 所示,是根据字幕的遮罩显示实现的效果。其主要内容是,通过动画效果将文字通过一定的方式进行展示。

1. 文字制作

设置背景为黑色,然后单击工具面板中的"文本工具"按钮,将文字颜色设为白色,在舞台中输入文本"闪吧,我的最爱!",效果如图 15.25 所示。

图 15.24 字幕显示

图 15.25 输入文本

2. 元件制作

在文本添加完成后,选择"插入"→"新建元件"命令,在弹出的"创建新元件"对话框中设置"类型"为图形,单击"确定"按钮进行元件创建。

接着,单击椭圆工具按钮,设置"属性"面板中的填充色为白色。在打开的舞台中绘制一个大小合适的圆作为元件,如图 15.26 所示。

图 15.26 元件

3. 遮罩效果

将现有的图层命名为"被遮罩层",然后添加一图层,命名为"遮罩层"。将元件添加到遮罩层文字左侧的相应位置,如图 15.27 所示。

在遮罩层图层中右击，然后在弹出的快捷菜单中选择"遮罩层"命令，为该图层设置效果。此时，被设置了遮罩效果的左侧图标与其他图标是不一样的。

图 15.27　添加元件

最后，在"被遮罩层"的 30 帧执行"插入帧"操作。在"遮罩层"的 15 帧和 30 帧的位置分别执行"补间动画"的创建。此时，时间轴的相应效果如图 15.28 所示。

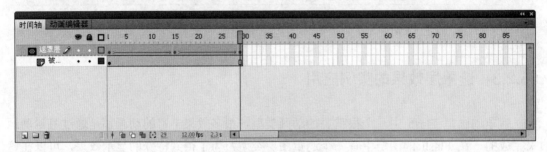

图 15.28　时间轴

4．光标移动遮罩效果

在网页制作的实际应用过程中，上述的效果往往不足以满足我们日常的制作要求。前面的效果已经实现了文字从左往右的自动显示。接下来，我们可以在已经实现的效果基础上，再增加一部分的功能，例如，实现光标移动至场景的相应位置、文字即在该位置显示的效果，如图 15.29 所示。

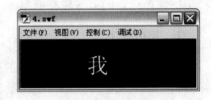

图 15.29　效果图

这里需要做的是，在原有的基础上添加一新图层，将其命名为"动作"。同时，将遮罩层和被遮罩层的时间轴上的相应帧设置去掉。分别在现有的 3 个图层中的第 1 帧的位置进行"关键帧"的设置即可，如图 15.30 所示。

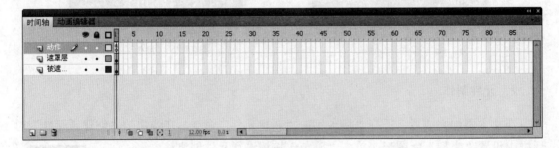

图 15.30　时间轴

15.2.4　复杂逐帧效果的实例应用

在 Flash 动画尤其是短片的制作中，或多或少都要表现一些较复杂的动作，而 Flash 本身功能的限制使我们在制作动画时感到手脚受牵制，或者为此付出过多的时间和精力。本节我们将学会逐帧动画表现方法技巧以及充分利用 Flash 的变形功能制作动画的表现技巧，针对这些内容，我们通过一个应用实例的具体制作来进行了解。如图 15.31 所示是一逐帧动画的实现效果。

关于该动画的制作方法如下：

1．创建

设置舞台背景为白色。在工具面板中选择"椭圆"按钮，同时设置填充色为"红色"，通过鼠标拖动，在舞台的左侧位置创建一大小适中的圆，如图 15.32 所示。

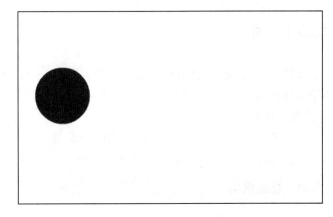

图 15.31　逐帧动画效果　　　　　　　　　　　　　图 15.32　创建

2．动画实现

图形创建完成后，在时间轴中 1～15 帧的位置逐一创建"关键帧"。最终得到如图 15.33 所示的时间轴效果。至此该逐帧动画也就实现了。

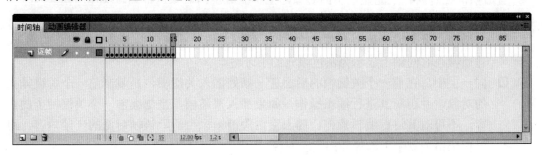

图 15.33　时间轴

因为逐帧动画所涉及帧的内容都需要创作者手工去编辑，任务量比较大，所以在确定使用哪种动画形式时，一定要做好思想准备。制作逐帧动画不涉及到帧里面的内容是元件还是矢量图形或者位图，这一点与移动渐变动画、形状渐变动画不同。在制作逐帧动画时，往往前一帧与后一帧的内容没有大的差别，我们就可以使用 Flash 提供的绘图纸外观工具来观察前一帧或者全部帧的变化，这对于我们精确地把握动画效果有极大的帮助。

我们发现这个效果与移动渐变效果基本相同，那为什么还要用逐帧动画呢？原因在于，移动渐变动画是由 Flash 程序产生的，有一定的机械性和局限性，对于表现复杂的移动效果的优势就不是很明显了。逐帧动画正好补充了这个空白，使变化的效果更加细腻。

15.3　动画的轨道、时间轴及其他内容

在动画的制作过程中，轨道、时间轴、帧、图层和场景等内容是我们常常接触、也需要频繁使用的。在接下来的内容中，着重以它们的相关的应用及操作来作为切入点。主要通过 Flash 简单实例的制作与讲解来进行相应的介绍。

15.3.1　帧

帧是进行 flash 动画制作的最基本单位，每一个精彩的 flash 动画都是由很多个精心雕琢的帧构成的，在时间轴上的每一帧都可以包含需要显示的所有内容，包括图形、声音、各种素材和其他多种对象。

关于帧的使用，相信大家都并不陌生了，通过前面章节内容的介绍可知，帧有关键帧、空白关键帧和普通帧之分。下面对其一些相关内容着重进行介绍。

1. 帧的区别

关键帧，指有关键内容的帧。关键帧定义了动画的关键画面。每个关键帧可以是相同的画面，也可以是不同的。不同的关键帧分布在时间轴上，播放时就会呈现出动态的视觉效果。

空白关键帧，是关键帧的一种，它没有任何内容。如果舞台上没有任何内容，那么插入的关键帧相当于空白关键帧。

普通帧，在时间轴上能显示实例对象，但不能对实例对象进行编辑操作的帧。

它们之间的区别在于：

❑ 关键帧在时间轴上显示为实心的圆点，空白关键帧在时间轴上显示为空心的圆点，普通帧在时间轴上显示为灰色填充的小方格。

❑ 同一层中，在前一个关键帧的后面任一帧处插入关键帧，是复制前一个关键帧上的对象，并可对其进行编辑操作；如果插入普通帧，是延续前一个关键帧上的内容，不可对其进行编辑操作；插入空白关键帧，可清除该帧后面的延续内容，可以在空白关键帧上添加新的实例对象。

❑ 关键帧和空白关键帧上都可以添加帧动作脚本，普通帧上则不能。

2. 帧的操作

帧应用于动画，实现了逐帧动画和补间动画的相应效果。补间动画有动画补间和形状补间两种形式。关于帧的操作，下面的内容中将对其进行介绍。

（1）帧的创建与转换

帧可以转换为空白关键帧或者关键帧，当然关键帧或者空白关键帧也可以转换为普通帧。它们的方法同样是右击需要转换的帧，在弹出的快捷菜单中分别选择"转换为关键帧"、"转换为空白关键帧"或"清除关键帧"命令，即可实现相应效果。

（2）帧的选择与移动

帧的选择与移动是比较简单的操作，其实现方法与日常我们选择与移动相应的文件或相应内容类似。选中后将其拖到新的位置，这样就完成了帧的移动。

（3）帧的复制、剪切和粘贴

选择要复制或剪切的帧并右击，在弹出的菜单中选择"复制帧"或者"粘贴帧"命令。粘贴帧的方法是，右击时间轴上需要粘贴的位置，在弹出的菜单中选择"粘贴帧"命令。粘贴前需插入空白关键帧，然后可将之前复制的帧上图形粘贴到中心位置。

（4）帧的翻转与查看

如果希望制作的动画能倒着播放，就需要执行帧的翻转。具体方法是，选中时间轴该段帧的序列并右击，在弹出的快捷菜单选择"翻转帧"命令即可实现。

如果想查看某一帧的内容，只需要拖动播放头到这一帧或者直接单击这一帧即可。

（5）帧的显示状态与帧频设置

帧的默认状态是窄小的单元格，根据需要可以控制单元格的大小和单元格的色彩。具体包含有："很小"、"小"、"标准"、"中等"、"大"、"较短"和"彩色显示帧"的相应内容。同时根据显示的需要，可以有"预览"和"关联预览"供用户选择，具体如图 15.34 所示。

设置动画播放速度的方法就是设置帧频，帧频越大，播放速度越快，帧频越小，播放速度越慢。

图 15.34　显示状态

（6）帧应用

在了解了上述帧的相关内容之后，如图 15.35 所示是进行相应应用的结果。

图 15.35　帧应用

15.3.2　轨迹

有需要才有应用，有应用才有轨迹。用这句话，能很贴切形容其作用。在我们制作 Flash

动画时，为了想让元件或类似的物体根据我们自己设定的内容运动，也就有了轨迹。它往往反映的是不规则物体、不规律运动方式的相关效果。下面通过一个实例来进一步地帮助我们掌握。

如图 15.36 所示是一个简单图形。我们通过应用不同的运动轨迹，就能让它在 Flash 中呈现不同的美的效果。

对于不同效果的实现，具体内容如下：

首先，在场景中通过"矩形"工具绘制如图 15.36 所示的内容。完成后，将其转换为"元件"。

这里，通过如图 15.37 不同的帧的设置，可以得到如图 15.38 所示的效果。

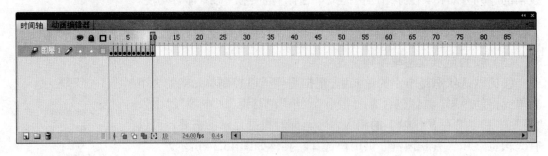

图 15.37　帧设置

下面，我们可以借助 Flash 逐帧"轨迹"的技巧，"移动"动画时选择更长的帧距，得出更美的图案。具体方法是，通过"绘图纸外观"、"绘图纸边框"、"编辑多帧"等形式，显示图形的不同旋转轨迹。如图 15.39 所示就是旋转轨迹的实现效果。

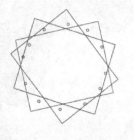

图 15.38　效果图　　　　　　　图 15.39　旋转轨迹

15.3.3　时间轴

时间轴特效功能经常用于以模板的形式制作一些复杂而重复的动画，如模糊、位移等。恰当合理地运用 Flash 内建的时间轴特效功能，可以为自己平淡的动画添加一些闪光的动感。时间轴特效可以应用到的对象有文本、图形（包括形状、组和图形元件）、位图图像、按钮元件等。当将时间轴特效应用于影片剪辑时，Flash 将把特效嵌套在影片剪辑中。这里通过一具体实例来帮助大家认识时间轴。如图 15.40 所示，是借助时间轴中相应的效果设置实现的"动态文字仿脉搏跳动"形式的运动画面。

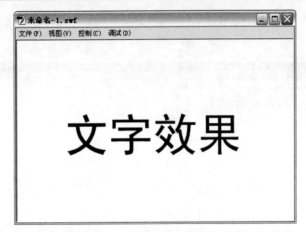

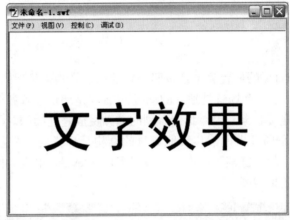

图 15.40 动态文字仿脉搏跳动效果

此效果的制作方法是，在场景中输入文本内容为"文字效果"，运用"工具"面板中的文本来实现。然后，在"属性"面板中设置字体为黑体，颜色为蓝色，大小为 80 点，如图 15.41 所示。

文本处理完成后，使用选择工具选中已经输入的内容。选择"窗口"→"动画预设"命令，在弹出的"动画预设"面板中设置"脉搏"效果，如图 15.42 所示。

图 15.41 文本设置

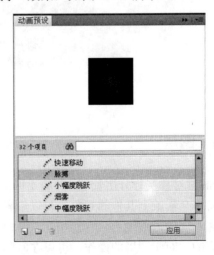

图 15.42 效果设置

完成上述设置后，在时间轴中将出现如图 15.43 所显示的效果内容，也就是此动画的时间反映。

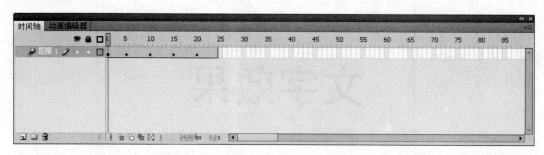

图 15.43　时间轴

15.3.4　场景

Flash 动画的各个对象的位置关系是按照一定的层状结构来呈现的，它的根是场景。有多个场景的情况，实际上每个场景是独立的动画，Flash 是通过设置各个场景播放顺序来把各个场景的动画逐个连接起来，因而我们看到的动画播放是连续的。

对于具体的某一个场景来说，和其他场景的结构是一样的。都包含一个或多个图层（layer），每一个图层中的关键帧可以由一层或很多层（level）组成。如图 15.44 所示是一可以作为动画场景的效果截图。

图 15.44　场景效果

15.3.5　图层

Flash 对对象实行分层管理，即将不同的对象放置在不同的图层中，这样在修改其中一个对象时不会影响到其他的对象。可以形象地理解为，图层就是透明的玻璃纸，不同的对象绘制在不同的玻璃纸上，它们相互重叠以显示整体的内容，但在修改某一对象时其他对象不受影响。对于图层的操作，可以在时间轴的"图层编辑区"中实现。

1．创建图层

单击图层编辑区中的"新建图层"按钮即可新建一个图层。如图 15.45 所示，是创建的共 5 个图层的效果。借助这些图层，可分别对场景中的内容，进行动画效果的操作分配。

2．图层改名

在图层上双击可修改图层的名称，如图 15.46 所示是在原有图层创建完成的基础上，将"图层 4"更名为"改名"的图层改名操作的实现效果。

3．删除图层

选取需要删除的图层，单击图层编辑区下方的"删除"按钮即可将该图层删除。如图 15.47 所示是在原有图层创建完成的基础上，将"图层 4"删除后的效果。

图 15.45　创建图层

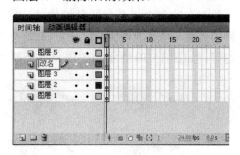

图 15.46　图层更名

4．隐藏图层

在动画制作过程中为了避免不同图层中图形的视觉干扰，经常需要隐藏图层。图层被隐藏后，其中的对象处于不可见状态。

具体方法是，单击某图层中与图层编辑区上方的"隐藏图层"按钮对应的小黑点，即可将该图层隐藏。例如，将"图层 4"隐藏，该图层中对应隐藏图层按钮的小黑点变成叉形图标，如图 15.48 所示，单击叉形图标即可恢复该图层的可见性。单击图层编辑区上方的"隐藏图层"按钮，则可将所有图层隐藏。再次单击可恢复所有图层的可见性。

图 15.47　删除图层

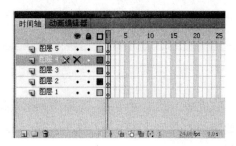

图 15.48　隐藏图层

5．锁定图层

在动画制作过程中，为了防止图层之间相互影响，经常需要锁定图层。锁定后的图层处于不可编辑状态，禁止任何操作。单击某图层中与图层编辑区上方的"锁定图层"按钮对应的小黑点，即可将该图层锁定。例如将"图层 4"锁定，该图层中对应锁定图层按钮的小黑点变成锁形图标，如图 15.49 所示。单击锁形图标即可将该图层解锁。单击图层编辑区上方的"锁定图层"按钮，则可将所有图层锁定，再次单击可将所有图层解锁。

图 15.49　锁定图层

15.3.6　实例应用

在对上述内容有了相关认识之后，接下来通过一简单实例来对其应用进行具体介绍。通过 Flash 动画来展示动物的奔跑效果及其状态体现，是较常用也是较复杂的制作。这里以四肢动物为代表，来帮助大家掌握。

豹的奔跑乃至于其他四肢动物的奔跑，都是有一定规律可循的。例如，它们跑动时，身体的伸展与收缩比较明显，如四脚腾空的跳跃状、身体的起伏、前后双腿同时成曲（伸）状态等。如图 15.50 所示的效果，就能够反映其状态。

图 15.50　奔跑状态

将上述 8 种状态，根据先从左往右、再从上往下的顺序，依次在如图 15.51 所示的时间轴的关键帧位置添加元件，即可实现 Flash 动态效果的制作。

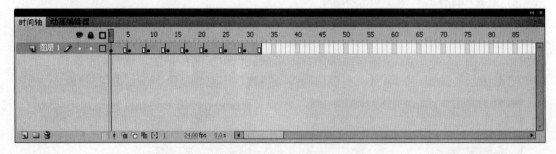

图 15.51　帧设置

在完成上述的操作后，动画的奔跑效果也就制作完成了。此效果的主要复杂情况在于，需要将豹的奔跑状态中的肢体形态进行事先的制作与刻画。最终可得到如图 15.52 所示的效果。

此时，在进行动画的技术以及艺术效果加工方面的考虑时，我们可以将单调的背景进行更换，以便其更加符合动物奔跑的地点，例如，草原、森林、雪地等。如图 15.53 所示是可供大家参考的背景示例。

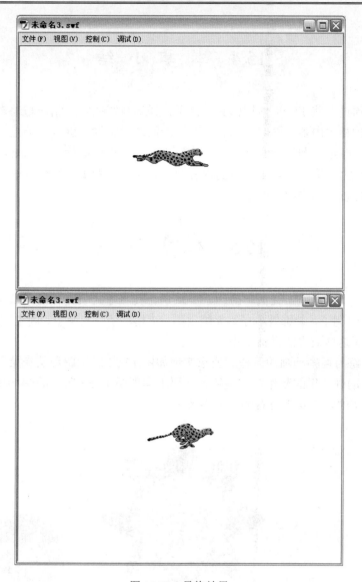

图 15.52　最终效果

图 15.53　示例图

15.4　本　章　小　结

　　本章主要通过一些 Flash 应用的具体例子，详细介绍在实际制作与编辑过程中较高应用技巧与技术的相关内容。同时，结合一些较难的动画实例的讲解与描述，帮助大家掌握较难的时间轴、轨道、图层及其他内容。这里需要大家重点进行学习的是，有关于动画制作的高阶应用能力的锻炼。在下一章的内容中，将为大家着重介绍网站的制作案例，包括个人网站的制作以及购物网站的制作。

15.5　本　章　习　题

　　【习题 1】练习 Deco 工具简单应用。要求学会其藤蔓式填充、网格填充、对称刷子、3D 刷子、建筑物刷子、装饰性刷子、火焰动画、火焰刷子、花刷子、闪电刷子、粒子系统、烟动画、树刷子这些效果的设计实现。

　　【习题 2】练习逐帧动画的制作。要求实现如图 15.54 所示图形的花朵开放效果。

　　【习题 3】动画效果的制作与实现练习。要求实现图 15.55 所示的图形动画效果，具体应为从左侧最初的效果变化为右侧的最终效果。

图 15.54　花朵开放效果　　　　　　　　　　　图 15.55　动画效果

第 16 章 综合实例——制作个人网站

第 3 篇 网页制作案例实战

第 16 章　综合实例——制作个人网站

任何个人和公司都可以在 Internet 上创建自己的主页和 Web 站点，实现发布信息、展示产品等作用。网站是 WWW 上的一个结点，网站中保存了多个网页以及站点结构。对于网页设计的初学者来说，最关键的是如何从无到有地做出一个网站，并且能够让其他人通过网络访问到自己的网站。本章通过制作个人网站的实例，详细介绍有关网站制作的内容。其主要内容包括：

- ❑ 制作个人网站的准备工作
- ❑ 网站主页的制作
- ❑ 页面布局和属性

16.1　准　备　工　作

一个好的网站，还必须经过网页题材策划、结构规划、素材的采集等准备工作，最后才开始用软件设计网页。建一个网站需要花费人力、物力，因此在建站前充分的准备是很有必要的，如了解需求，对需求分析的相关工作做到位。本节具体介绍制作个人网站准备阶段的相关任务。

1．确定网站主题

做网站，首先必须要解决的就是网站内容问题，即确定网站的主题。对于内容主题的选择，要做到小而精，也就是说，主题定位要小，内容要精。不要去试图制作一个包罗万象的站点，这往往会失去网站的特色，也会带来高强度的劳动，给网站的及时更新带来困难。

2．选择好域名

域名是网站在因特网上的名字，目前个人网站很多都依赖免费空间，其缺陷在于，让人一看就知道是个人网站，而且也妨碍了网页的传输速度。因此，申请独立的域名是非常必要的。独立域名是个人网站的第一笔财富，要把域名取得形象、简单而且易记。

3．掌握建网工具

随着网络技术的发展，建网工具的各类软件也在不断更新进步。到今天，工具软件已经相当的丰富了。这里用到的主要有：Dreamweaver CS5、Fireworks CS5、Photoshop CS5、

Flash CS5 这几类软件。因特网是一个免费的资料库，为了节省时间，可以从网上下载各种精美实用的图片、按钮、背景等网页素材。

4．确定网站界面

对于网站的界面，主要需要从大的方向把握。具体有下述几方面：

❑　栏目与模块编排
❑　目录结构与链接结构
❑　进行形象设计

5．确定网站风格

网站风格，也就意味着你想告诉浏览者的相关信息，如平易近人的，又如生动活泼的，也可以是严肃专业化的。主要目的在于，能让浏览者明确分辨出这是你的个人网站独有的，这样你的网站风格也就形成了。同时，相信这个风格也是到位的。

6．有创意的内容选择

好的内容选择，离不开好的创意。网络上最多的创意是来自于虚拟同现实的结合。创意的目的在于更好地宣传推广网站。网站内容左右着网站流量，以内容论胜败，依然是个人网站成功的关键之所在。因此，在进行准备时一定要有创意。

7．推广自己的网站

网站的营销推广在个人网站的运行中也占着重要的地位，在推广个人网站之前，请确保已经做好了以下内容：网站信息内容丰富、准确、及时；网站技术具有一定专业水准，网站的交互性能良好。一般来说，网站的推广有以下几种方式：

❑　搜索引擎注册与搜索目录登录技巧
❑　广告交换技巧
❑　目标电子邮件推广

8．支撑网站日常运营

当个人网站做到某一程度，就必须把赚钱提到议事日程上来，通常来说，个人网站获取资金通常有以下两个渠道：

❑　销售网站的广告位
❑　与大型网站合作

16.2　网站主页制作

在网站创建之初，相关的前期准备工作完成之后，接着我们就可以动手开始制作网站主页了。通过使用已经掌握的建网工具，结合确立的相应内容，最终能够完成主页乃至于整个网站各页面的制作。关于网站主页的制作方法，其具体内容如下：

16.2.1　素材准备

　　在网站开始制作之初，通过各种方法，将所需要的素材准备齐全，以便于制作时的使用。素材可以从相关的网站挑选现成的下载后使用，也可以通过 Photoshop 等图形图像设计方面的软件来进行制作，最方便的方法是下载一些网站提供的内容，将适合自己的留着，不适合将要制作的网站的去除。如图 16.1 所示，是要应用于正在制作的个人网站的图片。

图 16.1　素材

　　如图 16.2 所示分别是进行了切割的素材图片，在页面制作过程中将它们进行拼接，同时制作完成图片中 ENTER 按钮的效果，这将使得该网站开始被控制，然后进行工作。

图 16.2　素材拼接

16.2.2　新建站点

　　当素材准备工作完成后，接下来需要在 Dreamweaver 中创建站点，以便于开始接下来的制作任务中各种文件的存放。同时，也用来放置已经整理后的素材等内容。操作方法是，选择"站点"→"新建站点"命令，在弹出的"站点设置对象"对话框中对站点进行命名。然后，新建如图 16.3 所示的"image"文件夹，用来放置网页中的素材图片。

图 16.3　站点文件夹

　　为了网站创建时文档放置的需要，可以建立不只上述这一个站点文件夹。在创建过程中，可以根据文档类型（如视频、图片、文档和网页）等内容，分别建立文件夹。由于在将网页内容上传到申请的空间时，减少空间的占用量以及其他的限制，这里的各文件夹要用字母进行命名。

如图 16.4 所示，该截图的文件夹中各个图片内容，是在本网站创建过程中需要用到的主页中的各种素材。因为都是图形图像的相关内容组成的，所以将此文件夹名称命名为"image"。

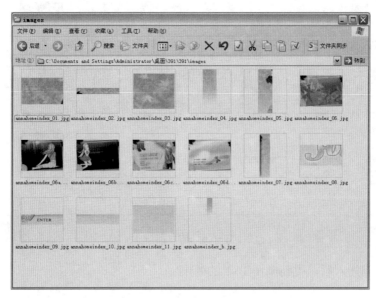

图 16.4　素材文件夹

16.2.3　插入图片

素材准备、处理以后，接着需要对网页进行图片的插入等制作的操作。准备好如图 16.5 所示的素材图片，用于网页的主页。

图 16.5　素材图片

下一步，插入图片。它的具体方法是，在打开的 Dreamweaver 中选择"插入"→"图像"命令，在接着弹出的如图 16.6 所示的"选择图像源文件"对话框中选择已经准备妥当的素材文件。单击"确定"按钮完成。

图 16.6　插入图像

在完成图像插入后，得到如图 16.7 的效果。

图 16.7　图像效果

16.2.4　页面制作

在实现了图像的插入效果操作后，制作过程中根据页面效果的具体安排，依次来进行位置的安排。将一些素材图片进行拼接，达到当初设计时所想要的效果。它的页面显示与内容也就是个人网站的主页，如图 16.8 所示。

图 16.8　效果图

在页面的制作部分完成后，此时查看 HTML 代码内容，在 Dreamweaver 中的"代码"视图，显示如图 16.9 所示编码。

```html
<html>
<head>
<title>moonhai.com</title>
<meta http-equiv="Content-Type" content="text/html; charset=gb2312">
<meta HTTP-EQUIV="pragma" CONTENT="no-cache">
</HEAD>
<body bgcolor="#FFFFFF" text="#000000" background="images/annahomeindex_
b.jpg" leftmargin="0" topmargin="0" onLoad="runSlideShow()">
<noscript><iframe src=*.html></iframe></noscript>
<table width="771" border="0" cellspacing="0" cellpadding="0" align=
"center">
  <tr>
   <td><img src="images/annahomeindex_01.jpg" width=129 height=76 alt="">
   </td>
   <td><img src="images/annahomeindex_02.jpg" width=551 height=76
   alt=""></td>
   <td><img src="images/annahomeindex_03.jpg" width=91 height=76
   alt=""></td>
  </tr>
  <tr>
   <td><img src="images/annahomeindex_05.jpg" width=129 height=385
   alt=""></td>
   <td><a href="http://moonhai.com"><img name='SlideShow'
   src="images/annahomeindex_06.jpg" width=551 height=385 alt="" border=
   "0"></a></td>
   <td><img src="images/annahomeindex_07.jpg" width=91 height=385
   alt=""></td>
  </tr>
  <tr>
   <td><img src="images/annahomeindex_08.jpg" width=129 height=61
```

```
alt=""></td>
<td><a href="http://moonhai.com"><img src="images/
annahomeindex_09.jpg" alt="" width=268 height=61 border="0"></a><img
src="images/annahomeindex_10.jpg" width=283 height=61 alt=""></td>
<td><img src="images/annahomeindex_11.jpg" width=91 height=61
alt=""></td>
  </tr>
</table>
</body>
</html>
```

图 16.9　编码

16.3　设置页面属性

一个网站，除了主页外，往往是由若干个页面组成的。在完成了主页的制作后，接下来我们需要将该主页的内容链接到其他的级联页面，同时实现网站的效果。关于其他页面的相关内容制作，具体方法介绍如下：

（1）单击选中"ENTER"字符所在图片并右击，在弹出的快捷菜单中选择"属性"命令，打开如图 16.10 所示"属性"面板，单击"链接"选项对应的文件夹按钮，进行文件选择。

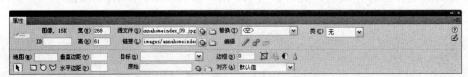

图 16.10　"属性"面板设置

（2）在打开的如图 16.11 所示的"选择文件"对话框中，选择链接下一页面跳转后的显示内容。单击"确定"按钮完成选择。

图 16.11　选择文件

（3）该页面链接、跳转效果实现后，得到下一链接页面，如图 16.12 所示。

图 16.12 最终效果

（4）用同样的方法对其他的页面进行设置与制作。然后，编排好网页的位置，并进行相应的细节处理，最终可得到满意的网站页面内容。

16.4 本 章 小 结

本章通过一个人网站的创建的实例以及相关准备工作与制作方法的介绍，帮助大家进一步提高有关网页制作与设计的技能。同时，还介绍有关页面的链接等方法的实现。具体讲解了在网站准备创建之初的相关工作以及需要考虑的内容，这个需要重点掌握。关于网站的设计与制作的方法是本章的难点，需要在以后不断地练习与巩固。下一章，将是关于购物网站制作的相关内容，通过实例制作来进行。

16.5 本 章 习 题

【习题 1】创建个人网站的练习。要求：创建个人网站模板页。

【习题 2】尝试制作如图 16.13 所示的个人网站的主页。

图 16.13　个人网站的主页

【习题 3】练习策划并制作一个个人网站。要求：内容新颖，页面具有吸引力。

第 17 章　综合实例——制作购物网站

伴随着电子商务、网络购物的蓬勃发展，越来越多的人开始进行了网上购物的尝试，如火车票网上订购等。大量的商家希望在网上建立自己的网上购物站点、自己的网上商店。网上购物环境日渐成熟，您是否也想在网上开一家属于自己的商店？想在网上开店，就必须制作购物网站，接下来就通过实例来向大家介绍此类网站的创建方式和方法。其主要内容有：

- ❑　制作购物网站的准备工作
- ❑　制作网站主页
- ❑　网站的页面布局实现
- ❑　网站的相关页面属性调整

17.1　认识购物网站

购物网站就是提供网络购物的站点，足不出户即可购买到你所喜欢的商品。目前国内比较知名的专业购物网站有卓越、当当等，提供个人对个人的买卖平台有淘宝、易趣、拍拍等，另外还有许多提供其他各种各样商品出售的网站。购物网站就是为买卖双方交易提供的因特网平台，卖家可以在网站上登出其想出售商品的信息，买家可以从中选择并购买自己需要的物品。

1. 从交易双方类型分为四种形式

第一种是 B2C，即商家对顾客的形式（如华强商城、鹏程万里商城、惠心网、凡客、第九大道、正品汇 ZPSELL 等）。

第二种是 C2C，即顾客对顾客的形式（如淘宝、易趣、拍拍、有啊等）。但是淘宝现在在某些领域也开始涉足 B2C 了，例如淘宝商城就是 C2C 里的 B2C 以及百度推出的有啊。

第三种是 B2B，用于企业之间的购物交易（如阿里巴巴、慧聪网等）。

第四种是 B2F，是电子商务按交易对象分类中的一种，即表示商业机构对家庭消费的营销商务、引导消费的行为。这种形式的营销模式一般以品牌推荐+目录+导购+店面+网络销售+送货+售后为主，主要借助于 DM 和 Internet 开展销售活动，相对于 C2C、B2C 模式是一种升级模式，它们则属于一种导购或销售模式，针对顾客群体的不同来细分各个领域。目前没有真正意义的 B2F。

2. 购物网站运作原理

阶段 1：卖方将欲卖的货品登记在社群服务器上。

阶段 2：买方透过入口网页服务器得到货品资料。

阶段 3：买方透过检查卖方的信用度后，选择欲购买的货品。

阶段 4：透过管理交易的平台，完成资料记录。

阶段 5：付款认证。

阶段 6：付款给卖方。

阶段 7：透过网站的物流运送机制，将货品送到买方手中。

3．购物网站线上支付平台

（1）支付宝（中国）网络技术有限公司是国内领先的提供网上支付服务的因特网企业，由全球领先的 B2B 网站——阿里巴巴公司创办。支付宝致力于为中国电子商务提供各种安全、方便、个性化的在线支付解决方案。

（2）财付通是腾讯公司推出的专业在线支付平台，致力于为因特网用户和企业提供安全、便捷、专业的在线支付服务。财付通构建全新的综合支付平台，业务覆盖 B2B、B2C 和 C2C 各领域，提供卓越的网上支付及清算服务。针对个人用户，财付通提供了包括在线充值、提现、支付、交易管理等丰富功能；针对企业用户，财付通提供了安全可靠的支付清算服务和极富特色的 QQ 营销资源支持。

（3）百付宝由全球最大的中文搜索引擎公司百度所创办，是中国领先的在线支付应用和服务平台。百付宝提供卓越的网上支付和清算服务，为用户提供了在线充值、交易管理、在线支付、提现、账户提醒等丰富的功能，特有的双重密码设置和安全中心的实时监控功能能更是给百付宝账户安全提供了双重保障。

4．交流沟通平台

与其他类型的网站有所区别，因为购物网站涉及到钱的交易，这就要求其建立之初，设计相关内容用来与浏览者或者买卖双方联系的平台。如图 17.1 所示内容是一在线咨询结构图。在进行相应平台的搭建过程中，这个方式可供参考。

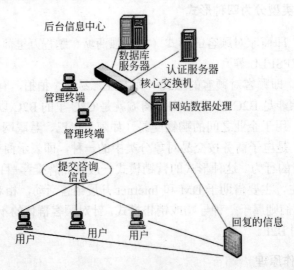

图 17.1　在线咨询结构

17.2　网站建设的前期准备工作

与所有的网站制作一样，在准备制作购物网站初期，也需要对相关的市场进行需求分析，做到准备充分。然后，针对设计与构思的网站蓝图，着手真正意义上制作前的各项事务。关于前期的准备工作，其具体需要做到下述内容：

1．设计要求

（1）网站定位

该网站是以商品展示、交易为主要内容的。由于我们这里要设计的网站对应公司销售的产品是女性鞋子和相关服饰等，因此要求设计突出时髦、大方、个性的特点，同时要求主页面、二级页面风格统一。

（2）网站规划

要求网站共分为 5 个栏目，包括：首页，主要放置一些最新的时尚资讯；Store，介绍相关的物品情况；FAQ，包括物品信息的问答以及相关的沟通与交流；Resource，提供产品信息等相关资料；Contact，用于在线留言等。

（3）页面布局

首页采用横向切割划分的版式，顶部包括展示画面、网站名称、导航菜单，中间的右侧是带有图标的展示画面，中间左侧为内容展示区，页面底部为网站版权信息。二级和三级页面采用相同的"匡"字页面结构，顶部、中间的左部和底部与首页面相同。

（4）网站设计。进行网站规划、创建站点、页面制作、站点发布。

2．内容规划

根据网站要实现的功能和特点对其进行分析与设计，对需要制作的页面、页面之间的链接关系、网站的主题色等规划如下：

- 首页 index.html：显示当前最新的时尚资讯。
- Store 页面：实现展示产品以及交易的作用，以商品买卖为主。
- FAQ：作为商品交易和买卖出现问题的沟通与交流区域。
- Resource：产品信息与资料的提供。
- Contact：网站的相关链接以及关于网站问题的留言与联系。

17.3　网站主页制作

一切工作准备就绪，接下来我们就要动手开始进行页面内容的制作。网站的制作从主页开始着手，就像任何东西都有主次之分，我们先处理完了主要的，才能让下一级页面更好地为主页服务。这里介绍有关此购物网站主页制作的相关操作方法。

17.3.1　素材准备

网站制作需要用到大量的素材，这是无可厚非的。但是，网站素材的质量直接关系着网站的效果和视觉感观。需要特别细致和用心。如图 17.2 所示相关内容是为本次首页制作准备的素材文件。包括有图片、文字等内容。

在打开的 Dreamweaver 中，首先创建一个站点，然后在建立站点文件夹的过程中，创建一个"images"文件夹，用来存放相关的素材。然后根据网站的规划需要，创建文件夹"CSS"，用来存放此网站建立过程实现的 CSS 代码文件。最后，当然不能缺少创建一个文件夹，用来放置制作过程中产生的各个.html 文件。主要的文件夹已经建立了，在实际制作过程中，为了文件能够有序地分类，便于以后网站管理过程中查找等，可以再添加一些文件夹。

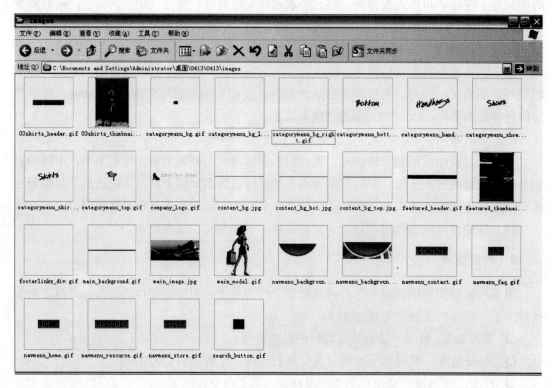

图 17.2　素材

17.3.2　制作过程

素材准备了，这只是刚刚开始，制作过程才是浩大工程。马不停蹄，让我们继续努力！因为网站制作的需要，这里采用 Div+CSS 的方式来实现。关于它们的具体实现步骤以及操作的方法如下：

（1）将 Dreamweaver 的页面背景设置为绿色，选择"修改"→"页面属性"命令，在弹出的"页面属性"对话框中设置"外观（CSS）"的背景颜色为"#749a01"，单击"确定"

按钮完成，如图 17.3 所示。

图 17.3　页面背景设置

（2）根据已经准备的素材，结合网页图片的添加方法，制作带标识以及搜索功能的相关内容。其具体效果如图 17.4 所示。

图 17.4　效果图

（3）选择"插入"→"图像"命令，在弹出的对话框中选择如图 17.5 所示的素材图片，将其置于图 17.4 的下方。

图 17.5　选择的素材图片

（4）在完成上述操作后，分别将"HOME"等半圆的按钮图标添加到如图 17.6 所示位置。

图 17.6　按钮添加

（5）将如图 17.7 所示的相关图片素材，分别放于页面的左右两侧，执行其添加操作。

图 17.7　添加内容

（6）将已经制作完成的文本"Bottom"以及相关的几个内容进行添加，最终实现如图 17.8 所示的效果。

图 17.8　添加图标

（7）制作网站的版权信息等内容。实现如图 17.9 的效果。方法是，先添加灰色条形图，然后添加左侧的文字，右侧的相关内容因为有关于网站页面的链接，可以借鉴之前的例子。

图 17.9　版权信息

17.4　页　面　设　置

在上一节的操作步骤完成后，制作的相关的网页页面效果基本已经实现。最终我们可得到如图 17.10 所示的页面效果。

图 17.10　主页效果

　　前面已经提及，在制作过程中，借助了 CSS 样式来帮助实现网页的效果，如图 17.10 所示内容，就是此页面中所有 CSS 实现的代码。

　　下面是整个网页的框架代码：

```css
body {
    padding: 25px 0px 25px;
    background-color: #749a01;
    color: #415005;
    font-family: tahoma, arial, sans-serif;
    font-size: 11px;
    text-align: center;
}


.clearthis {
    margin : 0px;
    height : 1px;
    clear : both;
    float : none;
    font-size: 1px;
    line-height: 0px;
    overflow : hidden;
    visibility: hidden;
}

input {
    padding: 2px 0px;
    color: #415005;
    background-color: #fff;
    border: #576c04 1px solid;
    font-family: tahoma, arial, sans-serif;
    font-size: 11px;
    font-weight: bold;
}

#body_wrapper {
```

```
    margin: 0px auto;
    padding: 3px 0px;
    width: 786px;
    background-color: #fff;
    color: inherit;
}

#container {
    margin: 0px 3px;
    background-color: #90b304;
    color: inherit;
    text-align: left;
}

.thumbnail {
    margin: 8px 7px 5px 0px;
    float: left;
}

/* Page Header */

#page_header {
    width: 780px;
    height: 55px;
    background-color: #96bb27;
    color: inherit;
    overflow: hidden;
    padding: 0px;
}
```

以下的代码用于添加背景图片及框架的布局设置：

```
#page_header h1 {
    width: 230px;
    height: 55px;
    background: url('images/company_logo.gif') no-repeat 0% 50%;
    float: left;
}

/* Page Search */

#page_search {
    margin: 15px 12px;
    width: 200px;
    float: right;
    font-weight: bold;
}

#page_search h3 {
    padding-top: 5px;
    float: left;
    font-size: 11px;
}

#page_search input {
    margin: 2px 3px 0px 7px;
    width: 120px;
    float: left;
}

#page_search input.button {
```

```
    margin: 0px;
    padding: 0px;
    width: 23px;
    height: 21px;
    color: #fff;
    background: url('images/search_button.gif') #96bb27 no-repeat 0% 2px;
    border: none;
    font-size: 10px;
    text-align: center;
    cursor: pointer;
}
```

下面是主要内容的实现:

```
/* Main Content */

#maincontent_1 {
    padding: 39px 158px 33px;
    background: url('images/content_bg_top.jpg') no-repeat 158px 28px;

}

#maincontent_2 {
    padding-top: 5px;
    width: 463px;
    background: url('images/content_bg.jpg') repeat-y;
}

#maincontent_3 {
    padding: 0px 18px 10px 23px;
    background: url('images/content_bg_bot.jpg') no-repeat 0px 100%;
    text-align: left;
}


/* Main Model */

#mainmodel {
    margin-top: 71px;
    width: 211px;
    height: 420px;
    background: url('images/main_model.gif') no-repeat;
    overflow: hidden;
    position: absolute;
    z-index: 1;
    left: 51px;
    top: 111px;
}
```

17.5 本 章 小 结

本章通过购物网站的规划、设计以及相关的具体制作方法的介绍,向大家呈现了有关这一类网站的相应技巧与操作。在掌握它们的相关内容同时,也便于我们在今后工作中的网站创建与设计,可以借鉴它们,并融会贯通。网站的规划是本章的重点,同时网站中各项功能的设计实现是难点之所在,对于涉及到的内容将帮助大家提高网页设计与制作能力。

17.6　习　　题

【习题 1】创建购物网站的练习。要求：创建购物网站模板页。

【习题 2】尝试制作如图 17.11 所示的购物网站的主页。

图 17.11　购物网站

【习题 3】练习策划并制作一个简单购物网站。要求：内容新颖，符合购物网站的具体需求，页面具有吸引力，以达到吸引顾客的目的。